工程造价基础

陈辉 李淑 编

国家开放大学出版社·北京

图书在版编目（CIP）数据

工程造价基础/陈辉，李淑编. —北京：国家
开放大学出版社，2018.8（2023.2重印）
ISBN 978 - 7 - 304 - 09421 - 8

Ⅰ.①工…　Ⅱ.①陈…②李…　Ⅲ.①工程造价—开
放教育—教材　Ⅳ.①TU723.3

中国版本图书馆 CIP 数据核字（2018）第 192660 号

工程造价基础
GONGCHENG ZAOJIA JICHU

陈辉　李淑　编

出版·发行：国家开放大学出版社
电话：营销中心 010 - 68180820　　　　　总编室 010 - 68182524
网址：http://www.crtvup.com.cn
地址：北京市海淀区西四环中路 45 号　　　邮编：100039
经销：新华书店北京发行所

策划编辑：邹伯夏　　　　　　　　　　版式设计：赵　洋
责任编辑：陈艳宁　　　　　　　　　　责任校对：宋亦芳
责任印制：武　鹏　陈　路

印刷：北京银祥印刷有限公司
版本：2018 年 8 月第 1 版　　　　　2023 年 2 月第 4 次印刷
开本：787mm×1092mm　1/16　插页：12 页　印张：14　字数：307 千字

书号：ISBN 978 - 7 - 304 - 09421 - 8
定价：34.00 元

前 言

　　本书是工程造价专业的入门教材，全书用最新的标准、丰富的实例和翔实的数据，向学生展现了全过程建设工程造价的计价与管理。本书从建设项目流程入手，系统地讲解工程造价含义与特征、建设工程造价构成、工程定额、工程量清单计价及工程量计算规范、建设工程造价文件的编制、工程造价的审计与工程造价信息管理。本书内容丰实，结构严谨，重点突出，具有较强的理论性、系统性和实用性，既可作为大专院校工程管理专业及其他相关专业的教材或教学参考书，也可作为有关单位从事工程造价管理工作人员的业务参考用书。

　　本书由北京工业职业技术学院陈辉负责主编工作，国家开放大学李淑、北京工业职业技术学院张丽丽和李石磊负责副主编工作。具体编写分工如下：李淑编写第3章和第6章，张丽丽编写第2章，李石磊编写第1章，陈辉编写第4章和第5章，本书由北京建筑大学王炳霞主审。

　　在本书的编写过程中，我们参考及引用了已公开出版的相关书籍及文献资料，在此谨对所有书籍、文献资料的作者表示由衷的谢意。

　　由于作者水平所限，书中难免出现不当之处，恳请广大读者及时给予批评指正。

编　者

2018 年 7 月

目　录

1 工程造价概述

1.1 工程造价基本内容

1.1.1 工程造价的含义

工程造价通常是指工程项目在建设期（预计或实际）支出的建设费用。所处的角度不同，工程造价具有不同的含义。

含义一：从投资者（业主）角度分析，工程造价是指建设一项工程预期开支或实际开支的全部固定资产投资费用。投资者为了获得投资项目的预期效益，需要对项目进行策划决策、建设实施（设计、施工）直至竣工验收等一系列活动。上述活动中所花费的全部费用，即构成工程造价。从这个意义上讲，工程造价就是建设工程固定资产总投资。

含义二：从市场交易角度分析，工程造价是指在工程承发包交易活动中形成的建筑安装工程费用或建设工程总费用。显然，工程造价的这种含义是指以建设工程这种特定的商品形式作为交易对象，通过招标投标或其他交易方式，在多次预估的基础上，最终由市场形成的价格。这里的工程既可以是整个建设工程项目，也可以是其中一个或几个单项工程或单位工程，还可以是其中一个或几个分部工程，如建筑安装工程、装饰装修工程等。随着经济发展、技术进步、分工细化和市场的不断完善，工程建设中的中间产品越来越多，商品交换更加频繁，工程价格的种类和形式也更为丰富。

工程承发包价格是一种重要且较为典型的工程造价形式，是在建筑市场通过承发包交易（多数为招标投标），由需求主体（投资者或建设单位）和供给主体（承包商）共同认可的价格。

工程造价的两种含义实质上就是从不同角度把握同一事物的本质。对投资者而言，工程造价就是项目投资，是"购买"工程项目需支付的费用；同时，工程造价也是投资者作为市场供给主体"出售"工程项目时确定价格和衡量投资效益的尺度。

1.1.2 工程造价计价特征

工程建设的特殊性决定了工程造价计价具有以下特征：

（1）计价的单件性。建筑产品的个体差别性决定了每项工程都必须单独计算造价。

（2）计价的多次性。项目建设一般比较复杂、建设周期长、未知因素多、规模大、造价高，因此很难一次确定其价格，应根据项目的建设程序在不同阶段进行多次计价，以求根据项目的进展情况，由粗到细、由浅入深地确定工程造价。

工程项目的特点决定了工程造价计价具有以下特征：

（1）计价的单件性。建筑产品的单件性特点决定了每项工程都必须单独计算造价。

（2）计价的多次性。工程项目需要按程序进行策划决策和建设实施，工程造价计价也需要在不同阶段多次进行，以保证工程造价计算的准确性和控制的有效性。多次计价是一个逐步深入和细化，不断接近实际造价的过程。工程多次计价过程示意图如图1.1所示。

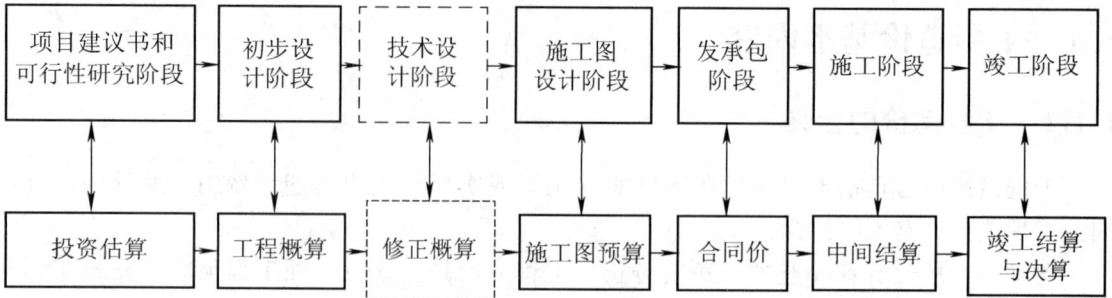

图1.1 工程多次计价过程示意图

注：竖向箭头表示对应关系，横向箭头表示多次计价流程及逐步深化过程。

① 投资估算：是指在项目建议书和可行性研究阶段，通过编制估算文件预先测算的工程造价。投资估算是进行项目决策、筹集资金和合理控制造价的主要依据。

② 工程概算：是指在初步设计阶段，根据设计意图，通过编制工程概算文件，预先测算的工程造价。与投资估算相比，工程概算的准确性有所提高，但受投资估算的控制。工程概算一般又可分为建设项目总概算、各单项工程综合概算、各单位工程概算。

③ 修正概算：是指在技术设计阶段，根据技术设计要求，通过编制修正概算文件预先测算的工程造价。修正概算是对初步设计概算的修正和调整，比工程概算准确，但受工程概算的控制。

④ 施工图预算：是指在施工图设计阶段，根据施工图纸，通过编制预算文件预先测算的工程造价。施工图预算比工程概算和修正概算更为详尽和准确，但同样要受前一阶段工程造价的控制。并非每一个工程项目均要编制施工图预算。

⑤ 合同价：是指在工程承发包阶段通过签订合同所确定的价格。合同价属于市场价格，它是由承发包双方根据市场行情通过招投标等方式达成一致、共同认可的成交价格。但应注意：合同价并不等同于最终结算的实际工程造价。由于计价方式不同，合同价的内涵也会有所不同。

⑥ 工程结算：工程结算包括施工过程中的中间结算和竣工验收阶段的竣工结算。工程结算需要按实际完成的合同范围内合格工程量考虑，同时按合同调价范围和调价方法，对实际发生的工程量增减、设备和材料价差等进行调整后确定结算价格。工程结算反映的是工程项目的实际造价。工程结算文件一般由承包单位编制，由发包单位审查，也可委托工程造价咨询机构进行审查。

⑦ 竣工决算：是指在工程竣工决算阶段，以实物数量和货币指标为计量单位，综合反

映竣工项目从筹建开始到项目竣工交付使用为止的全部建设费用。竣工决算文件一般由建设单位编制,上报相关主管部门审查。

(3) 计价的组合性。工程造价的计算与建设项目的组合性有关。一个建设项目是一个工程综合体,可按单项工程、单位工程、分部工程、分项工程等不同层次分解为许多有内在联系的组成部分。建设项目的组合性决定了工程造价计价的逐步组合过程。工程造价计价的组合过程是:分部分项工程造价→单位工程造价→单项工程造价→建设项目总造价。

(4) 计价方法的多样性。工程项目的多次计价有其各不相同的计价依据,每次计价的精确度要求也各不相同,由此决定了计价方法的多样性。例如:投资估算方法有设备系数法、生产能力指数估算法等;概预算方法有单价法、实物法等。不同方法有不同的适用条件,计价时应根据具体情况加以选择。

(5) 计价依据的复杂性。工程造价的影响因素较多,这决定了工程计价依据的复杂性。计价依据主要可分为以下七类:

① 设备和工程量计算依据,包括项目建议书、可行性研究报告、设计文件等。

② 人工、材料、机械等实物消耗量计算依据,包括投资估算指标、概算定额、预算定额等。

③ 工程单价计算依据,包括人工单价、材料价格、材料运杂费、机械台班费等。

④ 设备单价计算依据,包括设备原价、设备运杂费、进口设备关税等。

⑤ 措施费、间接费和工程建设其他费用计算依据,主要是相关的费用定额和指标。

⑥ 政府规定的税费。

⑦ 物价指数和工程造价指数。

1.1.3　工程造价的相关概念

1. 静态投资与动态投资

静态投资是指不考虑物价上涨、建设期贷款利息等影响因素的建设投资。静态投资包括建筑安装工程费、设备和工器具购置费、工程建设其他费用、基本预备费,以及因工程量误差而引起的工程造价增减值等。

动态投资是指考虑物价上涨、建设期贷款利息等影响因素的建设投资。动态投资除包括静态投资外,还包括建设期贷款利息、涨价预备费等。相比之下,动态投资更符合市场价格运行机制,投资估算和控制更加符合实际。

静态投资与动态投资密切相关。动态投资包含静态投资,静态投资是动态投资最主要的组成部分,也是动态投资的计算基础。

2. 建设项目总投资与固定资产投资

建设项目总投资是指为完成工程项目建设,在建设期(预计或实际)投入的全部费用总和。建设项目按用途可分为生产性建设项目和非生产性建设项目。生产性建设项目总投资包括固定资产投资和流动资产投资两部分;非生产性建设项目总投资只包括固定资产投资,不含流动资产投资。建设项目总造价是指建设项目总投资中的固定资产投资总额。

固定资产投资是指投资主体为达到预期收益的资金垫付行为。建设项目固定资产投资也就是建设项目工程造价，二者在量上是等同的。其中，建筑安装工程投资也就是建筑安装工程造价，二者在量上也是等同的。从这里也可以看出工程造价两种含义的同一性。

3. 建筑安装工程造价

建筑安装工程造价也称建筑安装产品价格。从投资角度看，它是建设项目投资中的建筑安装工程投资，也是工程造价的组成部分。从市场交易角度看，建筑安装工程实际造价是投资者和承包商双方共同认可的、由市场形成的价格。

1.1.4　工程项目建设程序

在整个工程项目建设过程中，各项工作的进行必须遵循一定的顺序，即建设程序，它既是对工程建设工作的总结，也是建设过程所固有的客观规律性的集中体现。我国的工程项目建设程序包括项目建议书、可行性研究、设计、建设合同实施、生产准备和竣工验收等阶段，如图 1.1 所示。

1. 项目建议书阶段

基本建设是一个技术与经济结合的过程。各阶段工程计量与计价活动是一个动态的过程，在工程项目建设程序的不同阶段，它有不同的内容和作用。

2. 可行性研究阶段

（1）可行性研究。建设项目的可行性研究，是指对建设项目技术可行性和经济合理性进行的分析。针对建设项目可行性研究的结果，应编制可行性研究报告。可行性研究报告的内容因不同行业的特点而略有区别。

（2）可行性研究报告的审批。根据我国有关规定，属于中央投资、中央和地方合资的大中型和限额以上项目的可行性研究报告要报送相关部门审批或论证。在审批过程中要征求行业主管部门和国家专业投资公司的意见。同时，要委托有资格的工程咨询公司进行评估。可行性研究报告经批准后，不得随意修改和变更。如果在建设规模、产品方案、建设地区、主要协作关系等方面有变动及突破投资控制数额时，应经原批准机关同意。经过批准的可行性研究报告，是确定建设项目、编制设计文件的依据。

3. 设计阶段

设计是对建设工程实施的计划与安排，决定建设工程的功能。设计是根据报批的可行性研究报告进行的，除方案设计外，一般分为初步设计和施工图设计两个阶段。

初步设计是指根据有关设计基础资料，拟定工程建设实施的初步方案，阐明工程在拟定的时间、地点以及投资数额内在技术上的可行性和经济上的合理性，并编制项目的总概算。初步设计文件由设计说明书、设计图纸、主要设备原材料表和工程概算书四部分组成。

经审查批准的初步设计，一般不得随意修改变更，凡涉及总平面布置、主要工艺流程、主要设备、建筑面积、建筑标准、总定员和总概算等方面的修改，需报经原设计审批机关批准。

施工图设计是指根据批准的初步设计文件，对工程建设方案进一步具体化、明确化，通过详细的计算和安排，绘制出正确、完整的建筑安装图纸，并编制施工图预算。

4. 建设合同实施阶段

（1）施工顺序。施工顺序是指根据建筑安装工程的结构特点、施工方法，合理地安排施工中各主要环节的先后次序。合理的施工顺序使工程具有工期短、效益好的特点。

一般工业与民用建筑的施工顺序通常应遵守下列原则：

① 主要建筑物开竣工的先后顺序，应满足生产工艺流程配套生产的要求。

② 先地下，后地上，即先进行地下管网、地下室、基础等施工，然后进行地面以上的工程施工。

③ 先土建，后安装。一般工程以土建为主，先进行施工，然后安装。在土建施工中，要预留安装用槽、调试预埋管件等。

④ 先结构，后装饰。多层建筑进行立体交叉作业时，应保证已完工程和后建工程不受损坏和污染。

⑤ 对装饰工程，先上后下。

⑥ 对管道、沟渠，先上游，后下游进行工程施工。

（2）施工依据。为了达到建筑功能的要求，工程施工应严格按照以下内容进行：

① 施工图纸。

② 施工验收规范，这是国家根据建筑技术政策、施工技术水平、建筑材料及施工工艺的发展，统一制定的建筑施工法规。法规中规定了建筑施工中各分项工程的施工关键、技术要求、质量标准，是衡量建筑施工水平和工程质量的基本依据。

③ 质量检验评定标准，是对工程质量进行检查和等级评定的依据。

④ 施工技术操作规程，是对建筑安装工程的施工技术、质量标准、材料要求、操作方法、设备和工具的使用、施工安全技术以及冬期施工技术等的规定。

⑤ 施工组织设计，是指建筑施工企业根据施工任务和建筑对象，针对建筑物的特点和要求，结合本企业施工的技术水平和条件，对施工过程的安排。

⑥ 各种定额，定额是指在正常施工条件下完成单位合格产品所消耗的资金、劳力、材料、机械设备的数量，是衡量成本费用、进行经济效益考核的主要依据。

⑦ 有关的工程合同文件，这是对工程项目的质量、进度等目标进行有效控制的依据。

5. 生产准备阶段

在工程建设实施完成后，进行生产准备工作，以确保工程顺利进入生产阶段。生产准备的主要内容有：

① 招收和培训人员。

② 生产组织准备，主要包括生产管理机构的设置、管理制度的制定、生产人员的配置等。

③ 生产技术准备，主要包括国内装置设计资料的汇总，国外有关技术资料的翻译、编

辑，各种机械操作规程的编制，各种工程控制软件的调试等。

④ 生产物资的准备，主要是指落实生产原材料、半成品、燃料、动力、水、气等的来源和其他协作条件，组织工器具、备品、备件的生产和购置。

6. 竣工验收阶段

竣工验收是建设全过程的最后一个环节，是全面考核建设项目成果、检验设计和工程质量的必要步骤，也是建设项目转入生产或使用的标志。

（1）竣工验收的范围。凡新建、改建、扩建、迁建的项目，按批准的设计文件所规定的内容建成，具备投产和使用条件，即工业项目在负荷试运转合格，形成生产能力，并能正常生产合格产品的，非工业项目符合设计要求，能够正常使用的，都要及时组织验收，办理固定资产移交手续。

（2）竣工验收的依据。

① 审批机关批准的设计任务书、可行性研究报告、初步设计以及上级机关的有关项目建设文件。

② 工程施工图纸及说明、设备技术说明、施工过程中的设计变更等文件。

③ 国家颁发的现行各类工程施工质量验收规范、工程质量统一验收标准等。

④ 国家规定的基本建设项目竣工验收标准。

（3）竣工验收的条件。根据国家规定，建设项目竣工验收、交付使用，应具备以下条件：

① 完成建设工程设计和合同约定的各项内容；

② 有完整的技术档案和施工管理资料；

③ 有工程使用的主要建筑材料、建筑构配件和设备的进场试验报告；

④ 有勘察、设计、施工、工程监理等单位分别签署的质量合格文件；

⑤ 有施工单位签署的工程保修书。

有的建设项目基本符合竣工验收条件，只有少数非主要设备及零星工程未建成，但不影响正常使用，可以办理竣工验收手续，并要求施工单位在竣工验收后的限定时间内完成剩余工程。

（4）竣工验收的组织。按我国现行规定，建设项目的竣工验收由建设单位组织。

（5）竣工验收报告。工程项目的竣工验收报告一般包括建设项目概况、投资完成情况、工程项目完成情况、工程设计和施工情况、主要材料用量、生产准备及试生产情况、项目总评价、竣工图和档案资料、遗留问题、经验和教训等内容。

按照国家规定，工程项目质量验收合格后，建设单位应在规定的时间内将工程竣工验收报告和有关文件报建设行政管理部门备案。

1.1.5 建设工程项目的分类

1. 按项目的用途分类

① 生产性建设项目：指人们直接用于物质生产或为满足物质生产需要而进行的建设项

目，包括工业、农业建设，水利、气象建设，交通建设，邮电建设，商业建设和地质资源勘探建设等。

② 非生产性建设项目：指为满足人们物质文化生活需要而进行的建设项目，包括文教卫生、科学实验、公用事业、住宅和其他非生产性建设项目。

2. 按项目的性质分类

① 新建项目：指原来没有、现在开始建设的项目；或对原有的规模较小的项目，扩大建设规模，其新增固定资产价值超过原有固定资产价值 3 倍以上的建设项目。

② 扩建项目：指为了扩大原有主要产品的生产能力或增加新产品生产能力，在原有固定资产的基础上，扩建一些主要车间或其他使用功能的建设项目。

③ 改建项目：指为了改进产品质量或改变产品方向，对原有固定资产进行整体性技术改造的项目。此外，为了提高综合生产能力，增加一些附属辅助车间或非生产性工程，也属于改建项目。

④ 恢复项目：指对因重大自然灾害或战争而遭受破坏的固定资产，按原来规模重新建设或在重建的同时进行扩建的项目。

⑤ 迁建项目：指为改变生产力布局、改善地区环境或由于其他原因，将原有的生产性或者非生产性建筑迁至新的地点重新建设的项目，不论其是否维持原来规模，均称为迁建项目。

3. 按项目的建设过程分类

① 筹建项目：指在计划年度内，只做准备还未开工的项目。

② 在建项目：指正在施工中的项目。

③ 投产项目：指全部竣工并已投产或交付使用的项目。

4. 按项目的投资规模分类

① 大中型建设项目：指生产性项目投资额在 5 000 万元以上，非生产性项目投资额在 3 000 万元以上的建设项目。

② 小型建设项目：指投资额在上述限额以下的建设项目。

5. 按资金来源渠道分类

① 国家预算内拨款和贷款项目。

② 自筹资金项目。

③ 中外合资项目。

④ 国内合资建设项目。

⑤ 世界银行贷款项目等。

1.1.6 建设工程项目的划分

建设工程项目一般可划分为建设项目、单项工程、单位工程三级。单位工程由若干个分部工程组成，每一个分部工程又由各个分项工程组成，建设工程项目分解如图 1.2 所示。

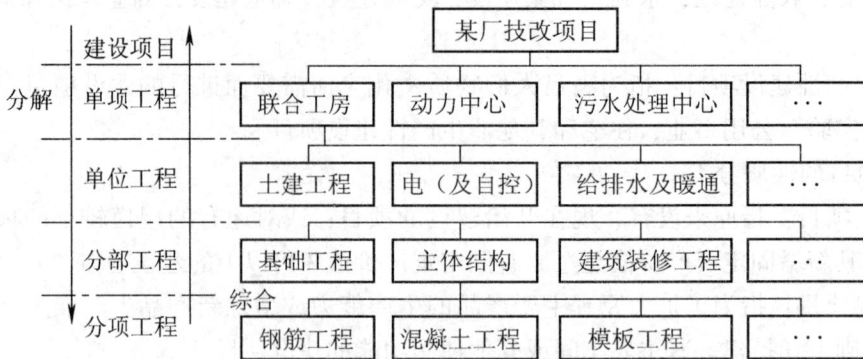

图 1.2　建设工程项目分解图

1. 建设项目

建设项目是指在一个或几个场地上按照一个总体设计进行施工的各个工程项目的总和。对于每一个建设项目，都编有计划任务书和独立的总体设计。一个建设项目可以只有一个单项工程，也可以由若干个单项工程组成。

2. 单项工程

单项工程是建设项目的组成部分，是具有独立的设计文件，建成后可以独立发挥生产能力和效益的工程。生产性建设项目的单项工程，一般是指能独立生产的车间；非生产性建设项目的单项工程，如学校的教学楼、办公楼、图书馆、食堂、宿舍等。

3. 单位工程

单位工程是单项工程的组成部分，一般是指不能独立发挥生产能力或使用效益，但具有相应的设计图纸和独立的施工条件，并可单独作为计算成本对象的工程。任何一个单项工程都是由若干个不同专业的单位工程组成的。民用项目主要包括一般土建、安装工程中给排水、采暖、通风、电气照明等单位工程；工业项目由于工程内容复杂，且有时出现交叉，因此单位工程的划分比较困难，以一个车间为例，其中土建工程、机电设备安装、工艺设备安装、工业管道安装、给排水、采暖、通风、电气安装、自动仪表安装等可各为一个单位工程。除土建工程之外，其余的单位工程均可称为安装工程。

4. 分部工程

分部工程是单位工程的组成部分，是按照单位工程的不同部位、不同施工方式或不同材料和设备种类，从单位工程中划分出来的中间产品。例如，土建单位工程由土石方工程、桩基工程、砖石工程、混凝土及钢筋混凝土工程、金属结构工程、构件运输及安装工程、木结构工程、楼地面工程、屋面工程和装饰工程等分部工程组成；给排水工程由管道、管道支架、管道附件、卫生器具制作安装等分部工程组成。

5. 分项工程

分项工程是分部工程的组成部分，是指通过简单的施工过程就能生产出来，并可以利用某种计量单位计算的最基本的中间产品，是按照不同施工方法或不同材料和规格，从分部工程中划分出来的。例如，钢筋混凝土工程可划分为模板、钢筋、混凝土等分项工程；给排水管道按照使用材料不同可分为镀锌钢管、不锈钢管、塑料管等分项工程。

1.2　工程造价管理的基本内容

1.2.1　工程造价管理的概念

根据工程造价的两种含义，工程造价管理划分为两种类型：一是建设项目的建设成本管理，即建设工程投资费用管理，包括对估算、概算、预算、标底（或招标控制价）、标价的全过程管理；二是建设工程价格管理，即仅限于对建筑产品的市场交换价格的管理，属于价格管理范畴。

1. 建设工程投资费用管理

建设工程投资费用管理是指为了实现投资的预期目标，在规划、设计方案条件下，预测、确定和监控工程造价及其变动的系统活动。建设工程投资费用管理属于投资管理范畴，它既涵盖了微观层次的项目投资费用管理，也涵盖了宏观层次的投资费用管理。

2. 建设工程价格管理

在市场经济条件下，价格管理一般分为两个层次：在微观层次上，是指生产企业在掌握市场价格信息的基础上，为实现管理目标而进行的成本控制、计价、定价和竞价的系统活动；在宏观层次上，是指政府部门根据社会经济发展的实际需要，利用现有的法律、经济和行政手段对价格进行管理和调控，并通过市场管理规范市场主体价格行为的系统活动。

1.2.2　建设工程全面造价管理

建设工程全面造价管理包括全寿命期造价管理、全过程造价管理、全要素造价管理和全方位造价管理。

1. 全寿命期造价管理

建设工程全寿命期造价是指建设工程初始建造成本和建成后的日常使用成本之和，它包括建设前期、建设期、使用期及拆除期各个阶段的成本。由于在实际管理过程中，在工程建设及使用的不同阶段，工程造价存在诸多不确定性，因此，全寿命期造价管理至今只能作为一种实现建设工程全寿命期造价最小化的指导思想，指导建设工程的投资决策及设计方案的选择。

2. 全过程造价管理

全过程造价管理是指覆盖建设工程策划决策及建设实施各个阶段的造价管理。全过程造价管理包括：前期决策阶段的项目策划、投资估算、项目经济评价、项目融资方案分析；设计阶段的限额设计、方案比选、概预算编制；招标投标阶段的标段划分、承发包模式及合同形式的选择、标底编制；施工阶段的工程计量与结算、工程变更控制、索赔管理；竣工验收阶段的竣工结算与决算等。

3. 全要素造价管理

影响建设工程造价的因素有很多。为此，控制建设工程造价不仅仅是控制建设工程本身的建造成本，还应同时考虑工期成本、质量成本、安全与环境成本，从而实现工程成本、工期、质量、安全、环境的集成管理。全要素造价管理的核心是按照优先性的原则，协调和平衡工期、质量、安全、环保与成本之间的对立统一关系。

4. 全方位造价管理

建设工程造价管理不仅仅是业主或承包单位的任务，也应该是政府建设主管部门、行业协会、建设单位、设计单位、施工单位以及有关咨询机构的共同任务。尽管各方的地位、利益、角度等有所不同，但必须建立完善的协同工作机制，如此才能实现建设工程造价的有效控制。

1.2.3　工程造价管理的组织系统

工程造价管理的组织系统是指履行工程造价管理职能的有机群体。为实现工程造价管理目标而全面开展有效的组织活动，我国设置了多部门、多层次的工程造价管理机构，并规定了各自的管理权限和职责范围。

1. 政府行政管理系统

政府在工程造价管理中既是宏观管理主体，也是政府投资项目的微观管理主体。从宏观管理的角度，政府对工程造价管理有一个严密的组织系统，设置了多层管理机构，规定了管理权限和职责范围。

（1）国务院建设主管部门造价管理机构。国务院建设主管部门造价管理机构的主要职责包括：

① 组织制定工程造价管理的有关法规、制度并组织贯彻实施；

② 组织制定全国统一经济定额和制定、修订本部门经济定额；

③ 监督指导全国统一经济定额和本部门经济定额的实施；

④ 制定和负责全国工程造价咨询企业的资质标准及其资质管理工作；

⑤ 制定全国工程造价管理专业人员执业资格准入标准，并监督执行。

（2）国务院其他部门的工程造价管理机构。国务院其他部门的工程造价管理机构包括水利、水电、电力、石油、石化、机械、冶金、铁路、煤炭、建材、林业、军队、有色、核工业、公路等行业的造价管理机构。这些机构的主要职责是修订、编制和解释相应的工程建设标准定额，有的还担负本行业大型或重点建设项目的概算审批、概算调整等职责。

（3）省、自治区、直辖市工程造价管理部门。省、自治区、直辖市工程造价管理部门的主要职责是修编、解释当地定额、收费标准和计价制度等。此外，还有审核国家投资工程的标底、结算、处理合同纠纷等职责。

2. 企事业单位管理系统

企事业单位对工程造价的管理属微观管理的范畴。设计单位、工程造价咨询企业等按照业主或委托方的意图，在可行性研究和规划设计阶段合理确定和有效控制建设工程造价，通过限额设计等手段实现设定的造价管理目标；在招标投标工作中编制招标文件、标底，参加评标、合同谈判等工作；在项目实施阶段，通过对设计变更、工期、索赔和结算等管理进行造价控制。

工程承包企业设有自己专门的职能机构参与企业的投标决策，并通过对市场的调查研究，利用过去积累的经验，研究报价策略，提出报价；在施工过程中，进行工程造价的动态管理，注意各种调价因素的发生和工程价款的结算，避免收益的流失，以促进企业盈利目标的实现。

3. 行业协会管理系统

中国建设工程造价管理协会是经中华人民共和国住房和城乡建设部（简称住房和城乡建设部）和中华人民共和国民政部（简称民政部）批准成立的，是代表我国建设工程造价管理的全国性行业协会，是亚太区测量师协会（Pacific Association of Quantity Surveyors，PAQS）和国际工程造价联合会（International Cost Engineering Council，ICEC）等相关国际组织的正式成员。

为了增强对各地工程造价咨询工作和造价工程师的行业管理，近年来，我国先后成立了各省、自治区、直辖市所属的地方工程造价管理协会。全国性工程造价管理协会与地方造价管理协会是平等、协商、相互支持的关系，地方工程造价管理协会接受全国性工程造价管理协会的业务指导，共同促进全国工程造价行业管理水平的整体提升。

1.2.4　工程造价管理的主要内容

工程造价管理的实质是合理确定、有效控制工程造价，它包括工程造价管理的两个方面：一方面，控制工程造价就要使项目投资不超过批准的造价限额，积极对比各种建设方案和设计方案，为估算、概算、预算的合理确定打下基础；再在设计、施工阶段采取有效措施，控制概算、预算、合同价、结算价不超过造价限额。另一方面，只有在估算、概算、预算等各个造价文件的编制过程中，保证质量、完成各阶段的控制目标，才能有助于工程造价的合理形成。

（1）合理确定工程造价。合理确定工程造价即在工程项目建设程序的各个阶段，合理确定投资估算、设计概算、预算造价、承包合同价格、工程结算和竣工决算。具体表现：在项目建议书阶段，编制初步投资估算，经有关部门批准后，作为拟建项目列入国家中长期计划和作为开展前期工作的控制造价；在可行性研究阶段，编制投资估算，经批准即成为该项目投资最高限额；在初步设计段，编制初步设计总概算，经批准即成为拟建项目的最高工程造价；在施工图设计阶段，编制施工图预算，用以核实施工图阶段预算造价是否超过批准的初步设计概算；在工程项目的招标投标阶段，在遵循建筑产品生产规律的基础上，运用市场经济规律，合理确定标底（或招标控制价）、投标报价及合同价格；在工程施工阶段，以合同价为基础，结合工程实际建设成本，合理确定结算价；在竣工验收阶段，合理确定汇总工程费用，编制竣工决算，确定工程实际造价。

（2）有效控制工程造价。工程造价的有效控制是指在优化建设方案、设计方案的基础上，在工程项目建设程序的各个阶段，采用一定的方法和措施把工程造价的实际发生值控制在合理的范围和核定的造价限额内。一般要坚持三个原则：

① 以设计阶段为重点控制。因为投资决策阶段是项目造价控制的关键，有资料表明：在初步设计阶段，影响项目造价的可能性为 75%～95%；在技术设计阶段，影响项目造价的可能性为 35%～75%；在施工图设计阶段，影响项目造价的可能性为 5%～35%。显然，工程造价控制的关键在施工以前的投资决策和设计阶段。

② 发挥造价管理的能动性，主动控制工程造价。此即造价管理不仅要反映设计、发包和施工，还要能动地影响投资决策、设计、发包和施工各阶段的工作。

③ 将技术与经济方法相结合控制工程造价。这主要是指改变目前在工程管理实践中技术与经济分离甚至对立的局面，在工程建设中，将技术与经济有机地结合起来，力求在技术先进的条件下经济合理、在经济合理的基础上技术先进。有效控制工程造价如图 1.3 所示。

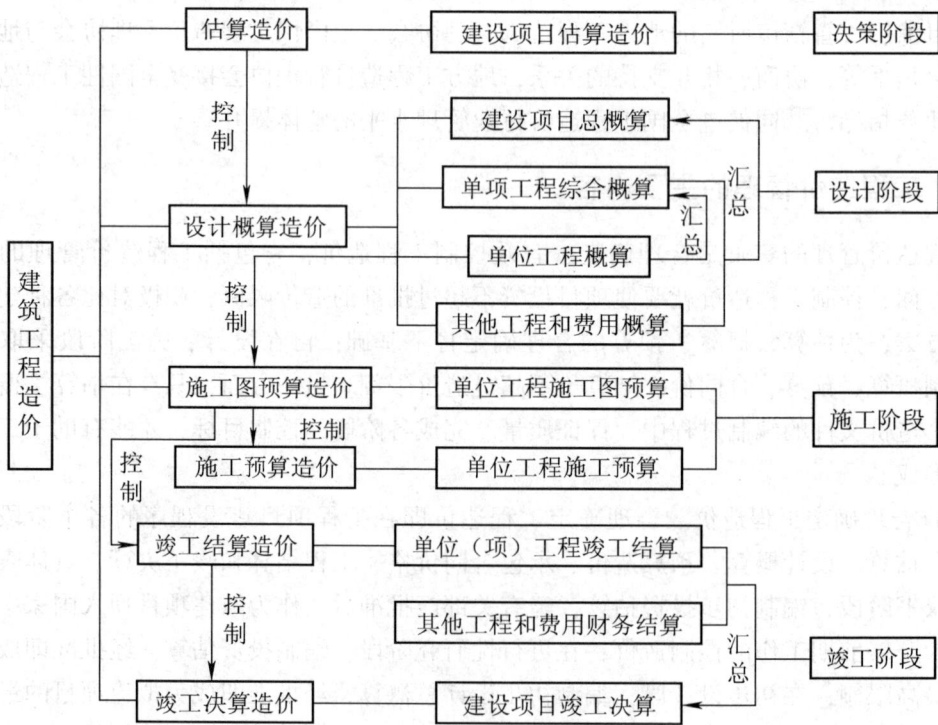

图 1.3　有效控制工程造价

1.3 造价工程师执业资格制度

为了加强建设工程造价管理专业人员的执业准入管理、确保建设工程造价管理工作质量、维护国家和社会公共利益，原国家人事部、建设部在 1996 年联合发布了《造价工程师执业资格制度暂行规定》，确立了造价工程师执业资格制度。凡从事工程建设活动的建设、设计、施工、工程造价咨询、工程造价管理等单位和部门，必须在计价、评估、审查（核）、控制及管理等岗位配备具有造价工程师执业资格的专业技术管理人员。

《注册造价工程师管理办法》（建设部令第 150 号）、《注册造价工程师继续教育实施暂行办法》（中价协〔2007〕025 号）及《造价工程师职业道德行为准则》等文件的陆续颁布与实施，确立了我国造价工程师执业资格制度体系框架。我国造价工程师执业资格制度简图如图 1.4 所示。

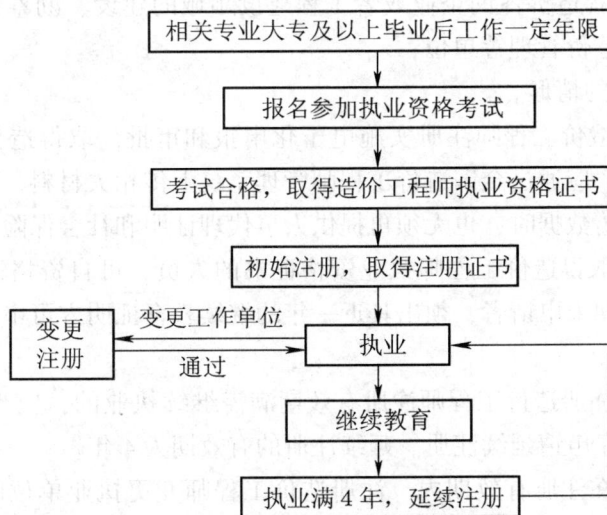

图 1.4　我国造价工程师执业资格制度简图

1. 执业资格考试

造价工程师执业资格考试实行全国统一大纲、统一命题、统一组织。从 1997 年的试点考试至今，每年均举行一次全国造价工程师执业资格考试（除 1999 年停考外）。截至 2016 年年底，全国注册造价工程师已超过 15 万人。

① 报考条件。凡中华人民共和国公民，工程造价或相关专业大专及以上毕业，从事工程造价业务工作一定年限后，均可申请参加造价工程师执业资格考试。

② 考试科目。造价工程师执业资格考试分为四个科目："建设工程造价管理""建设工程计价""建设工程技术与计量"（土建或安装专业）和"工程造价案例分析"。参加全部科目考试的人员，须在连续两个考试年度通过。

③ 证书取得。造价工程师执业资格考试合格者，由省、自治区、直辖市人事（职改）部门颁发统一印制、由国家人力资源主管部门和住房城乡建设主管部门统一用印的造价工程师执业资格证书，该证书全国范围内有效，并作为造价工程师注册的凭证。

2. 注册

1）注册管理部门

国务院住房城乡建设主管部门作为造价工程师注册机关，负责全国注册造价工程师的注册和执业活动，实施统一的监督管理工作。

各省、自治区、直辖市人民政府住房城乡建设主管部门和国务院有关专业部门负责对其管辖范围内的造价工程师的注册、执业活动实施监督管理。

2）注册相关内容

（1）注册条件：

① 取得造价工程师执业资格；

② 受聘于一个工程造价咨询企业或者工程建设领域的建设、勘察设计、施工、招标代理、工程监理、工程造价管理等单位；

③ 没有不予注册的情形。

（2）注册程序：造价工程师注册实施电子化申报和审批，取得造价工程师执业资格证书的人员申请注册的，应通过全国造价工程师管理系统上传相关材料，除注册申请表外，不再提供书面材料。上传数据时，也无须再提供人事代理证明和社会保险证明扫描件。

（3）初始注册：取得造价工程师执业资格证书的人员，可自资格证书签发之日起1年内申请初始注册。逾期未申请者，须出具近一年的继续教育证明方可申请初始注册。初始注册的有效期为4年。

（4）延续注册：注册造价工程师注册有效期满需继续执业的，应当在注册有效期满30日前，按照规定的程序申请延续注册。延续注册的有效期为4年。

（5）变更注册：在注册有效期内，注册造价工程师变更执业单位的，应当与原聘用单位解除劳动合同，并按照规定的程序办理变更注册手续。变更注册后延续原注册有效期。

（6）注册证书和执业印章：注册证书和执业印章是注册造价工程师的执业凭证，应当由注册造价工程师本人保管、使用。

（7）不予注册的情形：

有下列情形之一的，不予注册：

① 不具有完全民事行为能力的；

② 申请在两个或者两个以上单位注册的；

③ 未达到造价工程师继续教育合格标准的；

④ 前一个注册期内造价工作业绩达不到规定标准或未办理暂停执业手续而脱离工程造价业务岗位的；

⑤ 受刑事处罚，刑事处罚尚未执行完毕的；

⑥ 因工程造价业务活动受刑事处罚，自刑事处罚执行完毕之日起至申请注册之日止不满 5 年的；

⑦ 因工程造价业务活动以外的原因受刑事处罚，自处罚决定之日起至申请注册之日止不满 3 年的；

⑧ 被吊销注册证书，自被处罚决定之日起至申请之日止不满 3 年的；

⑨ 以欺骗、贿赂等不正当手段获准注册被撤销，自被撤销注册之日起至申请注册之日止不满 3 年的；

⑩ 法律、法规规定不予注册的其他情形。

（8）注册证书失效、撤销注册及注销注册：

① 注册证书失效。注册造价工程师有下列情形之一的，其注册证书失效：

a. 已与聘用单位解除劳动合同且未被其他单位聘用的；

b. 注册有效期满且未延续注册的；

c. 死亡或者不具有完全民事行为能力的；

d. 其他导致注册失效的情形。

② 撤销注册。有下列情形之一的，注册机关或其上级行政机关依据职权或者根据利害关系人的请求，可以撤销注册造价工程师的注册：

a. 行政机关工作人员滥用职权、玩忽职守做出准予注册许可的；

b. 超越法定职权做出准予注册许可的；

c. 违反法定程序做出准予注册许可的；

d. 对不具备注册条件的申请人做出准予注册许可的；

e. 依法可以撤销注册的其他情形。

同时，申请人以欺骗、贿赂等不正当手段获准注册的，应当予以撤销。

③ 注销注册。有下列情形之一的，由注册机关办理注销注册手续，收回注册证书和执业印章或者公告其注册证书和执业印章作废：

a. 有注册证书失效情形发生的；

b. 依法被撤销注册的；

c. 依法被吊销注册证书的；

d. 受到刑事处罚的；

e. 法律、法规规定应当注销注册的其他情形。

注册造价工程师有上述情形之一的，注册造价工程师本人和聘用单位应当及时向注册机关提出注销注册的申请；有关单位和个人有权向注册机关举报；县级以上地方人民政府建设主管部门或者其他有关部门应当及时告知注册机关。

（9）重新注册：被注销注册或者不予注册者，在具备注册条件后重新申请注册的，按照规定的程序办理。

（10）暂停执业：在注册有效期内，注册造价工程师因特殊原因需要暂停执业的，应当到注册初审机构办理暂停执业手续，并交回注册证书和执业印章。

（11）信用制度：注册造价工程师及其聘用单位应当按照规定，向注册机关提供真实、准确、完整的注册造价工程师信用档案信息。注册造价工程师信用档案应当包括造价工程师的基本情况、业绩、良好行为、不良行为等内容。违法违规行为、被投诉举报处理、行政处罚等情况应当作为造价工程师的不良行为记入其信用档案。注册造价工程师信用档案信息按规定向社会公示。

3. 执业

（1）注册造价工程师的执业范围：

① 建设项目建议书、可行性研究投资估算的编制和审核，项目经济评价，工程概算、预算、结算，竣工结（决）算的编制和审核；

② 工程量清单、标底（或者控制价）、投标报价的编制和审核，工程合同价款的签订及变更、调整，工程款支付与工程索赔费用的计算；

③ 建设项目管理过程中设计方案的优化、限额设计等工程造价分析与控制，工程保险理赔的核查；

④ 工程经济纠纷的鉴定。

（2）注册造价工程师的权利：

① 使用注册造价工程师名称；

② 依法独立执行工程造价业务；

③ 在本人执业活动中形成的工程造价成果文件上签字并加盖执业印章；

④ 发起设立工程造价咨询企业；

⑤ 保管和使用本人的注册证书和执业印章；

⑥ 参加继续教育。

（3）注册造价工程师的义务：

① 遵守法律、法规和有关管理规定，恪守职业道德；

② 保证执业活动成果的质量；

③ 接受继续教育，提高执业水平；

④ 执行工程造价计价标准和计价方法；

⑤ 与当事人有利害关系的，应当主动回避；

⑥ 保守在执业中知悉的国家秘密，以及他人的商业、技术秘密。

注册造价工程师应当在本人承担的工程造价成果文件上签字并盖章。修改经注册造价工程师签字盖章的工程造价成果文件，应当由签字盖章的注册造价工程师本人进行。注册造价工程师本人因特殊情况不能进行修改的，应当由其他注册造价工程师修改，并签字盖章；修改工程造价成果文件的注册造价工程师对修改部分承担相应的法律责任。

4. 继续教育

继续教育应贯穿于造价工程师的整个执业过程，是注册造价工程师持续执业资格的必备条件之一。注册造价工程师有义务接受并按要求完成继续教育。

　　注册造价工程师在每一注册有效期内应接受必修课和选修课各为 60 学时的继续教育。继续教育达到合格标准的，颁发继续教育合格证明。注册造价工程师继续教育由中国建设工程造价管理协会负责组织、管理、监督和检查。

　　（1）继续教育的内容。根据中国建设工程造价管理协会 2007 年颁布的《注册造价工程师继续教育实施暂行办法》，注册造价工程师继续教育学习的内容主要包括：与工程造价有关的方针政策、法律、法规和标准规范，工程造价管理的新理论、新方法、新技术，等等。

　　（2）继续教育的形式：

　　① 参加中国建设工程造价管理协会或各省级和部门管理机构组织的注册造价工程师网络继续教育学习和集中面授培训；

　　② 参加中国建设工程造价管理协会或各省级和部门管理机构举办的各种类型的注册造价工程师培训班、研讨会；

　　③ 中国建设工程造价管理协会认可的其他形式。

　　（3）继续教育学时的计算方法：

　　① 参加中国建设工程造价管理协会或各省级和部门管理机构组织的注册造价工程师网络继续教育学习，按在线学习课件记录的时间计算学时；

　　② 参加中国建设工程造价管理协会或各省级和部门管理机构组织的注册造价工程师集中面授培训及各种类型的培训班、研讨会等，每半天可认定为 4 个学时；

　　③ 其他由中国建设工程造价管理协会认定的学时。

　　5. 法律责任

　　（1）对擅自从事工程造价业务的处罚。未经注册，以注册造价工程师的名义从事工程造价业务活动的，所签署的工程造价成果文件无效，由县级以上地方人民政府建设行政主管部门或者其他有关专业部门给予警告，责令停止违法活动，并可处以 1 万元以上 3 万元以下的罚款。

　　（2）对注册违规的处罚。

　　① 隐瞒有关情况或者提供虚假材料申请造价工程师注册的，不予受理或者不予注册，并给予警告，申请人在 1 年内不得再次申请造价工程师注册。

　　② 聘用单位为申请人提供虚假注册材料的，由县级以上地方人民政府建设行政主管部门或者其他有关专业部门给予警告，并可处以 1 万元以上 3 万元以下的罚款。

　　③ 以欺骗、贿赂等不正当手段取得造价工程师注册的，由注册机关撤销其注册，3 年内不得再次申请注册，并由县级以上地方人民政府建设主管部门处以罚款。其中，没有违法所得的，处以 1 万元以下罚款；有违法所得的，处以违法所得 3 倍以下且不超过 3 万元的罚款。

　　④ 未按照规定办理变更注册仍继续执业的，由县级以上地方人民政府建设主管部门或者有关专业部门责令限期改正；逾期不改的，可处以 5 000 元以下的罚款。

　　（3）对执业活动违规的处罚。注册造价工程师有下列行为之一的，由县级以上地方人民政府建设主管部门或者有关专业部门给予警告，责令改正。没有违法所得的，处以 1 万元以下罚款；有违法所得的，处以违法所得 3 倍以下且不超过 3 万元的罚款：

① 不履行注册造价工程师义务；

② 在执业过程中索贿、受贿或者谋取合同约定费用外的其他利益；

③ 在执业过程中实施商业贿赂；

④ 签署有虚假记载、误导性陈述的工程造价成果文件；

⑤ 以个人名义承接工程造价业务；

⑥ 允许他人以自己名义从事工程造价业务；

⑦ 同时在两个或者两个以上单位执业；

⑧ 涂改、倒卖、出租、出借或以其他形式非法转让注册证书或执业印章；

⑨ 法律、法规、规章禁止的其他行为。

（4）对未提供信用档案信息的处罚。注册造价工程师或者其聘用单位未按照要求提供造价工程师信用档案信息的，由县级以上地方人民政府建设主管部门或者其他有关专业部门责令限期改正；逾期不改的，可处以 1 000 元以上 1 万元以下的罚款。

6. 造价工程师应具备的建设专业能力

按我国现行规定，造价工程师是指经全国统一考试合格，取得造价工程师执业资格证书并从事工程造价业务活动的专业技术人员。造价工程师应具备以下能力：

① 了解建设项目的生产工艺条件，了解工程和房屋建筑以及施工技术等，了解各分部工程所包括的具体内容，了解指定的设备和材料性能并熟悉施工现场各工种的职能。

② 能采用现代经济分析方法，对拟建项目计算期内投入产出诸多经济要素进行调查、预测、研究、计算和论证，从而选择、推荐较优方案作为投资决策的重要依据。

③ 能够运用价值工程等技术经济方法，组织评选技术方案，优化设计，使设计在达到必要功能的前提下，有效地控制投资项目。

④ 具有根据图纸和现场情况计算工程量的能力，能够对工程项目进行投资估算、设计概算、施工图预算，能编制招标文件及标底，进行投标报价，能将估价的准确度控制在一定范围之内。

⑤ 需要对合同协议、法律有确切的了解，当需要时，能对协议中的条款做出咨询，在可能引起争论的范围内，要有与承包商谈判的才能和技巧。具有足够的法律基础知识，以了解如何完成一项具有法律约束力的合同以及合同各个部分所承担的义务，有获得价格和成本费用信息、资料的能力和分析这些资料的能力。

1.4 我国工程造价管理的发展

中华人民共和国成立后，我国参照苏联的工程建设管理经验，逐步建立了一套与计划经济体制相适应的定额管理体系，并陆续颁布了多项规章制度和定额，在国民经济的复苏与发展中起到了十分重要的作用。改革开放以来，我国工程造价管理进入黄金发展期，工程计价的依据和方法不断改革，工程造价管理体系不断完善，工程造价咨询行业得到快速发展。近年来，我国工程造价管理呈现出国际化、信息化和专业化发展趋势。

1. 工程造价管理的国际化

随着我国经济日益融入全球资本市场，在我国的外资和跨国工程项目不断增多，这些工程项目大都需要通过国际招标、咨询等方式运作。同时，我国政府和企业在海外投资和经营的工程项目也在不断增加。国内市场国际化，国内外市场的全面融合，使得我国工程造价管理的国际化成为一种趋势。境外工程造价咨询机构在长期的市场竞争中已形成自己独特的核心竞争力，在资本、技术、管理、人才、服务等方面均占有一定优势。面对日益严峻的市场竞争，我国工程造价咨询企业应以市场为导向，转换经营模式，增强应变能力，在竞争中求生存，在拼搏中求发展，在未来激烈的市场竞争中取得主动。

2. 工程造价管理的信息化

我国工程造价领域的信息化是从 20 世纪 80 年代末期伴随着定额管理，推广应用工程造价管理软件开始的。进入 20 世纪 90 年代中期，伴随着计算机和互联网技术的普及，全国性的工程造价管理信息化已成必然趋势。近年来，尽管全国各地及各专业工程造价管理机构逐步建立了工程造价信息平台，工程造价咨询企业也大多拥有专业的计算机系统和工程造价管理软件，但仍停留在工程量计算、汇总及工程造价的初步统计分析阶段。从整个工程造价行业看，还未建立统一规划、统一编码的工程造价信息资源共享平台；从工程造价咨询企业层面看，工程造价管理的数据库、知识库尚未建立和完善。目前，发达国家和地区的工程造价管理已大量运用计算机网络和信息技术，实现工程造价管理的网络化、虚拟化。特别是建筑信息建模（Building Information Modeling，BIM）技术的推广应用，必将推动工程造价管理的信息化发展。

3. 工程造价管理的专业化

经过长期的市场细分和行业分化，未来工程造价咨询企业应向更加适合自身特长的专业方向发展。作为服务型的第三产业，工程造价咨询企业应避免向大而全的规模化方向发展，而应朝着集约化和专业化模式发展。企业专业化的优势在于：经验较为丰富、人员精干、服务更加专业、更有利于保证工程项目的咨询质量、防范专业风险能力较强。在企业专业化的同时，对于日益复杂、涉及专业较多的工程项目而言，势必引发和增强企业之间尤其是不同专业的企业之间的强强联手和相互配合。同时，不同企业之间的优势互补、相互合作，也将给目前的大多数实行公司制的工程造价咨询企业在经营模式方面带来转变，即企业将进一步朝着合伙制的经营模式自我完善和发展。鼓励及加速实现我国工程造价咨询企业合伙制经营，是提高企业竞争力的有效手段，也是我国未来工程造价咨询企业的主要组织模式。合伙制企业对其组织方面具有强有力的风险约束性，能够促使其不断强化风险意识，提高咨询质量，保持较高的职业道德水平，自觉维护自身信誉。正因如此，在完善的工程保险制度下的合伙制也是目前发达国家和地区工程造价咨询企业所采用的典型经营模式。

复习思考题

一、选择题

1. 工程造价有两种含义，从业主和承包商的角度可以分别理解为（ ）。

A. 建设工程固定资产投资和建设工程承发包价格

B. 建设工程总投资和建设工程承发包价格

C. 建设工程总投资和建设工程固定资产投资

D. 建设工程动态投资和建设工程静态投资

2. 关于静态投资和动态投资，以下说法有误的是（ ）。

A. 静态投资是以某一基准年、月的建设要素的价格为依据所计算出的建设项目投资的瞬间值

B. 静态投资不包括工程量误差引起的工程造价的增减

C. 动态投资是指为完成一个工程项目的建设，预计投资需要量的总和

D. 静态投资是动态投资最主要的组成部分，也是动态投资的计算基础

3. 工程造价通常是指工程的建造价格，其含义有多种，其中（ ）是工程造价中最重要，也是最典型的价格形式。

A. 建设项目固定资产投资   B. 工程承发包价格

C. 工程招标控制价   D. 工程竣工结算价

4. （ ）是动态投资最主要的组成部分，也是计算动态投资的基础。

A. 建筑安装工程费

B. 设备和工器具购置费

C. 工程建设其他费用

D. 静态投资

5. 建设工程（ ）是指建设工程初始建造成本和建成后的日常使用成本之和，它包括建设前期、建设期、使用期及拆除期各个阶段的成本。

A. 全寿命期造价   B. 全过程造价

C. 全要素造价   D. 全方位造价

6. 我国建设工程造价管理组织包含三大系统，该三大系统是指（ ）。

A. 国家行政管理系统、部门行政管理系统和地方行政管理系统

B. 国家行政管理系统、行业协会管理系统和地方行政管理系统

C. 行业协会管理系统、地方行政管理系统和企事业机构管理系统

D. 政府行政管理系统、企事业单位管理系统和行业协会管理系统

7. 根据《注册造价工程师管理办法》的规定，注册造价工程师注册有效期满需继续执业的，应在注册有效期满（ ）日前申请延续注册，延续注册的有效期为（ ）年。

A. 30，2   B. 45，2

C. 30，4   D. 45，4

二、简答题

1. 何谓工程造价？

2. 简述工程造价的两种含义。

3. 工程造价的特征是什么？

4. 简述工程项目建设程序。

5. 简述建设工程项目的组成。

6. 何谓生产性建设项目和非生产性建设项目？

7. 建设项目总投资与固定资产投资的内容是什么？

8. 我国造价工程师的申请报考条件是什么？

9. 简述我国造价工程师的考试内容。

10. 造价工程师应具备哪些专业能力？

11. 简述造价工程师的执业范围。

12. 简述我国工程造价管理的发展趋势。

2 工程造价构成

2.1 概述

2.1.1 我国建设项目投资及工程造价构成

建设项目总投资是指为了完成工程项目建设,并达到使用要求或生产条件,在建设期内预计或实际投入的全部费用总和。生产性建设项目总投资包括建设投资、建设期利息和流动资金三部分;非生产性建设项目总投资包括建设投资和建设期利息两部分。其中,建设投资和建设期利息之和对应于固定资产投资。固定资产投资与建设项目的工程造价在量上相等。工程造价的基本构成包括用于购买工程项目所含各种设备的费用、用于建设施工和安装施工所需支出的费用、用于委托工程勘察设计应支出的费用、用于购置土地所需的费用,也包括用于建设单位自身进行项目筹建和项目管理所需的费用等。总之,工程造价是指在建设期预计或实际支出的建设费用。

工程造价的主要构成部分是建设投资。建设投资是指为完成工程项目建设,在建设期内投入且形成现金流出的全部费用。根据原国家发展和改革委员会(发展改革委)和原建设部发布的《建设项目经济评价方法与参数(第三版)》(发改投资〔2006〕1325 号)的规定,建设投资包括工程费用、工程建设其他费用和预备费三个部分。工程费用是指在建设期内直接用于工程建造设备购置及其安装的建设投资,可以分为建筑安装工程费、设备及工器具购置费;工程建设其他费用是指在建设期内发生的与土地使用权取得、整个工程项目建设以及未来生产经营有关的构成建设投资但不包含在工程费用中的费用;预备费是指在建设期内因各种不可预见因素的变化而预留的,可能增加的费用,包括基本预备费和价差预备费。

我国现行建设项目总投资如图 2.1 所示。

2.1.2 国外工程造价构成

国外各个国家的工程造价构成有所不同,具有代表性的是世界银行、国际咨询工程师联合会对工程造价构成的规定。这些国际组织对工程项目的总建设成本(相当于我国的工程造价)做了统一规定,工程项目总建设成本包括直接建设成本、间接建设成本、应急费和建设成本上升费用等。各部分详细内容如下。

1. 直接建设成本

直接建设成本包括以下内容:

① 土地征购费。

22

建设项目总投资
- 固定资产投资——工程造价
  - 建设投资
    - 工程费用
      - 设备及工器具购置费
      - 建筑安装工程费
    - 工程建设其他费用
      - 建设用地费
      - 与项目建设有关的其他费用
      - 与未来生产经营有关的其他费用
    - 预备费
      - 基本预备费
      - 价差预备费
  - 建设期利息
  - 固定资产投资方向调节税（目前已暂停征收）
- 流动资产投资——流动资金

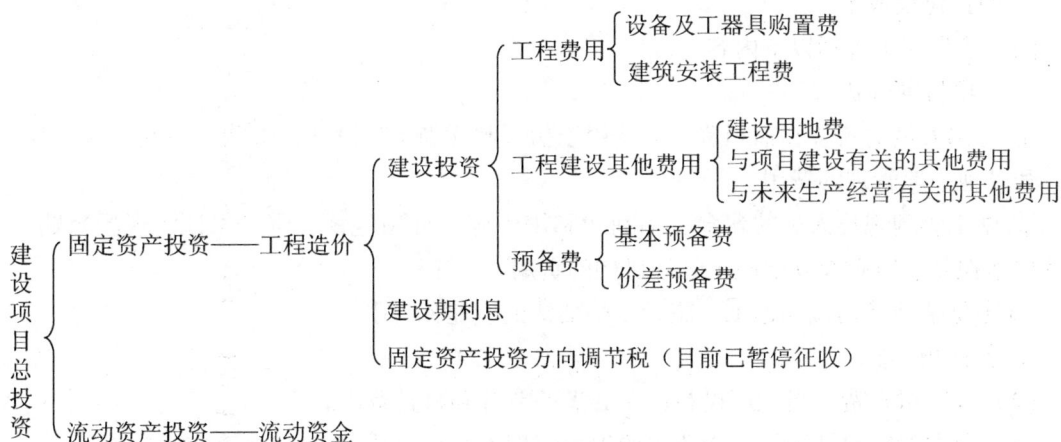

图 2.1　我国现行建设项目总投资

② 场外设施费用，如用于道路、码头、桥梁、机场、输电线路等设施的费用。

③ 场地费用，指用于场地准备、厂区道路、铁路、围栏、场内设施等的建设费用。

④ 工艺设备费，指主要设备、辅助设备及零配件的购置费用，包括海运包装费用、交货港离岸价，但不包括税金。

⑤ 设备安装费，指设备供应商的监理费用，本国劳务及工资费用，设备、消耗品和工具等费用，以及安装承包商的管理费和利润等。

⑥ 管道系统费用，指与系统的材料及劳务相关的全部费用。

⑦ 电气设备费。其内容与工艺设备费类似。

⑧ 电气安装费，指设备供应商的监理费用，本国劳务与工资费用，辅助材料、电缆管道和工具费用，以及营造承包商的管理费和利润。

⑨ 仪器仪表费，指用于所有自动仪表、控制板、配线和辅助材料的费用，供应商的监理费用，外国或本国劳务及工资费用，以及承包商的管理费和利润。

⑩ 机械的绝缘和油漆费，指与机械及管道的绝缘和油漆相关的全部费用。

⑪ 工艺建筑费，指原材料、劳务费以及与基础、建筑结构、屋顶、内外装修、公共设施有关的全部费用。

⑫ 服务性建筑费用。其内容与工艺建筑费相似。

⑬ 工厂普通公共设施费，包括材料和劳务费以及与供水、燃料供应、通风、蒸汽发生及分配、下水道、污物处理等公共设施有关的费用。

⑭ 车辆费，指工艺操作所必需的机动设备零件费用，包括海运包装费用以及交货港的离岸价，但不包括税金。

⑮ 其他当地费用，指那些不能归类于以上任何一个项目，不能计入项目间接成本，但在建设期间又是必不可少的当地费用，如临时设备、临时公共设施及场地的维持费，营地设施及其管理，建筑保险和债券，杂项开支等费用。

2. 间接建设成本

间接建设成本包括以下内容：

（1）项目管理费。

① 总部人员的薪金和福利费，以及用于初步和详细工程设计、采购、时间和成本控制、行政和其他一般管理的费用。

② 施工管理现场人员的薪金、福利费和用于施工现场监督、质量保证、现场采购、时间及成本控制、行政及其他施工管理机构的费用。

③ 零星杂项费用，如返工、旅行、生活津贴、业务支出等。

④ 各种酬金。

（2）开工试车费，指工厂投料试车必需的劳务和材料费用。

（3）业主的行政性费用，指业主的项目管理人员费用及支出。

（4）生产前费用，指前期研究、勘测、建矿、采矿等费用。

（5）运费和保险费，指海运、国内运输、许可证及佣金、海洋保险、综合保险等费用。

（6）地方税，指地方关税、地方税及对特殊项目征收的税金。

3. 应急费

应急费包括以下内容：

（1）未明确项目的准备金。此项准备金用于在估算时不可能明确的潜在项目，包括那些在做成本估算时因为缺乏完整、准确和详细的资料而不能完全预见和不能注明的项目，并且这些项目是必须完成的，或它们的费用是必定要发生的。在每一个组成部分中均单独以一定的百分比确定，并作为估算的一个项目单独列出。此项准备金不是为了支付工作范围以外可能增加的项目，不是用以应付天灾、非正常经济情况及罢工等情况，也不是用来补偿估算的任何误差，而是用来支付那些几乎可以肯定要发生的费用。因此，它是估算不可缺少的一个组成部分。

（2）不可预见准备金。此项准备金（在未明确项目的准备金之外）用于在估算达到了一定的完整性并符合技术标准的基础上，由于物质、社会和经济的变化，导致估算增加的情况。此种情况可能发生，也可能不发生。因此，不可预见准备金只是一种储备，可能不动用。

4. 建设成本上升费用

通常，估算中使用的构成工资率、材料和设备价格基础的截止日期就是"估算日期"，必须对该日期或已知成本基础进行调整，以补偿直至工程结束时的未知价格增长。工程的各个主要组成部分（国内劳务和相关成本、本国材料、外国材料、本国设备、外国设备、项目管理机构）的细目划分决定以后，便可确定每一个主要组成部分的增长率。这个增长率是一项判断因素。它以已发表的国内和国际成本指数、公司记录的历史经验数据等为依据，并与实际供应商进行核对，然后根据确定的增长率和从工程进度表中获得的各主要组成部分的中位数值，计算出每项主要组成部分的成本上升值。

2.2 工程费用

2.2.1 设备及工器具购置费

2.2.1.1 概述

设备及工器具购置费是由设备购置费和工器具及生产家具购置费组成的。目前，工业建设项目中，设备及工器具购置费约占项目投资的50%，甚至更高，并有逐步增加的趋势。因此，正确确定该费用，对于资金的合理使用和保证投资效果具有十分重要的意义。

设备购置费是指为工程建设项目购置或自制的达到固定资产标准的设备、工器具及生产家具的费用。固定资产的标准依主管部门的具体规定。新建项目和扩建项目的新建车间购置或自制的全部设备、工器具，不论是否达到固定资产标准，均计入设备、工器具购置费中。设备购置费一般按下式计算：

国产设备购置费 = 设备原价 + 设备运杂费

进口设备购置费 = 进口设备抵岸价 + 进口设备国内运杂费

工器具及生产家具购置费是指新建项目或扩建项目初步设计规定必须购置的不够固定资产标准的设备、仪器工具、生产家具和备品备件等的费用。其一般计算公式为

工器具及生产家具购置费 = 设备购置费 × 工器具及生产家具定额费率

2.2.1.2 国产设备原价的构成与计算

1. 国产标准设备原价

国产设备是指按照国家主管部门颁布的标准图纸和技术规范，由我国设备生产厂批量生产的，且符合国家质量检验标准的设备。国家标准设备一般以设备制造厂的交货价，即出厂价为设备原价。如果设备由设备公司成套提供，则以订货合同价为设备原价。有的设备有两种出厂价，即带有备品备件的出厂价和不带备品备件的出厂价，在计算设备原价时，一般按带有备品备件的出厂价计算。

2. 国产非标准设备原价

非标准设备是指国家尚无定型标准，不能成批定点生产，使用单位通过贸易关系不易购到，而必须根据具体的设计图纸加工制造的设备。非标准设备原价的确定通常有以下几种方法：

（1）成本计算估价法。

① 材料费。其计算公式如下：

材料费 = 材料净重 × (1 + 加工损耗系数) × 每吨材料综合价

② 加工费，包括生产工人工资和工资附加费、燃料动力费、设备折旧费、车间经费等。其计算公式如下：

加工费 = 设备总重量（吨）× 设备每吨加工费

③ 辅助材料费（简称辅材费），包括焊条、焊丝、氧气、氩气、氮气、油漆、电石等费用。其计算公式如下：

辅助材料费 = 设备总重量 × 辅助材料费指标

④ 专用工具费。按① ~ ③项之和乘以一定百分比计算。

⑤ 废品损失费。按① ~ ④项之和乘以一定百分比计算。

⑥ 外购配套件费。按设备设计图纸所列的外购配套件的名称、型号、规格、数量、重量，根据相应的价格加运杂费计算。

⑦ 包装费。按① ~ ⑥项之和乘以一定百分比计算。

⑧ 利润。可按① ~ ⑤项加第⑦项之和乘以一定利润率计算。

⑨ 税金，主要是指增值税，通常是指设备制造厂销售设备时向购入设备方收取的销项税额。其计算公式如下：

当期销项税额 = 销售额 × 适用增值税税率

其中，销售额为① ~ ⑧项之和。

⑩ 非标准设备设计费，按国家规定的设计费收费标准计算。

综上所述，单台非标准设备原价可用下面的公式表达：

单台非标准设备原价 = {[（材料费 + 加工费 + 辅助材料费）×（1 + 专用工具费率）×（1 + 废品损失费率）+ 外购配套件费] ×（1 + 包装费率）- 外购配套件费} ×（1 + 利润率）+ 外购配套件费 + 销项税额 + 非标准设备设计费

【例 2.1】 某工厂采购一台国产非标准设备，制造厂生产该台设备所用材料费为 20 万元，加工费为 2 万元，辅助材料费为 4 000 元。专用工具费率为 1.5%，废品损失费率为 10%。外购配套件费为 5 万元，包装费率为 1%，利润率为 7%，增值税税率为 17%，非标准设备设计费为 2 万元，求该国产非标准设备的原价。

解：专用工具费 =（20 + 2 + 0.4）× 1.5% = 0.336（万元）

废品损失费 =（20 + 2 + 0.4 + 0.336）× 10% = 2.274（万元）

包装费 =（22.4 + 0.336 + 2.274 + 5）× 1% = 0.300（万元）

利润 =（22.4 + 0.336 + 2.274 + 0.3）× 7% = 1.772（万元）

销项税额 =（22.4 + 0.336 + 2.274 + 5 + 0.3 + 1.772）× 17% = 5.454（万元）

该国产非标准设备的原价 = 22.4 + 0.336 + 2.274 + 0.3 + 1.772 + 5.454 + 2 + 5 = 39.536（万元）

（2）扩大定额估价法。

非标准设备原价 = 材料费 + 加工费 + 其他费 + 设计费

其中：

材料费 = 设备净重 ×（1 + 加工损耗系数）× 每吨材料综合价格

$$加工费 = \frac{加工费比重}{材料费比重} × 材料费$$

$$其他费 = \frac{加工费比重}{材料费比重} \times 材料费$$

$$设计费 = (材料费 + 加工费 + 其他费) \times 设计费费率$$

（3）类似设备估价法。

在类似或系列设备中，当只有一个或几个设备没有价格时，可根据其邻近已有设备价格确定拟估设备的价格，其计算公式为

$$P = \frac{\dfrac{P_1}{Q_1} + \dfrac{P_2}{Q_2}}{2} Q$$

式中：P——拟估非标准设备原价；

Q——拟估非标准设备总重；

P_1、P_2——已生产的同类非标准设备价格；

Q_1、Q_2——已生产的同类非标准设备重量。

（4）概算指标估价法。

根据各制造厂或其他有关部门收集的各种类型非标准设备的制造价或合同价资料，经过统计分析综合平均得出每吨设备的价格，再根据该价格进行非标准设备估价的方法，称为概算指标估价法。其计算公式为

$$P = Q \cdot M$$

式中：P——拟估非标准设备原价；

Q——拟估非标准设备总重；

M——该类设备每吨重的理论价格。

2.2.1.3 进口设备抵岸价的构成

进口设备的原价是指进口设备的抵岸价，即设备抵达买方边境港口或车站，交纳完各种手续费、税费后形成的价格。进口设备抵岸价通常由进口设备到岸价和进口设备从属费构成。进口设备到岸价，即设备抵达买方边境港口或车站所形成的价格。在国际贸易中，交易双方所使用的交货类别不同，则交易价格的构成内容也有所差异。进口设备从属费是指进口设备在办理进口手续过程中发生的应计入设备原价的银行财务费、外贸手续费、进口关税、消费税、进口环节增值税及进口车辆的车辆购置税等。

1. 进口设备的交易价格

在国际贸易中，较为广泛使用的交易价格术语有离岸价格（free on broad，FOB）、运费在内价（cost and freight，CFR）和到岸价格（cost，insurance and freight，CIF）。

（1）FOB，意为装运港船上交货。FOB 是指当货物在装运港被装上指定船时，卖方即完成交货义务。风险转移以在指定的装运港，货物被装上指定船时为分界点。费用划分与风险转移的分界点相一致。

在 FOB 交货方式下，卖方的基本义务有：在合同规定的时间或期限内，在装运港按照习惯方式将货物交到买方指派的船上，并及时通知买方；自负风险和费用，取得出口许可证或其他官方批准证件，在需要办理海关手续时，办理货物出口所需的一切海关手续；负担货物在装运港装上船为止的一切费用和风险；自付费用提供证明货物已交至船上的通常单据或具有同等效力的电子单证。买方的基本义务有：自负风险和费用取得进口许可证或其他官方批准的证件，在需要办理海关手续时，办理货物进口以及经由他国过境的一切海关手续，并支付有关费用及过境费；负责租船或订舱，支付运费，并给予卖方关于船名、装船地点和要求交货时间的充分的通知；负担货物在装运港装上船后的一切费用和风险；接受卖方提供的有关单据，受领货物，并按合同规定支付货款。

（2）CFR，意为成本加运费。CFR 是指在装运港货物被装上指定船时，卖方即完成交货，卖方必须支付将货物运至指定目的港所需的运费和费用。交货后货物灭失或损坏的风险，以及由于各种事件造成的任何额外费用，即由卖方转移到买方。与 FOB 相比，CFR 的费用划分与风险转移的分界点是不一致的。在 CFR 交货方式下，卖方的基本义务有：自负风险和费用取得出口许可证或其他官方批准的证件，在需要办理海关手续时，办理货物出口所需的一切海关手续；签订从指定装运港承运货物运往指定目的港的运输合同；在买卖合同规定的时间和港口，将货物装上船并支付至目的港的运费，装船后及时通知买方；负担货物在装运港装上船为止的一切费用和风险；向买方提供通常的运输单据或具有同等效力的电子单证。买方的基本义务有：自负风险和费用，取得进口许可证或其他官方批准的证件，在需要办理海关手续时，办理货物进口以及必要时经由另一国过境的一切海关手续，并支付有关费用及过境费；负担货物在装运港装上船后的一切费用和风险；接受卖方提供的有关单据，受领货物，并按合同规定支付货款；支付除通常运费以外的有关货物在运输途中所产生的各项费用以及包括驳运费和码头费在内的卸货费。

（3）CIF，意为成本加保险费、运费，习惯称为到岸价格。在 CIF 术语中，卖方除负有与 CFR 相同的义务外，还应办理货物在运输途中最低险别的海运保险，并应支付保险费。如买方需要更高的保险险别，则需要与卖方明确地达成协议，或者自行做出额外的保险安排。除保险这项义务之外，买方的义务与 CFR 相同。

2. 进口设备到岸价的构成及计算

$$进口设备到岸价 = 离岸价格 + 国际运费 + 运输保险费$$
$$= 运费在内价 + 运输保险费$$

（1）离岸价格（货价）。货价一般指装运港船上交货价。设备货价分为原币货价和人民币货价，原币货价一律折算为美元表示，人民币货价按原币货价乘以外汇市场美元兑换人民币汇率中间价确定。进口设备货价按有关生产厂商询价、报价、订货合同价计算。

（2）国际运费。国际运费即从装运港（站）到达我国目的港（站）的运费。我国进口设备大部分采用海洋运输，小部分采用铁路运输，个别采用航空运输。进口设备国际运费计

算公式为

$$国际运费(海、陆、空) = 原币货价 \times 运费率$$

$$国际运费(海、陆、空) = 单位运价 \times 运量$$

其中，运费率或单位运价参照有关部门或进出口公司的规定执行。

（3）运输保险费。对外贸易货物运输保险是由保险人（保险公司）与被保险人（出口人或进口人）订立保险契约，在被保险人交付议定的保险费后，保险人根据保险契约的规定对货物在运输过程中发生的承保责任范围内的损失给予经济上的补偿。这是一种财产保险。其计算公式为

$$运输保险费 = \frac{原币货价 + 国际运费}{1 - 保险费率} \times 保险费率$$

其中，保险费率按保险公司规定的进口货物保险费率计算。

3. 进口从属费的构成及计算

进口从属费 = 银行财务费 + 外贸手续费 + 关税 + 消费税 + 进口环节增值税 + 车辆购置税

（1）银行财务费。银行财务费一般是指在国际贸易结算中，中国银行为进出口商提供金融结算服务所收取的费用，可按下式简化计算：

$$银行财务费 = 离岸价格 \times 人民币外汇汇率 \times 银行财务费率$$

（2）外贸手续费。外贸手续费是指按对外经济贸易部门规定的外贸手续费率计取的费用，外贸手续费率一般取 1.5%。其计算公式为

$$外贸手续费 = 到岸价格 \times 人民币外汇汇率 \times 外贸手续费率$$

（3）关税。关税是指由海关对进出国境或关境的货物和物品征收的一种税。其计算公式为

$$关税 = 到岸价格 \times 人民币外汇汇率 \times 进口关税税率$$

到岸价格作为关税的计征基数时，通常又可称为关税完税价格。进口关税税率分为优惠税率和普通税率两种。优惠税率适用于与我国签订关税互惠条款的贸易条约或协定的国家的进口设备；普通税率适用于与我国未签订关税互惠条款的贸易条约或协定的国家的进口设备。

进口关税税率按我国海关总署发布的进口关税税率计算。

（4）消费税。消费税仅对部分进口设备（如轿车、摩托车等）征收，一般计算公式为

$$应纳消费税税额 = \frac{到岸价格 \times 人民币外汇汇率 + 关税}{1 - 消费税税率} \times 消费税税率$$

其中，消费税税率根据规定的税率计算。

（5）进口环节增值税。进口环节增值税是对从事进口贸易的单位和个人，在进口商品报关进口后征收的税种。我国增值税征收条例规定，进口应税产品均按组成计税价格和增值税税率直接计算应纳税额，其计算公式为

$$进口环节增值税额 = 组成计税价格 \times 增值税税率$$

$$组成计税价格 = 关税完税价格 + 关税 + 消费税$$

增值税税率根据规定的税率计算。

（6）车辆购置税。进口车辆需缴进口车辆购置税。其计算公式为

$$进口车辆购置税 = (关税完税价格 + 关税 + 消费税) \times 车辆购置税税率$$

【例 2.2】 从某国进口应纳消费税的设备，重量 1 000 t，装运港船上交货价为 400 万美元，工程建设项目位于国内某省会城市。如果国际运费标准为 300 美元/t，海上运输保险费率为 3‰，银行财务费率为 5‰，外贸手续费率为 1.5%，关税税率为 22%，增值税税率为 17%，消费税税率为 10%，银行外汇牌价为 1 美元合人民币 6.3 元，对该设备的原价进行估算。

解： 离岸价格 = 400 × 6.3 = 2 520 （万元）

国际运费 = 300 × 1 000 × 6.3 = 1 890 000 （元）= 189 （万元）

$$海运保险费 = \frac{2\ 520 + 189}{1 - 3‰} \times 3‰ = 8.15 （万元）$$

到岸价格 = 2 520 + 189 + 8.15 = 2 717.15 （万元）

银行财务费 = 2 520 × 5‰ = 12.6 （万元）

外贸手续费 = 2 717.15 × 1.5% = 40.76 （万元）

关税 = 2 717.15 × 22% = 597.77 （万元）

$$消费税 = \frac{2\ 717.15 + 597.77}{1 - 10\%} \times 10\% = 368.32 （万元）$$

增值税 = (2 717.15 + 597.77 + 368.32) × 17% = 626.15 （万元）

进口从属费 = 12.6 + 40.76 + 597.77 + 368.32 + 626.15 = 1 645.6 （万元）

进口设备原价 = 2 717.15 + 1 645.6 = 4 362.75 （万元）

2.2.1.4 设备运杂费

1. 设备运杂费的构成

设备运杂费是指国内采购设备自来源地、国外采购设备自到岸港运至工地仓库或指定堆放地点发生的采购、运输、运输保险、保管、装卸等费用。通常由下列各项构成：

（1）运费和装卸费。国产设备由设备制造厂交货地点起至工地仓库（或施工组织设计指定的需要安装设备的堆放地点）止所发生的运费和装卸费；进口设备则由我国到岸港口或边境车站起至工地仓库（或施工组织设计指定的需安装设备的堆放地点）止所发生的运费和装卸费。

（2）包装费。在设备原价中没有包含的，为运输而进行的包装支出的各种费用。

（3）设备供销部门的手续费。按有关部门规定的统一费率计算。

（4）采购与仓库保管费。采购与仓库保管费指采购、验收、保管和收发设备所发生的各种费用，包括设备采购人员、保管人员和管理人员的工资、工资附加费、办公费、差旅交

通费，设备供应部门办公和仓库所占固定资产使用费、工具用具使用费、劳动保护费、检验试验费等。这些费用可按主管部门规定的采购与保管费率计算。

2. 设备运杂费的计算

设备运杂费按设备原价乘以设备运杂费率计算，其公式为

$$设备运杂费 = 设备原价 \times 设备运杂费率$$

其中，设备运杂费率按各部门及省、市有关规定计取。

2.2.2 建筑安装工程费

2.2.2.1 建筑安装工程费的内容

建筑安装工程费是指为完成工程项目建造、生产性设备及配套工程安装所需的费用。建筑安装工程费包括建筑工程费和安装工程费。

1. 建筑工程费内容

（1）各类房屋建筑工程和列入房屋建筑工程预算的供水、供暖、卫生、通风、煤气等设备费用及其装设、油饰工程的费用，列入建筑工程预算的各种管道、电力、电信和电缆导线敷设工程的费用。

（2）设备基础、支柱、工作台、烟囱、水塔、水池、灰塔等建筑工程以及各种炉窑的砌筑工程和金属结构工程的费用。

（3）为施工而进行的场地平整，工程和水文地质勘查，原有建筑物和障碍物的拆除以及施工临时用水、电、暖、气、路、通信和完工后的场地清理，环境绿化、美化等工作的费用。

（4）矿井开凿、井巷延伸、露天矿剥离，石油、天然气钻井，修建铁路、公路、桥梁、水库、堤坝、灌渠及防洪等工程的费用。

2. 安装工程费内容

（1）生产、动力、起重、运输、传动和医疗、实验等各种需要安装的机械设备的装配费用，与设备相连的工作台、梯子、栏杆等设施的工程费用，附属于被安装设备的管线敷设工程费用，以及被安装设备的绝缘、防腐、保温、油漆等工作的材料费和安装费。

（2）为测定安装工程质量，对单台设备进行单机试运转、对系统设备进行系统联动无负荷试运转工作的调试费。

2.2.2.2 建筑安装工程费项目组成

根据中华人民共和国住房和城乡建设部、财政部颁布的《关于印发〈建筑安装工程费用项目组成〉的通知》（建标〔2013〕44号）规定，我国现行建筑安装工程费项目按两种不同的方式划分，即按费用构成要素划分和按造价形成划分，建筑安装工程费项目组成如图2.2所示。

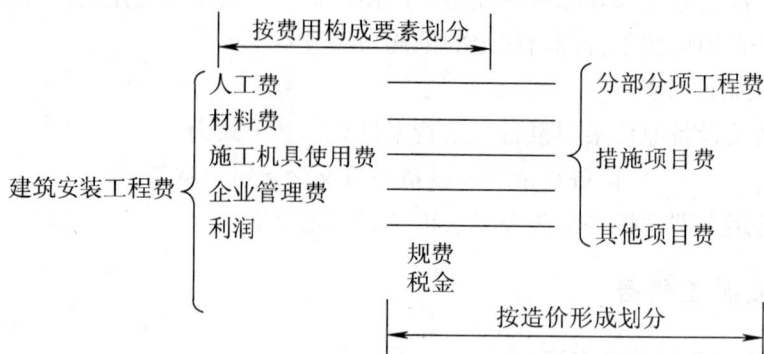

图 2.2　建筑安装工程费项目组成

1. 建筑安装工程费按费用构成要素划分的项目构成和计算

按费用构成要素划分，建筑安装工程费包括人工费、材料费（包含工程设备，下同）、施工机具使用费、企业管理费、利润、规费和税金。

1）人工费

建筑安装工程费中的人工费，是指支付给直接从事建筑安装工程施工作业的生产工人的各项费用。计算人工费的基本要素有两个，即人工工日消耗量和人工日工资单价。

（1）人工工日消耗量。人工工日消耗量是指在正常施工生产条件下，完成规定计量单位的建筑安装产品所消耗的生产工人的工日数量。它由分项工程所综合的各个工序劳动定额包括的基本用工、其他用工两部分组成。

（2）人工日工资单价。人工日工资单价是指直接从事建筑安装工程施工的生产工人在每个法定工作日的工资、津贴及奖金等。

人工费的基本计算公式为

$$人工费 = \sum（人工工日消耗量 \times 人工日工资单价）$$

2）材料费

建筑安装工程费中的材料费，是指工程施工过程中耗费的各种原材料、半成品、构配件、工程设备等的费用，以及周转材料等的摊销、租赁费用。计算材料费的基本要素是材料消耗量和材料单价。

（1）材料消耗量。材料消耗量是指在正常施工生产条件下，完成规定计量单位的建筑安装产品所消耗的各类材料的净用量和不可避免的损耗量。

（2）材料单价。材料单价是指建筑材料从其来源地运到施工工地仓库直至出库形成的综合平均单价，由材料原价、运杂费、运输损耗费、采购及保管费组成。当一般纳税人采用一般计税方法时，材料单价中的材料原价、运杂费等均应扣除增值税进项税额。

材料费的基本计算公式为

$$材料费 = \sum（材料消耗量 \times 材料单价）$$

（3）工程设备。工程设备是指构成或计划构成永久工程一部分的机电设备、金属结构设备、仪器装置及其他类似的设备和装置。

3）施工机具使用费

建筑安装工程费中的施工机具使用费，是指施工作业所发生的施工机械、仪器仪表使用费或其租赁费。

（1）施工机械使用费。施工机械使用费是指施工机械作业发生的使用费或租赁费。构成施工机械使用费的基本要素是施工机械台班消耗量和施工机械台班单价。施工机械台班消耗量是指在正常施工生产条件下，完成规定计量单位的建筑安装产品所消耗的施工机械台班的数量。施工机械台班单价是指折合到每台班的施工机械使用费。施工机械使用费的基本计算公式为

$$施工机械使用费 = \sum(施工机械台班消耗量 \times 施工机械台班单价)$$

施工机械台班单价通常由折旧费、检修费、维护费、安拆费及场外运费、人工费、燃料动力费和其他费组成。

（2）仪器仪表使用费。仪器仪表使用费是指工程施工所需使用的仪器仪表的摊销及维修费用。与施工机械使用费类似，仪器仪表使用费的基本计算公式为

$$仪器仪表使用费 = \sum(仪器仪表台班消耗量 \times 仪器仪表台班单价)$$

仪器仪表台班单价通常由折旧费、维护费、校验费和动力费组成。

当一般纳税人采用一般计税方法时，施工机械台班单价和仪器仪表使用费中的相关子项均需扣除增值税进项税额。

4）企业管理费

（1）企业管理费的内容。企业管理费是指施工单位组织施工生产和经营管理所发生的费用。其内容包括：

① 管理人员工资。管理人员工资是指按规定支付给管理人员的计时工资、奖金、津贴补贴、加班加点工资及特殊情况下支付的工资等。

② 办公费。办公费是指企业管理办公用的文具、纸张、账簿、印刷、邮电、书报、办公软件、现场监控、会议、水电、烧水和集体取暖降温（包括现场临时宿舍取暖降温）等费用。当一般纳税人采用一般计税方法时，办公费中增值税进项税额的抵扣原则为：以购进货物适用的相应税率扣减，其中购进图书、报纸、杂志适用的税率为13%，接受邮政和基础电信服务适用的税率为11%，接受增值电信服务适用的税率为6%，其他一般为17%。

③ 差旅交通费。差旅交通费是指职工因公出差、调动工作的差旅费，住勤补助费，市内交通费，误餐补助费，职工探亲路费，劳动力招募费，职工退休、退职一次性路费，工伤人员就医路费，工地转移费以及管理部门使用的交通工具的油料、燃料等费用。

④ 固定资产使用费。固定资产使用费是指管理和试验部门及附属生产单位使用的属于固定资产的房屋、设备、仪器等的折旧、大修、维修或租赁费。当一般纳税人采用一般计税

方法时，固定资产使用费中增值税进项税额的抵扣原则为：除房屋的折旧、大修、维修或租赁费不予扣减外，设备、仪器的折旧、大修、维修或租赁费以购进货物或接受修理修配劳务的租赁有形动产服务适用的税率扣减，均为17%。

⑤ 工具用具使用费。工具用具使用费是指企业施工生产和管理使用的不属于固定资产的工具、器具、家具、交通工具和检验、试验、测绘、消防用具等的购置、维修和摊销费。当一般纳税人采用一般计税方法时，工具用具使用费中增值税进项税额的抵扣原则为：以购进货物或接受修理修配劳务适用的税率扣减，均为17%。

⑥ 劳动保险和职工福利费。劳动保险和职工福利费是指由企业支付的职工退职金、按规定支付给离休干部的经费、集体福利费、夏季防暑降温补贴、冬季取暖补贴、上下班交通补贴等。

⑦ 劳动保护费。劳动保护费是指企业按规定发放的劳动保护用品的支出，如工作服、手套、防暑降温饮料以及在有碍身体健康的环境中施工的保健费用等。

⑧ 检验试验费。检验试验费是指施工企业按照有关标准规定，对建筑以及材料、构件和建筑安装物进行一般鉴定、检查所发生的费用，包括自设试验室进行试验所耗用的材料等费用，不包括新结构、新材料的试验费，对构件做破坏性试验及其他特殊要求检验试验的费用和建设单位委托检测机构进行检测的费用，由建设单位在工程建设其他费用中列支。但对施工企业提供的具有合格证明的材料进行检测不合格的，该检测费用由施工企业支付。当一般纳税人采用一般计税方法时，检验试验费中增值税进项税额以适用的税率6%扣减。

⑨ 工会经费。工会经费是指企业按《中华人民共和国工会法》规定的全部职工工资总额比例计提的工会经费。

⑩ 职工教育经费。职工教育经费是指按职工工资总额的规定比例计提，企业为职工进行专业技术和职业技能培训，专业技术人员继续教育、职工职业技能鉴定、职业资格认定以及根据需要对职工进行各类文化教育所发生的费用。

⑪ 财产保险费。财产保险费是指施工管理用财产、车辆等的保险费用。

⑫ 财务费。财务费是指企业为施工生产筹集资金或提供预付款担保、履约担保、职工工资支付担保等所发生的各种费用。

⑬ 税金。税金是指企业按规定缴纳的房产税、非生产性车船使用税、土地使用税、印花税、城市维护建设税、教育费附加、地方教育附加费等各项税费。

⑭ 其他。其他包括技术转让费、技术开发费、投标费、业务招待费、绿化费、广告费、公证费、法律顾问费、审计费、咨询费、保险费等。

（2）企业管理费的计算方法。企业管理费一般采用取费基数乘以费率的方法计算，取费基数有三种，分别是：以直接费为计算基础、以人工费和施工机具使用费合计为计算基础，以及以人工费为计算基础。企业管理费费率计算方法如下：

① 以直接费为计算基础。

$$企业管理费费率 = \frac{生产工人年平均管理费}{年有效施工天数 \times 人工单价} \times 人工费占直接费的比例$$

② 以人工费和施工机具使用费合计为计算基础。

$$企业管理费费率 = \frac{生产工人年平均管理费}{年有效施工天数 \times (人工单价 + 每一台班施工机具使用费)} \times 100\%$$

③ 以人工费为计算基础。

$$企业管理费费率 = \frac{生产工人年平均管理费}{年有效施工天数 \times 人工单价} \times 100\%$$

工程造价管理机构在确定计价定额中的企业管理费时，应以定额人工费或定额人工费与施工机具使用费之和作为计算基数，其费率根据历年积累的工程造价资料，辅以调查数据确定，计入分部分项工程和措施项目费中。

5）利润

利润是指施工单位从事建筑安装工程施工所获得的盈利，由施工企业根据企业自身需求并结合建筑市场实际自主确定。工程造价管理机构在确定计价定额中的利润时，应以定额人工费或定额人工费与施工机具使用费之和作为计算基数，其费率根据历年积累的工程造价资料，并结合建筑市场实际确定，以单位（单项）工程测算，利润在税前建筑安装工程费的比重可按不低于 5% 且不高于 7% 的费率计算。利润应列入分部分项工程和措施项目费中。

6）规费

（1）规费的内容。规费是指按国家法律、法规规定，由省级政府和省级有关权力部门规定施工单位必须缴纳或计取，应计入建筑安装工程造价的费用。其主要包括社会保险费、住房公积金和工程排污费。

① 社会保险费。包括以下几项：

a. 养老保险费：企业按照规定标准为职工缴纳的基本养老保险费。

b. 失业保险费：企业按照国家规定标准为职工缴纳的失业保险费。

c. 医疗保险费：企业按照规定标准为职工缴纳的基本医疗保险费。

d. 工伤保险费：企业按照国务院制定的行业费率为职工缴纳的工伤保险费。

e. 生育保险费：企业按照国家规定为职工缴纳的生育保险。根据"十三五"规划纲要，生育保险与基本医疗保险合并的实施方案已在 12 个试点城市形成区域进行试点。

② 住房公积金：是指企业按规定标准为职工缴纳的住房公积金。

③ 工程排污费：是指企业按规定缴纳的施工现场工程排污费。

（2）规费的计算。

① 社会保险费和住房公积金。社会保险费和住房公积金应以定额人工费为计算基础，根据工程所在地省、自治区、直辖市或行业建设主管部门规定费率计算。

社会保险费和住房公积金 = $\sum$（工程定额人工费 × 社会保险费和住房公积金费率）

社会保险费和住房公积金费率可以每万元承发包价的生产工人人工费和管理人员工资含

量与工程所在地规定的缴纳标准综合分析取定。

② 工程排污费。工程排污费等其他应列而未列入的规费应按工程所在地环境保护等部门规定的标准缴纳，按实计取列入。

7）税金

建筑安装工程费中的税金是指按照国家税法规定的应计入建筑安装工程造价内的增值税销项税额，按税前造价乘以增值税税率确定。

（1）采用一般计税方法时增值税的计算。当采用一般计税方法时，建筑业增值税税率为11%，其计算公式为

$$增值税 = 税前造价 \times 11\%$$

税前造价为人工费、材料费、施工机具使用费、企业管理费、利润和规费之和，各费用项目均以不包含增值税可抵扣进项税额的价格计算。

（2）采用简易计税方法时增值税的计算。

① 简易计税的适用范围。根据《营业税改征增值税试点实施办法》以及《营业税改征增值税试点有关事项的规定》的规定，简易计税方法主要适用于以下几种情况：

a. 小规模纳税人发生应税行为适用简易计税方法计税。小规模纳税人通常是指提供建筑服务的年应征增值销售额未超过500万元，并且会计核算不健全，不能按规定报送有关税务资料的增值税纳税人。

b. 一般纳税人以清包工方式提供的建筑服务，可以选择适用简易计税方法计税。以清包工方式提供建筑服务，是指施工方不采购建筑工程所需的材料或只采购辅助材料，并收取人工费、管理费或者其他费用的建筑服务。

c. 一般纳税人为甲供工程提供的建筑服务，就可以选择适用简易计税方法计税。甲供工程，是指全部或部分设备、材料、动力由工程发包方自行采购的建筑工程。

d. 一般纳税人为建筑工程老项目提供的建筑服务，可以选择适用简易计税方法计税。建筑工程老项目包括："建筑工程施工许可证"注明的合同开工日期在2016年4月30日前的建筑工程项目；未取得"建筑工程施工许可证"的，建筑工程承包合同注明的开工日期在2016年4月30日前的建筑工程项目。

② 简易计税的计算方法。当采用简易计税方法时，建筑业增值税税率为3%。其计算公式为

$$增值税 = 税前造价 \times 3\%$$

税前造价为人工费、材料费、施工机具使用费、企业管理费、利润和规费之和，各费用项目均以包含增值税进项税额的含税价格计算。

2. 建筑安装工程费按造价形成划分的项目组成和计算

建筑安装工程费按照工程造价形成可划分为分部分项工程费、措施项目费、其他项目费、规费和税金，分部分项工程费、措施项目费、其他项目费包含人工费、材料费、施工机具使用费、企业管理费和利润，组成如图2.2所示。

1）分部分项工程费

分部分项工程费是指各专业工程的分部分项工程应予列支的各项费用。各类专业工程的分部分项工程的划分遵循国家或行业计量规范的规定。分部分项工程费通常用分部分项工程量乘以综合单价进行计算。

$$分部分项工程费 = \sum(分部分项工程量 \times 综合单价)$$

综合单价包括人工费、材料费、施工机具使用费、企业管理费和利润，以及一定范围内的风险费用。

2）措施项目费

（1）措施项目费的构成。措施项目费是指为完成建设工程施工，发生于该工程施工准备和施工过程中的技术、生活、安全、环境保护等方面的费用。措施项目及其包含的内容应遵循各类专业工程的现行国家或行业计量规范。以《房屋建筑与装饰工程工程量计算规范》（GB 50854—2013）中的规定为例，措施项目费可以归纳为以下几项：

① 安全文明施工费。安全文明施工费是指工程项目施工期间，施工单位为保证安全施工、文明施工和保护现场内外环境等所发生的措施项目费用。它通常由环境保护费、文明施工费、安全施工费和临时设施费组成。

a. 环境保护费：施工现场为达到环保部门要求所需要的各项费用。

b. 文明施工费：施工现场文明施工所需要的各项费用。

c. 安全施工费：施工现场安全施工所需要的各项费用。

d. 临时设施费：施工企业为进行建设工程施工所必须搭设的生活和生产用的临时建筑物、构筑物和其他临时设施费用，包括临时设施的搭设、维修、拆除、清理费或摊销费等。

安全文明施工费的具体内容见表2.1。

表 2.1　安全文明施工费的具体内容

项目名称	工作内容及包含范围
环境保护费	现场施工机械设备降低噪声、防扰民措施费用
	水泥和其他易飞扬细颗粒建筑材料密闭存放或采取覆盖措施等费用
	工程防扬尘洒水费用
	土石方、建筑弃渣外运车辆防护措施费用
	现场污染源的控制、生活垃圾清理外运、场地排水排污措施费用
	其他环境保护措施费用
文明施工费	"五牌一图"费用
	现场围挡的墙面美化（包括内外墙粉刷、刷白、标语等）、压顶装饰费用

项目名称	工作内容及包含范围
文明施工费	现场厕所便槽刷白、贴面砖，水泥砂浆墁面或地砖铺砌，建筑物内临时便溺设施费用
	其他施工现场临时设施的装饰装修、美化措施费用
	现场生活卫生设施费用
	符合卫生要求的饮水设备、淋浴、消毒等设施费用
	生活用洁净燃料费用
	防煤气中毒、防蚊虫叮咬等措施费用
	施工现场操作场地的硬化费用
	现场绿化费用、治安综合治理费用
	现场配备医药保健器材、物品费用和急救人员培训费用
	现场工人的防暑降温、电风扇、空调等设备及用电费用
	其他文明施工措施费用
安全施工费	安全资料、特殊作业专项方案的编制，安全施工标志的购置及安全宣传费用
	"三宝"（安全帽、安全带、安全网）、"四口"（楼梯口、电梯井口、通道口、预留洞口）、"五临边"（阳台围边、楼板围边、屋面围边、槽坑围边、卸料平台两侧），水平防护架、垂直防护架、外架封闭等防护费用
	施工安全用电的费用，包括配电箱三级配电、两级保护装置要求、外电防护措施费用
	起重机、塔吊等起重设备（含井架、门架）及外用电梯的安全防护措施（含警示标志）及卸料平台的临边防护、层间安全门、防护棚等设施费用
	建筑工地起重机械的检验检测费用
	施工机具防护棚及其围栏的安全保护设施费用
	施工安全防护通道费用
	工人的安全防护用品、用具购置费用
	消防设施与消防器材的配置费用
	电气保护、安全照明设施费
	其他安全防护措施费用

项目名称	工作内容及包含范围
临时设施费	施工现场采用彩色、定型钢板，砖、混凝土砌块等围挡的安砌、维修、拆除费用
	施工现场临时建筑物、构筑物，如临时宿舍、办公室、食堂、厨房、厕所、诊疗所、临时文化福利用房、临时仓库、加工场、搅拌台、临时简易水塔、水池等的搭设、维修、拆除费用
	施工现场临时设施，如临时供水管道、临时供电管线、小型临时设施等的搭设、维修、拆除费用
	施工现场规定范围内临时简易道路铺设，临时排水沟、排水设施安砌、维修、拆除费用
	其他临时设施的搭设、维修、拆除费用

② 夜间施工增加费。夜间施工增加费是指因夜间施工所发生的夜班补助费、夜间施工降效、夜间施工照明设备摊销及照明用电等措施费用。该费用由以下各项组成：

a. 夜间固定照明灯具和临时可移动照明灯具的设置、拆除费用；

b. 夜间施工时，施工现场交通标志、安全标牌、警示灯的设置、移动、拆除费用；

c. 夜间照明设备摊销及照明用电、施工人员夜班补助、夜间施工劳动效率降低等所产生的费用。

③ 非夜间施工照明费。非夜间施工照明费是指为保证工程施工正常进行，在地下室等特殊施工部位施工时所采用的照明设备的安拆、维护及照明用电等所需费用。

④ 二次搬运费。二次搬运费是指因施工管理需要或场地狭小等，建筑材料、设备等不能一次搬运到位，必须发生的二次或以上搬运所需的费用。

⑤ 冬雨季施工增加费。冬雨季施工增加费是指冬雨季天气导致施工效率降低、加大投入而增加的费用，以及为确保冬雨季施工质量和安全而采取的保温、防雨等措施所需的费用。该费用由以下各项组成：

a. 冬雨（风）季施工时增加的临时设施（防寒保温、防雨、防风设施）的搭设、拆除所需的费用；

b. 冬雨（风）季施工时，对砌体、混凝土等采用的特殊加温、保温和养护措施费用；

c. 冬雨（风）季施工时，施工现场的防滑处理、对影响施工的雨雪的清除等产生的费用；

d. 冬雨（风）季施工时增加的临时设施、施工人员的劳动保护用品、冬雨（风）季施工劳动效率降低等产生的费用。

⑥ 地上、地下设施和建筑物的临时保护设施费。在工程施工过程中，对已建成的地上、地下设施和建筑物采取的遮盖、封闭、隔离等必要保护措施所发生的费用。

⑦ 已完工程及设备保护费。竣工验收前，对已完工程及设备采取的覆盖、包裹、封闭、隔离等必要保护措施所发生的费用。

⑧ 脚手架费。脚手架费是指施工需要的各种脚手架的搭、拆、运输费用以及脚手架购置费的摊销（或租赁）费用。通常包括以下内容：

a. 施工时可能发生的场内、场外材料搬运费用；

b. 搭、拆脚手架、斜道、上料平台费用；

c. 安全网的铺设费用；

d. 拆除脚手架后材料的堆放费用。

⑨ 混凝土模板及支架（撑）费。混凝土施工过程中需要的各种钢模板、木模板、支架等的支拆、运输费用，以及模板、支架的摊销（或租赁）费用。该费用由以下各项组成：

a. 混凝土施工过程中需要的各种模板制作费用；

b. 模板安装、拆除、整理堆放及场内外运输费用；

c. 清理模板黏结物及模内杂物、刷隔离剂等所需费用。

⑩ 垂直运输费。垂直运输费是指将现场所用材料、机具从地面运至相应高度以及职工人员上下工作面等所发生的运输费用。由以下各项组成：

a. 垂直运输机械的固定装置、基础制作、安装费；

b. 行走式垂直运输机械轨道的铺设、拆除、摊销费。

⑪ 超高施工增加费。当单层建筑物檐口高度超过 20 m，多层建筑物超过 6 层时，可计算超高施工增加费。该费用由以下各项组成：

a. 建筑物超高引起的人工工效降低以及由人工工效降低引起的机械降效费；

b. 高层施工用水加压水泵的安装、拆除及工作台班费；

c. 通信联络设备的使用及摊销费。

⑫ 大型机械设备进出场及安拆费。机械整体或分体自停放场地运至施工现场或由一个施工地点运至另一个施工地点，所发生的机械进出场运输和转移费用及机械在施工现场进行安装、拆卸所需的人工费、材料费、机械费、试运转费和安装所需的辅助设施的费用。该项费用由安拆费和进出场费组成：

a. 安拆费包括施工机械、设备在现场进行安装拆卸所需人工、材料、机械和试运转费用，以及机械辅助设施的折旧、搭设、拆除等费用；

b. 进出场费包括施工机械、设备整体或分体自停放地点运至施工现场或由一施工地点运至另一施工地点所发生的运输、装卸、辅助材料等费用。

⑬ 施工排水、降水费。施工排水、降水费是指将施工期间有碍施工作业和影响工程质量的水排到施工场地以外，以及防止在地下水位较高的地区开挖深基坑出现基坑浸水，地基承载力下降，在动水压力作用下还可能引起流沙、管涌和边坡失稳等现象而必须采取有效的降水和排水措施费用。该项费用由成井、排水和降水两个独立的费用项目组成：

a. 成井。成井的费用主要包括：准备钻孔机械、埋设护筒、钻机就位，泥浆制作、固壁，成孔、出渣、清孔等费用；对接上、下井管（滤管），焊接，安防，下滤料，洗井，连接试抽等费用。

b. 排水和降水。排水和降水的费用主要包括：管道安装、拆除，场内搬运等所需费用；抽水、值班、降水设备维修等费用。

⑭ 其他。根据项目的专业特点或所在地区不同，可能会出现其他的措施项目，如工程定位复测费和特殊地区施工增加费等。

（2）措施项目费的计算。按照有关专业计量规范规定，措施项目分为应予计量的措施项目和不宜计量的措施项目两类。

① 应予计量的措施项目。措施项目费与分部分项工程费的计算方法基本相同，其计算公式为

$$措施项目费 = \sum(措施项目工程量 \times 综合单价)$$

不同的措施项目，其工程量的计算单位不同，分列如下：

a. 脚手架费通常按建筑面积或垂直投影面积并以"m^2"为单位计算。

b. 混凝土模板及支架（撑）费通常按照模板与现浇混凝土构件的接触面积并以"m^2"为单位计算。

c. 垂直运输费可根据不同情况用两种方法进行计算：按照建筑面积并以"m^2"为单位计算；按照施工工期日历天数并以"天"为单位计算。

d. 超高施工增加费通常按照建筑物超高部分的建筑面积并以"m^2"为单位计算。

e. 大型机械设备进出场及安拆费通常按照机械设备的使用数量并以"台次"为单位计算。

f. 施工排水、降水费分两个不同的独立部分计算：成井费用通常按照设计图示尺寸的钻孔深度并以"m"为单位计算；排水和降水费用通常按照排、降水日历天数并以"昼夜"为单位计算。

② 不宜计量的措施项目。对于不宜计量的措施项目，通常采用计算基数乘以费率的方法予以计算。

a. 安全文明施工费。其计算公式为

$$安全文明施工费 = 计算基数 \times 安全文明施工费费率$$

计算基数应为定额基价（定额分部分项工程费 + 定额中可以计量的措施项目费）、定额人工费或定额人工费与施工机具使用费之和，其费率由工程造价管理机构根据各专业工程的特点综合确定。

b. 其余不宜计量的措施项目，包括夜间施工增加费，非夜间施工照明费，二次搬运费，冬雨季施工增加费，地上、地下设施和建筑物的临时保护设施费，已完工程及设备保护费等。其计算公式为

$$措施项目费 = 计算基数 \times 措施项目费费率$$

上式中的计算基数应为定额人工费或定额人工费与定额施工机具使用费之和，其费率由

工程造价管理机构根据各专业工程特点和调查资料综合分析后确定。

采用计算基数乘以措施项目费费率形式计算的措施项目费，同样需要考虑计算基数会有相应的扣减，因此也需要对措施项目费费率进行相应调整，调整方法类似于企业管理费费率的调整。

3）其他项目费

（1）暂列金额。暂列金额是指建设单位在工程量清单中暂定并包括在工程合同价款中的一笔款项。该款项用于施工合同签订时尚未确定或者不可预见的所需材料、工程设备、服务的采购，施工中可能发生的工程变更、合同约定调整因素出现时的工程价款调整以及发生的索赔、现场签证确认等所需的费用。

暂列金额由建设单位根据工程特点，按有关计价规定估算，施工过程中由建设单位掌握使用，扣除合同价款调整后如有余额，归建设单位。

（2）计日工。计日工是指在施工过程中，施工单位完成建设单位提出的工程合同范围以外的零星项目或工作，按照合同中约定的单价计价形成的费用。

计日工由建设单位和施工单位按施工过程中形成的有效签证来计价。

（3）总承包服务费。总承包服务费是指总承包人为配合、协调建设单位进行的专业工程发包，对建设单位自行采购的材料、工程设备等进行保管以及施工现场管理、竣工资料汇总整理等服务所需的费用。

总承包服务费由建设单位在招标控制价中根据总包范围和有关计价规定编制，施工单位投标时自主报价，施工过程中按签约合同价执行。

4）规费和税金

规费和税金的构成和计算与按照费用构成要素划分建筑安装工程费的项目组成部分的规费和税金是相同的。

3. 建筑安装工程计价程序

根据中华人民共和国住房和城乡建设部、财政部颁布的《关于印发〈建筑安装工程费用项目组成〉的通知》（建标〔2013〕44号）规定，建筑安装工程计价程序主要有建设单位工程招标控制价计价程序、施工企业工程投标报价计价程序和竣工结算计价程序。建设单位工程招标控制价计价程序见表2.2。施工企业工程投标报价计价程序见表2.3。竣工结算计价程序见表2.4。

表2.2 建设单位工程招标控制价计价程序

工程名称：　　　　　　　　　　　　　标段：

序号	内　　容	计　算　方　法	金额/元
1	分部分项工程费	按计价规定计算	
2	措施项目费	按计价规定计算	
2.1	其中：安全文明施工费	按规定标准计算	

序号	内　　容	计　算　方　法	金额/元
3	其他项目费		
3.1	其中：暂列金额	按计价规定估算	
3.2	其中：专业工程暂估价	按计价规定估算	
3.3	其中：计日工	按计价规定估算	
3.4	其中：总承包服务费	按计价规定估算	
4	规费	按规定标准计算	
5	税金（扣除不列入计税范围的工程设备金额）	（1+2+3+4）×规定税率	

招标控制价合计 = 1 + 2 + 3 + 4 + 5

表2.3　施工企业工程投标报价计价程序

工程名称：　　　　　　　　　　标段：

序号	内　　容	计　算　方　法	金额/元
1	分部分项工程费	自主报价	
2	措施项目费	自主报价	
2.1	其中：安全文明施工费	按规定标准计算	
3	其他项目费		
3.1	其中：暂列金额	按招标文件提供金额计列	
3.2	其中：专业工程暂估价	按招标文件提供金额计列	
3.3	其中：计日工	自主报价	
3.4	其中：总承包服务费	自主报价	
4	规费	按规定标准计算	
5	税金（扣除不列入计税范围的工程设备金额）	（1+2+3+4）×规定税率	

投标报价合计 = 1 + 2 + 3 + 4 + 5

表2.4　竣工结算计价程序

工程名称：　　　　　　　　　　标段：

序号	汇　总　内　容	计　算　方　法	金额/元
1	分部分项工程费	按合同约定计算	
1.1			

序号	汇总内容	计算方法	金额/元
2	措施项目	按合同约定计算	
2.1	其中：安全文明施工费	按规定标准计算	
3	其他项目		
3.1	其中：专业工程结算价	按合同约定计算	
3.2	其中：计日工	按计日工签证计算	
3.3	其中：总承包服务费	按合同约定计算	
3.4	索赔与现场签证	按发承包双方确认数额计算	
4	规费	按规定标准计算	
5	税金（扣除不列入计税范围的工程设备金额）	(1+2+3+4)×规定税率	
竣工结算总价合计 = 1 + 2 + 3 + 4 + 5			

上述计价程序在工程造价确定过程中的具体应用还应与《建设工程工程量清单计价规范》（GB 50500—2013）及各地区的规定相结合。

由建设单位工程招标控制价计价程序、施工企业工程投标报价计价程序和竣工结算计价程序可以看出：工程价格与工程实施阶段有关，不同工程实施阶段编制人不同，所考虑工程因素不同，使用计价标准不同。建设单位在编制招标控制价时，应按照各专业工程的计量规范和计价定额以及工程造价信息编制。施工企业在使用计价定额时除不可竞争费用外，其余仅作参考，由施工企业投标时自主报价。

2.3 工程建设其他费用

工程建设其他费用，是指建设期发生的与土地使用权取得、整个工程项目建设以及未来生产经营有关的构成建设投资但不包括在工程费用中的费用。

2.3.1 建设用地费

任何一个建设项目都固定于一定地点与地面相连接，必须占用一定量的土地，也就必然要发生为获得建设用地而支付的费用，这就是建设用地费，即为获得工程项目建设土地的使用权而在建设期内发生的各项费用，包括通过划拨方式取得土地使用权而支付的土地征用及迁移补偿费，或者通过土地使用权出让方式取得土地使用权而支付的土地使用权出让金。

1. 建设用地取得的基本方式

建设用地的取得，实质是依法获取国有土地的使用权。根据《中华人民共和国土地管理法》《中华人民共和国土地管理法实施条例》《中华人民共和国城市房地产管理法》规定，获取国有土地使用权的基本方式主要有两种：一是出让方式；二是划拨方式。建设土地取得的基本方式还包括租赁和转让方式。

（1）通过出让方式获取国有土地使用权。

国有土地使用权出让，是指国家将国有土地使用权在一定年限内出让给土地使用者，由土地使用者向国家支付土地使用权出让金的行为。土地使用权出让最高年限按下列用途确定：

① 居住用地 70 年；

② 工业用地 50 年；

③ 教育、科技、文化、卫生、体育用地 50 年；

④ 商业、旅游、娱乐用地 40 年；

⑤ 综合或者其他用地 50 年。

通过出让方式获取土地使用权又可以分成两种具体方式：一是通过招标、拍卖、挂牌等竞争出让方式获取国有土地使用权；二是通过协议出让方式获取国有土地使用权。

① 通过竞争出让方式获取国有土地使用权。按照国家相关规定，工业（包括仓储用地，但不包括采矿用地）、商业、旅游、娱乐和商品住宅等各类经营性用地，必须以招标、拍卖或者挂牌方式出让；上述规定以外用途的土地的供地计划公布后，同一宗地有两个以上意向用地者的，也应当采用招标、拍卖或者挂牌方式出让。

② 通过协议出让方式获取国有土地使用权。按照国家相关规定，出让国有土地使用权，除依照法律、法规和规章的规定应当采用招标、拍卖或者挂牌方式外，还可采取协议方式。以协议方式出让国有土地使用权的出让金不得低于按国家规定所确定的最低价。协议出让底价不得低于拟出让地块所在区域的协议出让最低价。

（2）通过划拨方式获取国有土地使用权。

国有土地使用权划拨，是指县级以上人民政府依法批准，在土地使用者缴纳补偿、安置等费用后将该幅土地交付其使用，或者将土地使用权无偿交付给土地使用者使用的行为。

国家对划拨用地有着严格的规定，下列建设用地，经县级以上人民政府依法批准，可以以划拨方式取得：

① 国家机关用地和军事用地；

② 城市基础设施用地和公益事业用地；

③ 国家重点扶持的能源、交通、水利等基础设施用地；

④ 法律、行政法规规定的其他用地。

依法以划拨方式取得土地使用权的，除法律、行政法规另有规定外，没有使用期限的限制。因企业改制、土地使用权转让或者改变土地用途等，不再符合国家规定要求的，应当实行有偿使用。

2. 建设用地取得的费用

建设用地如通过行政划拨方式取得，则须承担征地补偿费用或对原用地单位或个人的拆迁补偿费用；若通过市场机制取得，则不但承担以上费用，还须向土地所有者支付有偿使用费，即土地出让金。

（1）征地补偿费。

① 土地补偿费。土地补偿费是对农村集体经济组织因土地被征用而造成的经济损失的一种补偿。征用耕地的补偿费，为该耕地被征用前三年平均年产值的6～10倍。征用其他土地的补偿费标准，由省、自治区、直辖市参照征用耕地的土地补偿费制定。土地补偿费归农村集体经济组织所有。

② 青苗补偿费和地上附着物补偿费。青苗补偿费是指因征地时，正在生长的农作物受到损害而做出的一种赔偿。在农村实行承包责任制后，农民自行承包土地的青苗补偿费应付给本人，属于集体种植的，青苗补偿费可纳入当年集体收益。凡在协商征地方案后抢种的农作物、树木等，一律不予补偿。地上附着物是指房屋、水井、树木、涵洞、桥梁、公路、水利设施、林木等地面建筑物、构筑物、附着物等。视协商征地方案前地上附着物价值与折旧情况确定，应根据"拆什么、补什么；拆多少，补多少，不低于原来水平"的原则确定。如附着物产权属个人，则该项补助费付给个人。地上附着物的补偿标准，由省、自治区、直辖市规定。

③ 安置补助费。安置补助费应支付给被征地单位和安置劳动力的单位，作为劳动力安置与培训的支出，以及不能就业人员的生活补助。征收耕地的安置补助费，按照需要安置的农业人口数计算。需要安置的农业人口数，按照被征收的耕地数量除以征地前被征收单位平均每人占有耕地的数量计算。每一个需要安置的农业人口的安置补助费标准，为该耕地被征收前三年平均年产值的4～6倍。但是，每公顷被征收耕地的安置补助费，最高不得超过被征收前三年平均年产值的15倍。土地补偿费和安置补助费，尚不能使需要安置的农民保持原有生活水平的，经省、自治区、直辖市人民政府批准，可以增加安置补助费。但是，土地补偿费和安置补助费的总和不得超过土地被征收前三年平均年产值的30倍。

④ 新菜地开发建设基金。新菜地开发建设基金指征用城市郊区商品菜地时支付的费用。这项费用交给地方财政，作为开发建设新菜地的投资。菜地是指城市郊区为供应城市居民蔬菜，连续三年以上常年种菜地或者养殖鱼、虾等的商品菜地和精养鱼塘。一年只种一茬或因调整茬口安排种植蔬菜的，均不作为需要收取开发建设基金的菜地。征用尚未开发的规划菜地，不缴纳新菜地开发建设基金。在蔬菜产销放开后，能够满足供应，不再需要开发新菜地的城市，不收取新菜地开发建设基金。

⑤ 耕地占用税。耕地占用税是对占用耕地建房或者从事其他非农业建设的单位和个人征收的一种税收，目的是合理利用土地资源、节约用地，保护农用耕地。耕地占用税征收范围，不仅包括占用耕地，还包括占用鱼塘、园地、菜地及农业用地建房或者从事其他非农业建设，均按实际占用的面积和规定的税额一次性征收。其中，耕地是指用于种植农作物的土地。占用前三年曾用于种植农作物的土地也视为耕地。

⑥ 土地管理费。土地管理费主要作为征地工作中所发生的办公、会议、培训、宣传、差旅、借用人员工资等必要的费用。土地管理费的收取标准，一般是在土地补偿费、青苗补

偿费、地上附着物补偿费、安置补助费四项费用之和的基础上提取 2%~4%。如果是征地包干，还应在四项费用之和后再加上粮食价差、副食补贴、不可预见费等费用，在此基础上提取 2%~4% 作为土地管理费。

（2）拆迁补偿费用。在城市规划区内国有土地上实施房屋拆迁，拆迁人应当对被拆迁人给予补偿、安置。

① 拆迁补偿金。拆迁补偿金的方式可以实行货币补偿，也可以实行房屋产权调换。

货币补偿的金额，根据被拆迁房屋的区位、用途、建筑面积等因素，以房地产市场评估价格确定。具体办法由省、自治区、直辖市人民政府制定。

实行房屋产权调换的，拆迁人与被拆迁人按照计算得到的被拆迁房屋的补偿金额和所调换房屋的价格，结清产权调换的差价。

② 搬迁、安置补助费。拆迁人应当对被拆迁人或者房屋承租人支付搬迁补助费。对于在规定的搬迁期限届满前搬迁的，拆迁人可以付给提前搬家奖励费；在过渡期限内，被拆迁人或者房屋承租人自行安排住处的，拆迁人应当支付临时安置补助费；被拆迁人或者房屋承租人使用拆迁人提供的周转房的，拆迁人不支付临时安置补助费。

搬迁补助费和临时安置补助费的标准，由省、自治区、直辖市人民政府规定。有些地区规定，拆除非住宅房屋，造成停产、停业，引起经济损失的，拆迁人可以根据被拆除房屋的区位和使用性质，按照一定标准给予一次性停产、停业综合补助费。

（3）出让金、土地转让金。土地使用权出让金为用地单位向国家支付的土地所有权收益，出让金标准一般参考城市基准地价并结合其他因素制定。基准地价由市土地管理局会同市物价局、市国有资产管理局、市房地产管理局等部门综合平衡后报市级人民政府审定通过，它以城市土地综合定级为基础，用某一地价或地价幅度表示某一类别用地在某一土地级别范围的地价，以此作为土地使用权出让价格的基础。

在有偿出让和转让土地时，政府对地价不做统一规定，但应坚持以下原则：地价对目前的投资环境不产生大的影响；地价与当地的社会经济承受能力相适应；地价要考虑已投入的土地开发费用、土地市场供求关系、土地用途、所在区类、容积率和使用年限等。有偿出让和转让使用权，要向土地受让者征收契税；转让土地如有增值，要向转让者征收土地增值税；土地使用者每年应按规定的标准缴纳土地使用费。土地使用权出让或转让，应由地价评估机构进行价格评估后，再签订土地使用权出让和转让合同。

土地使用权出让合同约定的使用年限届满，土地使用者需要继续使用土地的，应当至迟于届满前一年申请续期，除根据社会公共利益需要收回该幅土地的，应当予以批准。经批准予续期的，应当重新签订土地使用权出让合同，依照规定支付土地使用权出让金。

2.3.2　与项目建设有关的其他费用

1. 建设管理费

建设管理费是指建设单位为组织完成工程项目建设，在建设期内发生的各类管理性费用。

（1）建设管理费的内容。

① 建设单位管理费。建设单位管理费是指建设单位发生的管理性质的开支，包括工作人员工资、工资性补贴、施工现场津贴、职工福利费、住房基金、基本养老保险费、基本医疗保险费、失业保险费、工伤保险费，办公费、差旅交通费、劳动保护费、工具用具使用费、固定资产使用费、必要的办公及生活用品购置费、必要的通信设备及交通工具购置费、零星固定资产购置费、招募生产工人费、技术图书资料费、业务招待费、设计审查费、工程招标费、合同契约公证费、法律顾问费、工程咨询费、完工清理费、竣工验收费、印花税和其他管理性质开支。

② 工程监理费。工程监理费是指建设单位委托工程监理单位实施工程监理的费用。按照《国家发展改革委关于进一步放开建设项目专业服务价格的通知》（发改价格〔2015〕299 号）规定，此项费用实行市场调节价。

③ 工程总承包管理费。如建设管理采用工程总承包方式，其工程总承包管理费由建设单位与总承包单位根据总包工作范围在合同中商定，从建设管理费中支出。

（2）建设单位管理费的计算。建设单位管理费按照工程费用之和（包括设备、工器具购置费和建筑安装工程费用）乘以建设单位管理费费率计算，即

$$建设单位管理费 = 工程费用 × 建设单位管理费费率$$

建设单位管理费费率按照建设项目的不同性质、不同规模确定。有的建设项目按照建设工期和规定的金额计算建设单位管理费。如采用监理，建设单位部分管理工作量转移至监理单位。监理费应根据委托的监理工作范围和监理深度在监理合同中商定。

2. 可行性研究费

可行性研究费是指在工程项目投资决策阶段，依据调研报告对有关建设方案、技术方案或生产经营方案进行的技术经济论证，以及编制、评审可行性研究报告所需的费用。此项费用应依据前期研究委托合同计列，按照《国家发展改革委关于进一步放开建设项目专业服务价格的通知》（发改价格〔2015〕299 号）规定，此项费用实行市场调节价。

3. 研究试验费

研究试验费是指为建设项目提供或验证设计数据、资料等进行必要的研究试验及按照相关规定在建设过程中必须进行试验、验证所需的费用，包括自行或委托其他部门研究试验所需人工费、材料费、试验设备及仪器使用费等。这项费用按照设计单位根据本工程项目的需要提出的研究试验内容和要求计算。在计算时要注意不应包括以下项目：

（1）应由科技三项费用（新产品试制费、中间试验费和重要科学研究补助费）开支的项目。

（2）应在建筑安装费用中列支的施工企业对建筑材料、构件和建筑物进行一般鉴定、检查所发生的费用及技术革新的研究试验费。

（3）应由勘察设计费或工程费用中开支的项目。

4. 勘察设计费

勘察设计费是指对工程项目进行工程水文地质勘查、工程设计所发生的费用，包括工程勘察费、初步设计费（基础设计费）、施工图设计费（详细设计费）、设计模型制作费。按照《国家发展改革委关于进一步放开建设项目专业服务价格的通知》（发改价格〔2015〕299号）规定，此项费用实行市场调节价。

5. 专项评价及验收费

专项评价及验收费包括环境影响评价费、安全预评价及验收费、职业病危害预评价及控制效果评价费、地震安全性评价费、地质灾害危险性评价费、水土保持评价及验收费、压覆矿产资源评价费、节能评估及评审费、危险与可操作性分析及安全完整性评价费，以及其他专项评价及验收费。按照《国家发展改革委关于进一步放开建设项目专业服务价格的通知》（发改价格〔2015〕299号）规定，这些专项评价及验收费用均实行市场调节价。

（1）环境影响评价费。环境影响评价费是指在工程项目投资决策过程中，对其进行环境污染或影响评价所需的费用。该项费用包括编制环境影响报告书（含大纲）、环境影响报告表和评估等所需的费用，以及建设项目竣工验收阶段环境保护验收调查和环境监测、编制环境保护验收报告的费用。

（2）安全预评价及验收费。安全预评价及验收费是指为预测和分析建设项目存在的危害因素种类和危险危害程度，提出先进、科学、合理可行的安全技术和管理对策，而编制评价大纲、编写安全评价报告书和评估等所需的费用，以及在竣工阶段验收时所发生的费用。

（3）职业病危害预评价及控制效果评价费。职业病危害预评价及控制效果评价费是指建设项目因可能产生职业病危害，而编制职业病危害预评价书、职业病危害控制效果评价书和评估所需的费用。

（4）地震安全性评价费。地震安全性评价费是指通过对建设场地和场地周围的地震活动与地震、地质环境的分析，而进行的地震活动环境评价、地震地质构造评价、地震地质灾害评价，编制地震安全评价报告书和评估所需的费用。

（5）地质灾害危险性评价费。地质灾害危险性评价费是指在灾害易发区对建设项目可能诱发的地质灾害和建设项目本身可能遭受的地质灾害危险程度的预测评价，编制评价报告书和评估所需的费用。

（6）水土保持评价及验收费。水土保持评价及验收费是指对建设项目在生产建设过程中可能造成的水土流失进行预测，编制水土保持方案和评估所需的费用，以及在施工期间的监测、竣工阶段验收时所发生的费用。

（7）压覆矿产资源评价费。压覆矿产资源评价费是指对需要压覆重要矿产资源的建设项目，编制压覆重要矿产价和评估所需的费用。

（8）节能评估及评审费。节能评估及评审费是指对建设项目的能源利用是否科学合理进行分析评估，并编制节能评估报告以及评估所发生的费用。

（9）危险与可操作性分析及安全完整性评价费。危险与可操作性分析及安全完整性评价费是指对应用于生产具有流程性工艺特征的新建、改建、扩建项目进行工艺危害分析和对安全仪表系统的设置水平及可靠性进行定量评估所发生的费用。

（10）其他专项评价及验收费。其他专项评价及验收费是指根据国家法律、法规，建设项目所在省、直辖市、自治区人民政府有关规定，以及行业规定需进行的其他专项评价、评估、咨询和验收所需的费用。例如，对重大投资项目社会稳定风险评估、防洪评价等所需费用。

6. 场地准备及临时设施费

（1）场地准备及临时设施费的内容。

① 建设项目场地准备费是指为使工程项目的建设场地达到开工条件，由建设单位组织进行的场地平整等准备工作而发生的费用。

② 建设单位临时设施费是指建设单位为满足工程项目建设、生活、办公的需要，用于临时设施建设、维修、租赁、使用所发生或摊销的费用。

（2）场地准备及临时设施费的计算。

① 场地准备及临时设施应尽量与永久性工程统一考虑。建设场地的大型土石方工程应进入工程费用中的总图运输费用中。

② 新建项目的场地准备和临时设施费应根据实际工程量估算，或按工程费用的比例计算。改扩建项目一般只计拆除清理费。

$$场地准备及临时设施费 = 工程费用 \times 费率 + 拆除清理费$$

③ 发生拆除清理费时可按新建同类工程造价或主材费、设备费的比例计算。凡可回收材料的拆除工程，采用以料抵工方式冲抵拆除清理费。

④ 此项费用不包括已列入建筑安装工程费用中的施工单位临时设施费用。

7. 引进技术和引进设备其他费

引进技术和引进设备其他费是指引进技术和设备发生的但未计入设备购置费中的费用。

（1）引进项目图纸资料翻译复制费、备品备件测绘费。可根据引进项目的具体情况计列或按引进货价（FOB）的比例估列；引进项目发生备品备件测绘费时按具体情况估列。

（2）出国人员费用。该项费用包括买方人员出国设计联络、出国考察、联合设计、监造、培训等所发生的差旅费、生活费等。依据合同或协议规定的出国人次、期限以及相应的费用标准计算。生活费按照财政部、外交部规定的现行标准计算，差旅费按中国民航公布的票价计算。

（3）来华人员费用。该项费用包括卖方来华工程技术人员的现场办公费用、往返现场交通费用、接待费用等，依据引进合同或协议有关条款及来华技术人员派遣计划进行计算。来华人员接待费可按每人次费用指标计算。引进合同价款中已包括的费用内容不得重复计算。

（4）银行担保及承诺费。该项费用包括引进项目由国内外金融机构出面承担风险和责任担保所发生的费用，以及支付贷款机构的承诺费用，应按担保或承诺协议计取，投资估算和概算编制时可以担保金额或承诺金额为基数乘以费率计算。

8. 工程保险费

工程保险费是指为转移工程项目建设的意外风险，在建设期内对建筑工程、安装工程、机械设备和人身安全进行投保而发生的费用，包括建筑安装工程一切险、引进设备财产保险和人身意外伤害险等。

根据不同的工程类别，分别以其建筑、安装工程费乘以建筑、安装工程保险费率计算。民用建筑（住宅楼、综合性大楼、商场、旅馆、医院、学校）占建筑工程费的2‰～4‰；其他建筑（工业厂房、仓库、道路、码头、水坝、隧道、桥梁、管道等）占建筑工程费的3‰～6‰；安装工程（农业、工业、机械、电子、电器、纺织、矿山、石油、化工及钢铁工业、钢结构桥梁）占建筑工程费的3‰～6‰。

9. 特殊设备安全监督检验费

特殊设备安全监督检验费是指安全监察部门对在施工现场组装的锅炉及压力容器、压力管道、消防设备、燃气设备、电梯等特殊设备和设施实施安全检验收取的费用。此项费用按照建设项目所在省（市、自治区）安全监察部门的规定标准计算。无具体规定的，在编制投资估算和概算时可按受检设备现场安装费的比例估算。

10. 市政公用设施费

市政公用设施费是指使用市政公用设施的工程项目，按照项目所在地省级人民政府有关规定建设或缴纳的市政公用设施建设配套费用以及绿化工程补偿费用。此项费用按工程所在地人民政府规定标准计列。

2.3.3　与未来生产经营有关的其他费用

1. 联合试运转费

联合试运转费是指新建或新增加生产能力的工程项目，在交付生产前按照设计文件规定的工程质量标准和技术要求，对整个生产线或装置进行负荷联合试运转所发生的费用净支出（试运转支出大于收入的差额部分费用）。试运转支出包括试运转所需原材料、燃料及动力消耗、低值易耗品、其他物料消耗、工具用具使用费、机械使用费、保险金、施工单位参加试运转人员工资以及专家指导费等；试运转收入包括试运转期间的产品销售收入和其他收入。联合试运转费不包括应由设备安装工程费用中开支的调试及试车费用，以及在试运转中暴露出来的因施工原因或设备缺陷等发生的处理费用。

2. 专利及专有技术使用费

专利及专有技术使用费是指在建设期内为取得专利、专有技术、商标权、商誉、特许经营权等发生的费用。

（1）专利及专有技术使用费的主要内容。

① 国外设计及技术资料费、引进有效专利、专有技术使用费和技术保密费。

② 国内有效专利、专有技术使用费。

③ 商标权、商誉和特许经营权费等。

（2）专利及专有技术使用费的计算。在计算专利及专有技术使用费时应注意以下问题：

① 按专利使用许可协议和专有技术使用合同的规定计列。

② 专有技术的界定应以省、部级鉴定批准为依据。

③ 项目投资中只计算需在建设期支付的专利及专有技术使用费。协议或合同规定在生产期支付的使用费应在生产成本中核算。

④ 一次性支付的商标权、商誉及特许经营权费按协议或合同规定计列。协议或合同规定在生产期支付的商标权或特许经营权费应在生产成本中核算。

⑤ 为项目配套的专用设施投资，包括专用铁路线、专用公路、专用通信设施、送变电站、地下管道、专用码头等，如由项目建设单位负责投资但产权不归属本单位的，应作无形资产处理。

3. 生产准备费

（1）生产准备费的内容。生产准备费是指在建设期内，建设单位为保证项目正常生产而发生的人员培训费、提前进厂费以及投产使用必备的办公、生活家具用具及工器具等的购置费用，包括：

① 人员培训费及提前进厂费。该项费用包括自行组织培训或委托其他单位培训的人员工资、工资性补贴、职工福利费、差旅交通费、劳动保护费、学习资料费等。

② 为保证初期正常生产（或营业、使用）所必需的生产办公、生活家具用具购置费。

（2）生产准备费的计算。

① 新建项目按设计定员为基数计算，改扩建项目按新增设计定员为基数计算：

$$生产准备费 = 设计定员 \times 生产准备费指标（元/人）$$

② 可采用综合的生产准备费指标进行计算，也可以按费用内容的分类指标计算。

2.4　预备费和建设期利息的计算

2.4.1　预备费

预备费是指在建设期内因各种不可预见因素的变化而预留的可能增加的费用，包括基本预备费和价差预备费。

1. 基本预备费

（1）基本预备费的内容。基本预备费是指投资估算或工程概算阶段预留的，由于工程实施中不可预见的工程变更及治商、一般自然灾害处理、地下障碍物处理、超规超限设备运输等而可能增加的费用，亦可称为工程建设不可预见费。基本预备费一般由以下四部分构成：

① 工程变更及治商。在批准的初步设计范围内，技术设计、施工图设计及施工过程中

所增加的工程费用;设计变更、工程变更、材料代用、局部地基处理等增加的费用。

② 一般自然灾害处理。对一般自然灾害造成的损失和预防自然灾害所采取的措施费用。实行工程保险的工程项目,该费用应适当降低。

③ 不可预见的地下障碍物处理的费用。

④ 超规超限设备运输增加的费用。

(2)基本预备费的计算。基本预备费是以工程费用和工程建设其他费用二者之和为计取基础,乘以基本预备费费率进行计算的。

$$基本预备费 = (工程费用 + 工程建设其他费用) \times 基本预备费费率$$

基本预备费费率的取值应执行国家及相关部门的有关规定。

2. 价差预备费

(1)价差预备费的内容。价差预备费是指为在建设期内利率、汇率或价格等因素的变化而预留的可能增加的费用,亦称为价格变动不可预见费。价差预备费的内容包括:人工、设备、材料、施工机具的价差费,建筑安装工程费及工程建设其他费用调整,利率、汇率调整等增加的费用。

(2)价差预备费的测算方法。价差预备费一般根据国家规定的投资综合价格指数,以估算年份价格水平的投资额为基数,采用复利方法计算。其计算公式为

$$PF = \sum_{t=1}^{n} I_t \left[(1+f)^m (1+f)^{0.5} (1+f)^{t+1} - 1 \right]$$

式中:PF——价差预备费;

   n——建设期年份数;

   I_t——建设期中第 t 年的静态投资计划额,包括工程费用、工程建设其他费用及基本预备费;

   f——年涨价率;

   m——建设前期年限(从编制估算到开工建设,单位为年)。

年涨价率的确定,政府部门有规定的按规定执行,没有规定的由可行性研究人员预测。

【例2.3】 某建设项目建安工程费5 000万元,设备购置费3 000万元,工程建设其他费用2 000万元,已知基本预备费费率为5%,项目建设前期年限为1年,建设期为3年。各年投资计划额为:第一年完成投资20%,第二年完成60%,第三年完成20%。年均投资价格上涨率为6%,求建设项目建设期间价差预备费。

 解: 基本预备费 = (5 000 + 3 000 + 2 000) × 5% = 500(万元)

静态投资 = 5 000 + 3 000 + 2 000 + 500 = 10 500(万元)

建设期第一年完成投资 = 10 500 × 20% = 2 100(万元)

第一年涨价预备费:$PF_1 = I_1 \left[(1+f)(1+f)^{0.5} - 1 \right] = 191.8$(万元)

第二年完成投资 = 10 500 × 60% = 6 300(万元)

第二年涨价预备费：$PF_2 = I_2 [(1+f)(1+f)^{0.5}(1+f) - 1] = 987.9$（万元）

第三年完成投资 $= 10\ 500 \times 20\% = 2\ 100$（万元）

第三年涨价预备费为：$PF_3 = I_3 [(1+f)(1+f)^{0.5}(1+f)^2 - 1] = 475.1$（万元）

因此，建设期的价差预备费为

$$PF = 191.8 + 987.9 + 475.1 = 1\ 654.8 （万元）$$

2.4.2 建设期利息

建设期利息主要是指在建设期内发生的为工程项目筹措资金的融资费用及债务资金利息。

建设期利息的计算，根据建设期资金用款计划，在总贷款分年均衡发放的前提下，可按当年借款在当年年中支用考虑，即当年借款按半年计息，上年借款按全年计息。

复习思考题

一、选择题

1. 设备购置费的组成为（　　）。

A. 设备原价 + 采购与保管费

B. 设备原价 + 运费 + 装卸费

C. 设备原价 + 运费 + 采购与保管费

D. 设备原价 + 运杂费

2. 进口设备的到岸价格是指（　　）。

A. 进口设备的装运港船上交货价

B. 进口设备的运费在内价

C. 进口设备的保险费在内价

D. 进口设备的运费、保险费在内价

3. 某进口设备 FOB 价格为 1 200 万元，国际运费为 72 万元，国际保险费为 8 万元，银行财务费用为 6 万元，外贸手续费费率为 1.5%，则外贸手续费为（　　）万元。

A. 18　　　　　　B. 19.08　　　　　　C. 19.2　　　　　　D. 19.29

4. 措施项目是指为完成工程项目施工，发生于该工程施工前和施工过程中技术、生活、安全等方面的（　　）项目。

A. 工程实体　　　B. 非工程实体　　　C. 项目实体　　　　D. 非项目实体

5. 安全文明施工费不包括（　　）。

A. 环境保护费　　　　　　　　　　B. 建筑物的临时保护设施费

C. 安全施工费　　　　　　　　　　D. 文明施工费

6. 关税是海关对进出国境或关境的货物和物品征收的一种税，其计算公式为（　　）。

A. 关税 = CIF × 进口关税税率

B. 关税 = FOS × 进口关税税率

C. 关税 = CAF × 进口关税税率

D. 关税 = FOB × 进口关税税率

二、简答题

1. 简述建设项目总投资和固定资产投资的区别和联系。

2. 我国现阶段工程造价由哪些费用组成？

3. 项目建设总成本的构成内容是什么？

4. 简述我国建筑安装工程造价的组成。

5. 建筑安装工程分部分项费是如何构成的？

6. 什么是措施项目费？它包含哪些内容？

7. 间接费包含哪些内容？应当如何计算？

8. 设备购置费由哪些费用组成？应如何计算国产标准设备的购置费？

9. 进口设备抵岸价由哪些费用构成？应当如何计算？

10. 什么是工程建设其他费？它由哪三类费用组成？

11. 基本预备费包含哪些内容？应当如何计算？

12. 与项目建设有关的其他费用包含哪些内容？

13. 与未来企业生产经营有关的其他费用包含哪些内容？

3 工 程 定 额

3.1 工程定额概述

3.1.1 定额的由来

19世纪末，美国资本主义发展正处于上升时期，工业发展速度，但是企业管理仍然采用传统的凭经验管理的方法，因而劳动生产率很低，许多工厂的生产能力得不到充分的发挥（只有少数工厂能达到其生产能力的60%）。在这种背景下，美国工程师泰勒（1856—1915）开始了企业管理的研究，目的主要是解决如何提高工人的劳动效率问题。

为了提高工人的劳动效率，泰勒把对工作时间的研究放在十分重要的地位。他着重从工人的操作上研究工时的科学利用。为此，他把工作时间分成若干组成部分，并利用马表来测定工人完成各组成部分所需要的时间，以便制定出工作定额作为衡量工人工作效率的尺度。

泰勒不仅对工作时间进行了科学研究，他还十分重视对工人的操作方法的研究。他对人在劳动中的机械动作，逐一地分析其合理性，以便消除那些多余的无效的动作，制定出最能节约工作时间的操作方法。为了减少工时消耗，泰勒还对工具和设备进行了研究。这样，就把制定工时定额建立在合理操作的基础上。

制定科学的工时定额，实行标准的操作方法，采用有差别的计件工资，这就是泰勒制的主要内容。所有这些给企业管理带来了根本的变革和深远的影响。因此，泰勒被尊为"科学管理之父"。

继泰勒制之后，企业管理又有许多新的发展，对于定额的制定也有许多新的研究。1945年出现了所谓事前工时定额制定标准。这种事前工时定额制定标准可以在新工艺投产之前，选择最好的工艺设计和最有效的操作方法，也可以在原有的基础上改进作业方法，提高操作技术，以降低单位产品的工时消耗。

20世纪40～60年代出现的管理科学，实际是泰勒制的继续和发展。一方面，管理科学从操作方法、作业水平的研究向科学组织的研究扩展；另一方面，它利用了现代自然科学和技术科学的新成果，将运筹学、系统工程、电子计算机等科学技术手段应用于科学管理之中。与此同时，又出现了行为科学（包括工效学、工时学、方法研究、工作衡量等）。它从社会学、心理学的角度研究管理，强调重视社会环境、人的相互关系对提高工效的影响。20世纪70年代产生的系统理论，把管理科学和行为科学结合起来，从事物的整体出发进行研究。它对企业中的人、物和环境等要素进行系统、全面的分析研究，以实现管理的最优化。

尽管管理科学发展到了一定的高度，但是它仍然离不开定额。因为定额给企业提供可靠的基本管理数据，也是科学管理企业的基础和必备条件，它在企业的现代化管理中一直占有重要的地位。无论在研究工作中还是在实际工作中，都必须重视工作时间和操作方法的研究，都必须重视定额的制定。

中华人民共和国成立以来，我国在国民经济各部门广泛地制定和利用了各种定额，它们在发展我国建设事业中发挥了其应有的作用，建设工程定额就是其中的一个种类，它同其他定额一样，对加强建筑安装企业的经营管理，发挥了重要的作用。

3.1.2 制定定额的原则

1. 平均先进的原则

定额水平应该反映正常条件下的生产技术水平和管理组织水平，体现大多数人员经过努力能够达到的平均先进的原则。既要反映多项先进经验和成果，又要从实际出发，全面分析各种可行因素和不可行因素。只有这样才能调动广大职工的积极性，提高劳动生产率，降低人工、材料和施工机械的消耗，保证工程较好地完成。

2. 简明、适用、步距合理的原则

由于计算工程量的工作量大小与定额项目划分的繁简有着密切的关系，因此在编制定额、划分定额项目时，要求贯彻简明、适用、准确的原则，做到项目齐全、计算简单、使用方便，从而全面发挥定额的作用。

定额的步距与定额项目的多少有关，由于建设工程产品千差万别，定额的项目处理更加复杂。正确解决定额步距，必须服从适用性，不具有适用性，简明和步距合理都是毫无意义的。要使定额步距合理，必须保持定额为施工生产、投标和分配服务，力求做到简而全面，细而不繁，使用方便。

定额的编制和贯彻都离不开群众，所以编制定额必须走群众路线。专职定额机构和专职定额人员要和群众结合，调查讨论，贯彻以专为主、专群结合的原则，才能保证定额的质量。

3.1.3 工程定额的种类、含义和用途

工程定额是一个综合概念，是建设工程造价计价和管理中各类定额的总称，包括许多种类的定额，可以按照不同的原则和方法对它进行分类。

1. 按反映的生产要素消耗内容分类

按反映的生产要素消耗内容分类，可以把工程定额划分为劳动消耗定额、材料消耗定额和机械消耗定额三种。

（1）劳动消耗定额。劳动消耗定额简称劳动定额（也称为人工定额），是在正常的施工技术和组织条件下，完成规定计量单位合格的建筑安装产品所消耗的人工工日的数量标准。劳动定额的主要表现形式是时间定额，但同时也表现为产量定额。时间定额与产量定额互为倒数。

（2）材料消耗定额。材料消耗定额简称材料定额，是指在正常的施工技术和组织条件

下，完成规定计量单位合格的建筑安装产品所消耗的原材料、成品、半成品、构配件、燃料，以及水、电等动力资源的数量标准。

（3）机械消耗定额。机械消耗定额是以一台机械一个工作班为计量单位的，所以又称为机械台班定额。机械消耗定额是指在正常的施工技术和组织条件下，完成规定计量单位合格的建筑安装产品所消耗的施工机械台班的数量标准。机械消耗定额的主要表现形式是机械时间定额，同时也以产量定额表现。施工仪器仪表消耗定额的表现形式与机械消耗定额类似。

2. 按编制程序和用途分类

按编制程序和用途分类，可以把工程定额分为施工定额、预算定额、概算定额、概算指标、投资估算指标等。

（1）施工定额。施工定额是完成一定计量单位的某一施工过程或基本工序所需消耗的人工、材料和施工机具台班数量标准。施工定额是施工企业（建筑安装企业）为了组织生产和加强管理在企业内部使用的一种定额，属于企业定额的性质。施工定额以某一施工过程或基本工序作为研究对象，表示生产产品数量与生产要素消耗综合关系编制的定额。为了适应组织生产和管理的需要，施工定额的项目划分很细，是工程定额中分项最细、定额子目最多的一种定额，也是工程定额中的基础性定额。

（2）预算定额。预算定额是指在正常的施工条件下，完成一定计量单位合格分项工程或结构构件所需消耗的人工、材料、施工机具台班数量及其费用标准。预算定额是一种计价性定额。从编制程序上看，预算定额是以施工定额为基础综合扩大编制的，同时它也是编制概算定额的基础。

（3）概算定额。概算定额是完成单位合格扩大分项工程或扩大结构构件所需消耗的人工、材料和施工机具台班的数量及其费用标准。概算定额是一种计价性定额。概算定额是编制扩大初步设计概算、确定建设项目投资额的依据。概算定额的项目划分粗细与扩大初步设计的深度相适应，一般概算定额是在预算定额的基础上综合扩大而成的，每一扩大分项概算定额都包含了数项预算定额。

（4）概算指标。概算指标是以单位工程为对象，反映完成一个规定计量单位建筑安装产品的经济指标。概算指标是概算定额的扩大与合并，是以更为扩大的计量单位来编制的。概算指标的内容包括人工、材料、机具台班三个基本部分，同时还列出了分部工程量及单位工程的造价，是一种计价定额。

（5）投资估算指标。投资估算指标是以建设项目、单项工程、单位工程为对象，反映建设总投资及其各项费用构成的经济指标。它是在项目建议书和可行性研究阶段编制投资估算、计算投资需要量时使用的一种定额。它的概略程度与可行性研究阶段相适应。投资估算指标往往根据历史的预、决算资料和价格变动等资料编制，但其编制基础仍然离不开预算定额、概算定额。

3. 按专业分类

由于工程建设涉及众多的专业，不同的专业所含的内容也不同，因此就确定人工、材料和机械台班消耗数量标准的工程定额来说，也需按不同的专业分别进行编制和执行。

（1）建筑工程定额按专业对象分为建筑及装饰工程定额、房屋修缮工程定额、市政工程定额、铁路工程定额、公路工程定额、矿山井巷工程定额等。

（2）安装工程定额按专业对象分为电气设备安装工程定额、机械设备安装工程定额、热力设备安装工程定额、通信设备安装工程定额、化学工业设备安装工程定额、工业管道安装工程定额、工艺金属结构安装工程定额等。

4. 按主编单位和管理权限分类

按主编单位和管理权限分类，工程定额可以分为全国统一定额、行业统一定额、地区统一定额、企业定额、补充定额等。

（1）全国统一定额是指由国家建设行政主管部门综合全国工程建设中技术和施工组织管理的情况编制，并在全国范围内执行的定额。

（2）行业统一定额是指考虑各行业专业工程技术特点，以及施工生产和管理水平编制的，一般只在本行业和相同专业性质的范围内使用的定额。

（3）地区统一定额包括省、自治区、直辖市定额。地区统一定额主要是考虑地区性特点和全国统一定额水平，在此基础上进行适当调整和补充编制的。

（4）企业定额是指施工单位根据本企业的施工技术、机械装备和管理水平编制的人工、材料、机械台班等的消耗标准。企业定额在企业内部使用，是企业综合素质的标志。企业定额水平一般应高于国家现行定额，这样才能满足生产技术发展、企业管理和市场竞争的需要。在工程量清单计价方法下，企业定额是施工企业进行建设工程投标报价的计价依据。

（5）补充定额是指随着设计、施工技术的发展，在现行定额不能满足需要的情况下，为了补充缺陷所编制的定额。补充定额只能在指定的范围内使用，可以作为以后修订定额的基础。上述各种定额虽然适用于不同的情况和用途，但是它们是一个互相联系的、有机的整体，在实际工作中配合使用。

5. 工程定额的制定与修订

工程定额的制定与修订包括制定、全面修订、局部修订、补充等工作，应遵循以下原则：

（1）对新型工程以及建筑产业现代化、绿色建筑、建筑节能等工程建设新要求，应及时制定新定额。

（2）对相关技术规程和技术规范已全面更新且不能满足工程计价需要的定额，发布实施已满五年的定额，应全面修订。

（3）对相关技术规程和技术规范发生局部调整且不能满足工程计价需要的定额，部分子目已不适应工程计价需要的定额，应及时局部修订。

（4）对定额发布后工程建设中出现的新技术、新工艺、新材料、新设备等情况，应根据工程建设需求及时编制补充定额。

工程定额是工程报价编制核心标准，由基础定额——劳动定额、材料消耗定额和机械台班定额结合扩大而成。工程定额的构成如图 3.1 所示，工程定额的种类、含义、表现形式及用途见表 3.1。

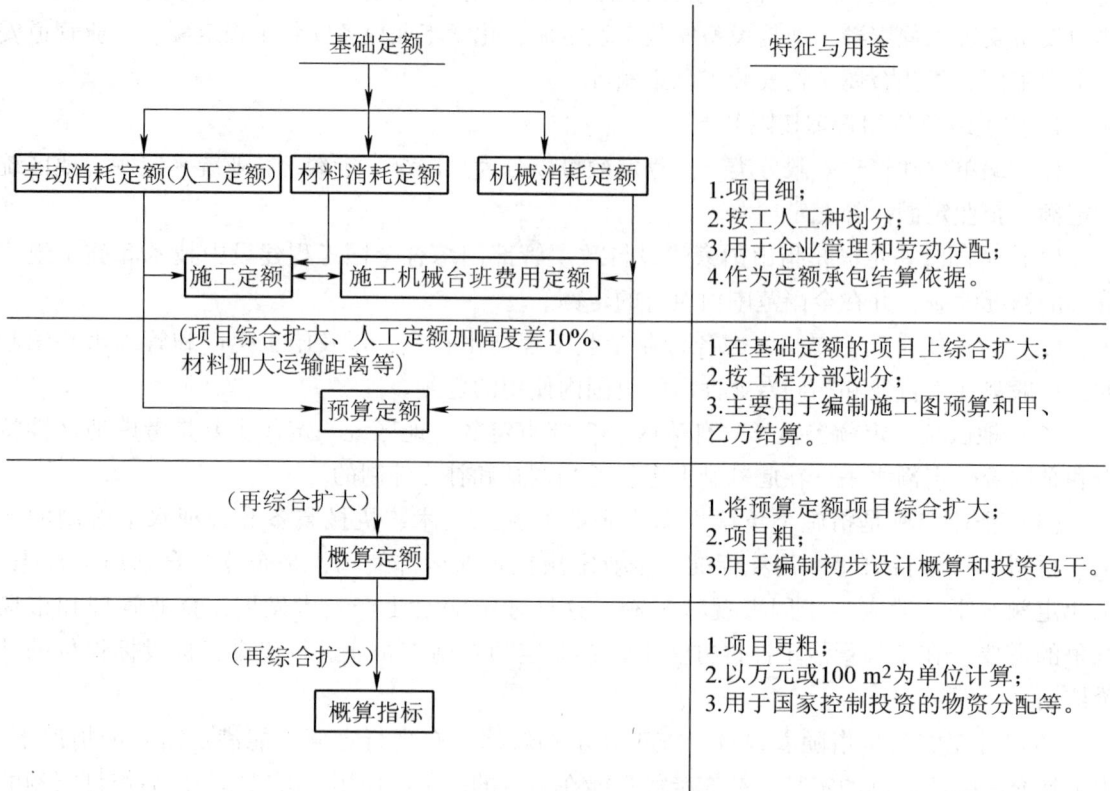

图 3.1 工程定额的构成

表 3.1 工程定额的种类、含义、表现形式及用途

序号	定额名称	含 义	表 现 形 式	用 途
1	劳动消耗定额	在合理的劳动组织和合理使用材料的条件下，完成单位合格产品所必须消耗的工作时间或在一定的劳动时间内所生产的合格产品数量的标准，包括准备与结束时间、基本工作时间、辅助工作时间、不可避免的中断时间及工人必需的休息时间	单位产品时间定额（工日）= 1/每工产量 每工产量 = 1/单位产品时间定额（工日）	1. 用于施工企业 （1）考核劳动生产率； （2）编制施工作业计划； （3）签发施工任务书； （4）定额计件承包。 2. 用于编制概预算定额及施工定额

序号	定额名称	含 义	表 现 形 式	用 途
2	材料消耗定额	在节约与合理使用材料的条件下，生产单位合格产品所必须消耗的一定规格材料的数量标准，包括材料的净用量和必要的施工操作损耗数量 材料消耗量 =（1 + 材料损耗率）× 材料净用量	材料消耗量以单位数量 m、m²、m³、t……表示	1. 用于施工企业 （1）编制材料用量计划； （2）签发定额（限额）领料卡； （3）实行定额承包。 2. 用于编制概预算定额及施工定额
3	机械消耗定额	在正常施工条件下，规定某种机械设备完成单位合格产品所必须消耗的机械"台班""台时"数量的标准，包括准备与结束时间、运转时间、不可避免的中断时间	单位产品时间（台班）= 1/台班产量 台班产量 = 1/单位产品时间（台班）	1. 用于施工企业 （1）考核机械设备生产效率； （2）编制施工作业计划； （3）按定额实行承包。 2. 用于编制概预算定额及施工定额
4	施工定额	确定施工单项、单位产品所需合理的人工、材料、机械台班数量的标准	以单位综合（包括人工、材料、机械台班数量）计量，以 m、m²、m³、t……表示	用于施工企业内部核算，定额任务承包以及量算对比
5	预算定额	预算定额是确定建筑产品价格的依据，也是确定建筑工程中某一计量单位的分部分项工程或构件的人工、材料和机械台班社会平均消耗量的标准	以单位综合人工、材料和机械台班数量计量，以 m、m²、m³、t……表示	1. 是国家监督企业的依据 2. 是编制地区单位估价表（预算单价）的依据 3. 是甲、乙双方付款、预结算的依据 4. 是设计单位编制设计概算，施工单位审核施工图预算的依据

序号	定额名称	含　义	表现形式	用　途
6	概算定额	概算定额是估算投资建筑产品价格（造价）的依据，也是确定一定计量单位扩大的分项工程人工、材料和机械台班合理综合消耗数量的标准。 建筑工程概算定额也叫扩大结构定额	以单位综合（包括人工、材料、机械台班数量）计量扩大，以 m、m^2、m^3、t……表示	用于编制初步设计（或扩大初步设计）概算
7	概算指标	以实物量或货币为计量单位，确定某一建筑物或构筑物的人工、材料及施工机械数量的标准	以"m、m^2、m^3"用量或"万元"消耗量表示	用于编制初步设计或扩大设计概算，或用于物资分配、供应及编制计划

3.2　劳动消耗定额

3.2.1　劳动消耗定额表示形式

劳动消耗定额简称劳动定额（也称为人工定额），劳动定额的主要表现形式是时间定额，但同时也表现为产量定额。时间定额与产量定额互为倒数。

劳动定额的表现形式有时间定额和产量定额两种。

（1）时间定额：在合理的劳动组织与合理使用材料的条件下，规定某专业工种技术等级的工人班组或个人，完成质量合格的单位产品所必需的工作时间（工日），就是时间定额。时间定额以工日为单位，每一工日按 8 小时计算，其计算方法如下：

$$单位产品时间定额(工日) = 工日数量/产量$$

（2）产量定额：在合理的劳动组织与合理使用材料的条件下，规定某专业工种技术等级的工人班组或个人在单位时间内完成质量合格的产品数量，就是产量定额。

产量定额的计算单位，通常以物理或自然计算单位表示，如 m^3、m^2、t、kg、块、个、根等。其计算方法如下：

$$产量定额 = 产量/工日数量$$

时间定额与产量定额互为倒数。

3.2.2　劳动定额的制定

3.2.2.1　制定劳动定额的依据

制定劳动定额的依据如下：

（1）国家权力机关颁发的施工及验收规范和现行的《建筑工程施工质量验收统一标准》（GB 50300—2013）。

（2）国家权力机关颁发的《建筑安装工人技术等级标准》。

（3）国家权力机关颁发的《建筑安装工人安全技术操作规程》及其他有关安全生产规定。

（4）现行的统一劳动定额和有关资料。

3.2.2.2 劳动定额消耗时间的确定

定额产生于平均先进合理的原则。劳动定额的制定过程，也是定额项目工作时间消耗的研究与分析、从准备到结束的全过程。因此，在制定定额之前，必须对施工过程进行深入的了解和研究，确定必要而合理的操作程序。施工过程因使用工具、设备和机械化程度等不同，而分为手工操作、机械手工并动及机械施工等。

编制劳动定额时，通常将施工生产过程分解成若干工序、操作、动作，并分析每一个施工生产工序的合理性和必要性，将完成每一动作、操作和工作所需要的时间消耗记录下来，累计起来，统计出整个工序或整个施工生产过程消耗的总时间，再加上其必要的准备、结束和不可避免的中断时间及休息时间，汇总确定出项目的定额时间。

通常在制定劳动定额时，只把施工生产过程分解到工序为止。对于分解操作动作，在建筑施工企业中不常用，因为建筑企业不同于机械和电器工业，建筑施工生产劳动操作和动作不是那么固定和机械，多数属于露天作业，受气候、环境、机具和材料等影响。

制定劳动定额时，时间定额只考虑为完成施工过程所必须消耗的工作时间，及合理的不可避免的中断时间和休息时间，以求定额的合理性。工人工作时间分析如图 3.2 所示。

所谓工作时间，就是工作班的延续时间（午间休息不包括在工作时间之内）。如 8 小时的工作班，工作时间就是 8 小时。

定额时间：是指工人完成施工生产任务所必须消耗的时间。定额时间包括基本工作时间、准备与结束时间、辅助工作时间、工人必须休息时间和不可避免的中断时间。

非定额时间：是指工人在施工生产过程中，由于其他外来原因，如停电、停水、事故等，而造成停工损失时间。非定额时间不应包括在定额中。

基本工作时间：是指实测记录单位产品和施工生产每道工序消耗的时间，经综合计算而得。

$$\sum t_{基} = t_1 + t_2 + t_3 + \cdots + t_n$$

式中：$t_1 \sim t_n$——每道工序消耗的时间。

准备与结束时间：一般按工作班延续时间（8 小时）的百分数来确定，占 2% ~ 4.5%。

辅助工作时间：一般按实测记录计算，也有按工作班延续时间（8 小时）的百分数计算，占 7% ~ 12%，具体根据定额项目具体情况确定。

工人休息时间：一般按工作班延续时间（8 小时）的百分数计算。轻体力劳动占 3% ~ 5%；

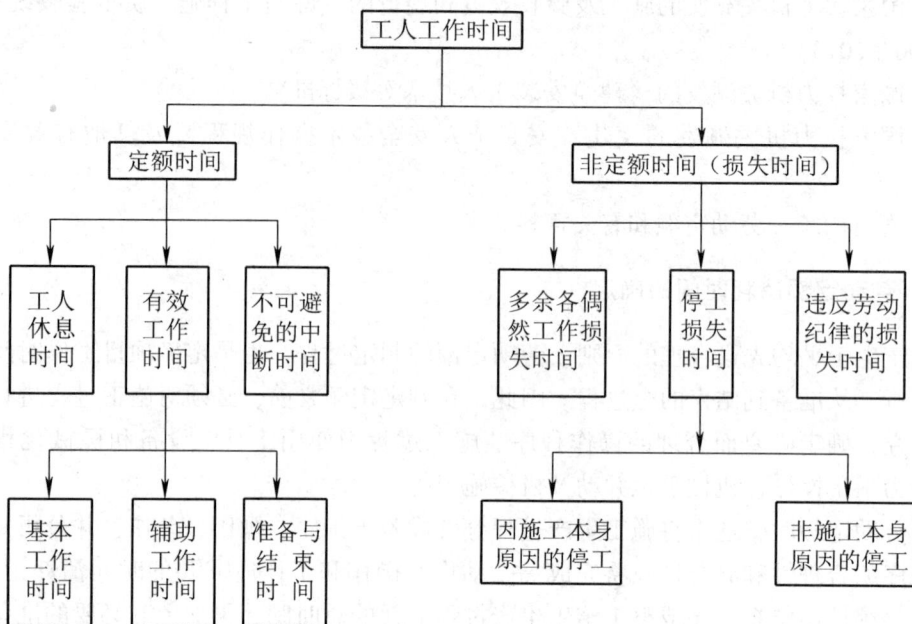

图 3.2　工人工作时间分析

中等体力劳动占 5%～9%；重体力劳动占 10%～15%；特殊工作，如沥青工作等约占 25%。

不可避免的中断时间：在施工生产过程中，因技术操作或工人自身的需要而引起施工生产中断，从而消耗的时间。不可避免中断时间一般也按百分数计算，占 3%～5%。

工人工作时间计算公式为

$$T = t_基 + t_辅 + t_休 + t_断 + t_准$$

或

$$T = \frac{t_基}{8 \times 60[1 - (t_辅\% + t_休\% + t_断\% + t_准\%)]}$$

式中：$t_基$——基本工作时间；

$t_辅\%$——辅助工作时间占工作班延续时间的百分比；

$t_休\%$——工人休息时间占工作班延续时间的百分比；

$t_断\%$——不可避免中断时间占工作班延续时间的百分比；

$t_准\%$——准备与结束时间占工作班延续时间的百分比；

8×60——工作班延续时间 8 小时，每小时 60 分钟。

【例 3.1】　在确定某工作的劳动定额时，测得的基本工作时间为 140 分钟；依据有关资料确定准备与结束时间占工作时间的 6%，工人休息时间占工作时间的 12%，不可避免中断时间占工作班延续时间的 4%。试计算该工作的时间定额。

解：　时间定额 $= \dfrac{140}{8 \times 60[1 - (6\% + 12\% + 4\%)]} = \dfrac{140}{374.4} = 0.37$（工日）

或
$$时间定额 = \frac{140}{(1-22\%)} = 179.487（工分）= 0.37 （工日）$$

3.2.2.3 劳动定额制定的基本方法

1. 经验估工法

经验估工法是指根据老工人、施工技术人员和定额员的实践经验，并参照有关的技术资料，通过座谈、讨论分析和综合计算确定的方法。这种制定方法工作过程较少，工作量较小，简便易行。但是其准确程度在很大程度上取决于参加估工人员的经验，有一定的局限性。要使制定定额更符合实际情况，应对同类的现行定额工时消耗做一些必要的综合分析比较确定。

2. 统计分析法

统计分析法是指根据一定时期内实际生产中工作时间消耗和产品完成数量的统计（如施工任务单、考勤报表及其他有关的统计资料）和原始记录，经过整理，结合当前的组织技术和生产条件，分析对比制定的方法。这种方法更能反映实际情况，比较简便易行。但是运用这种方法时，往往在统计资料中不可避免地包含着施工生产与组织管理中一些不合理的因素，以致影响定额的准确性。为了减少不合理因素的影响，就必须进一步采取有力措施，健全和提高定额资料统计工作质量与分析工作，选择有代表性的一般水平的施工队组统计资料分析。

3. 技术测定法

技术测定法是指根据先进、合理的技术条件和组织条件，对施工过程各工序工作时间的各个组成部分进行工作日写实、观察测时，分别测定每一工序的工时消耗，然后通过对测定的资料进行分析计算并参考以往数据确定时间定额的方法。这是一种典型的调查工作方法。通过测定可以获得制定定额的工作时间所消耗的全部资料，有比较充分的依据，准确程度较高，是一种比较科学的方法。

运用技术测定法制定定额时，要密切结合本企业的实际情况（生产特点、设备情况以及工人的技术水平和熟练程度），在做好思想工作的前提下，应广泛听取群众意见，防止通过单纯的计算和测定来制定定额。

4. 比较类推法

比较类推法是指根据同类型项目和相似项目的定额，进行对比、分析、类推而制定劳动定额的方法。

3.2.3 劳动定额的作用

劳动定额是为建筑施工企业的施工生产和分配服务的。正确地贯彻执行劳动定额，对加强企业管理、推动生产和提高经济效益起着重要作用。

（1）劳动定额是建筑施工企业内部组织生产、编制施工作业计划和施工组织设计（或方案）的依据。

（2）劳动定额是提高劳动生产率、贯彻按劳分配、签发施工任务书、计算超额奖或计件工资的依据。

（3）劳动定额是施工企业实行内部经济核算、考核工效或实行定额承包计算人工的依据。

（4）劳动定额是施工企业编制计算定员的依据。

总之，劳动定额是施工企业管理工作中不可缺少的部分。以定额作为计酬标准，实行按劳计酬，对提高企业管理水平、增加企业的经济效益有十分重要的现实意义。

3.3　材料消耗定额

材料消耗定额简称材料定额，是指在正常的施工技术和组织条件下，完成规定计量单位合格的建筑安装产品所消耗的原材料、成品、半成品、构配件、燃料，以及水、电等动力资源的数量标准。

3.3.1　材料的分类

合理确定材料消耗定额，必须研究和区分材料在施工过程中的类别。

1. 根据材料消耗的性质划分

施工中材料的消耗可分为必需的材料消耗和材料的损失两类性质。

必须消耗的材料，是指在合理用料的条件下，生产合格产品所需消耗的材料。它包括：直接用于建筑和安装工程的材料；不可避免的施工废料；不可避免的材料损耗。

必须消耗的材料属于施工正常消耗，是确定材料消耗定额的基本数据。其中：直接用于建筑和安装工程的材料，用来编制材料净用量定额；不可避免的施工废料和材料损耗，用来编制材料损耗定额。

2. 根据材料消耗与工程实体的关系划分

根据材料消耗与工程实体的关系划分，施工中的材料可分为实体材料和非实体材料两类。

（1）实体材料，是指直接构成工程实体的材料。它包括工程直接性材料和辅助性材料。

工程直接性材料主要是指一次性消耗、直接用于工程上构成建筑物或结构本体的材料，如钢筋混凝土柱中的钢筋、水泥、砂、碎石等；辅助性材料主要是指施工过程中所必需的，但并不构成建筑物或结构本体的材料，如土石方爆破工程中所需的炸药、引信、雷管等。主要材料用量大，辅助性材料用量少。

（2）非实体材料，是指在施工中必须使用但又不能构成工程实体的施工措施性材料。非实体材料主要是指周转性使用材料，如模板、脚手架、支撑等。

3.3.2 实体材料消耗的确定

实体材料的净用量定额和材料消耗定额的计算数据，可通过现场技术测定、实验室试验、现场统计和理论计算等方法获得。

（1）现场技术测定法，又称为观测法，是指根据对材料消耗过程的测定与观察，通过完成产品数量和材料消耗量的计算，而确定各种材料消耗定额的一种方法。现场技术测定法主要适用于确定材料损耗量，因为该部分数值用统计法或其他方法较难得到。通过现场观察，还可以区别出哪些是可以避免的损耗，哪些是属于难以避免的损耗，明确定额中不应列入的可以避免的损耗。

（2）实验室试验法，主要用于编制材料净用量定额。通过试验，能够对材料的结构、化学成分和物理性能以及按强度等级控制的混凝土、砂浆、沥青、油漆等配比做出科学的结论，给编制材料消耗定额提供有技术根据的、比较精确的计算数据。这种方法的优点是能更深入、更详细地研究各种因素对材料消耗的影响，其缺点在于无法估计施工现场某些因素对材料消耗量的影响。

（3）现场统计法，是以施工现场积累的分部分项工程使用材料数量、完成产品数量、完成工作原材料的剩余数量等统计资料为基础，经过整理分析，获得材料消耗的数据。这种方法比较简单易行，但也有缺陷：一是该方法一般只能确定材料总消耗量，不能确定净用量和损耗量；二是其准确程度受到统计资料和实际使用材料的影响。因而其不能作为确定材料净用量定额和材料损耗定额的依据，只能作为编制定额的辅助性方法。

（4）理论计算法，是根据施工图和建筑构造要求，用理论计算公式计算出产品的材料净用量的方法。这种方法较适合于不易产生损耗，且容易确定废料的材料消耗量的计算。

① 标准砖墙材料用量的计算。每立方米砖墙的用砖数和砌筑砂浆的净用量，可根据下列理论计算公式计算。

用砖数：

$$A = \frac{1}{墙厚 \times (砖长 + 灰缝) \times (砖厚 + 灰缝)} \times k$$

式中：k——墙厚的砖数 $\times 2$。

砂浆净用量：

$$B = 1 - 砖数 \times 每块砖体积$$

材料的损耗一般以损耗率表示。材料损耗率可以通过观察法或统计法确定。

材料的损耗率及消耗量的计算公式如下：

$$损耗率 = \frac{损耗量}{净用量} \times 100\%$$

$$消耗量 = 净用量 + 损耗量 = 净用量 \times (1 + 损耗率)$$

【例 3.2】 计算 1 m³ 标准砖一砖外墙砌体砖数和砂浆的净用量。

解：砖净用量 $= \dfrac{1}{0.24 \times (0.24 + 0.01) \times (0.053 + 0.01)} \times 1 \times 2 = 529$（块）

砂浆净用量 $= 1 - 529 \times (0.24 \times 0.115 \times 0.053) = 0.226$（m³）

② 块料面层的材料用量计算。每 100 m² 面层块料净用量、灰缝及结合层材料净用量公式如下：

$$100 \ \text{m}^2 \ \text{块料净用量} = \dfrac{100}{(块料长 + 灰缝宽) \times (块料宽 + 灰缝宽)}$$

100 m² 灰缝材料净用量 $= [100 - (块料长 \times 块料宽 \times 100 \ \text{m}^2 \ 块料用量)] \times 灰缝深$

结合层材料净用量 $= 100 \ \text{m}^2 \times 结合层厚度$

【例 3.3】 用 1∶1 水泥砂浆贴 150 mm × 150 mm × 5 mm 瓷砖墙面，结合层厚度为 10 mm，试计算每 100 m² 瓷砖墙面中瓷砖和砂浆的消耗量（灰缝宽为 2 mm）。假设瓷砖损耗率为 1.5%，砂浆损耗率为 1%。

解：每 100 m² 瓷砖墙面中瓷砖的净用量 $= \dfrac{100}{(0.15 + 0.002) \times (0.15 + 0.002)}$

$$= 4\ 328.25 \ （块）$$

每 100 m² 瓷砖墙面中瓷砖的总消耗量 $= 4\ 328.25 \times (1 + 1.5\%) = 4\ 393.17$（块）

每 100 m² 瓷砖墙面中结合层砂浆净用量 $= 100 \times 0.01 = 1$（m³）

每 100 m² 瓷砖墙面中灰缝砂浆净用量 $= [100 - (4\ 328.25 \times 0.15 \times 0.15)] \times 0.005$

$$= 0.013 \ （\text{m}^3）$$

每 100 m² 瓷砖墙面中水泥砂浆总消耗量 $= (1 + 0.013) \times (1 + 1\%) = 1.02$（m³）

3.3.3 周转性使用材料消耗的确定

建筑工程施工中除了耗用直接构成工程实体的各种材料，如成品、半成品外，还需要耗用一些工具性的材料，如挡土板、脚手架及模板等。这类材料在施工中不是一次性消耗完，而是随着使用次数逐渐消耗，这类材料称为周转性使用材料。

周转性使用材料在预算定额中是按照多次使用、分次摊销的方法计算的。定额表中规定的数量是使用一次摊销的实物量。模板摊销量的计算如下：

（1）考虑模板周转使用补充和回收的计算：

$$摊销量 = 周转使用量 - 回收量$$

$$周转使用量 = [1 \ 次使用量 + 1 \ 次使用量 \times (周转次数 - 1) \times 损耗率]/周转次数$$

（2）不考虑周转使用补充和回收量的计算：

$$摊销量 = \dfrac{一次使用量}{周转次数}$$

3.4　机械消耗定额

3.4.1　机械消耗定额的含义

机械消耗定额以一台机械一个工作班为计量单位，所以又称为机械台班定额。机械消耗定额的主要表现形式是机械时间定额，同时也以产量定额表现。施工仪器仪表消耗定额的表现形式与机械消耗定额类似。

3.4.2　机械台班人工配合定额

机械台班人工配合定额是指机械使用台班时，工人配合用工部分，即机械台班劳动定额。其表现形式分机械台班工人配合小组成员时间定额和机械台班产量定额。

（1）机械台班工人配合小组成员时间定额是指在正常的施工条件下，完成合格单位产品所消耗的机械台班与配合工人工作时间。

（2）机械台班人工配合定额是指在正常的施工条件下，配合机械工人在单位时间内完成合格产品的数量。它以产品的计量单位为单位，与小组成员工日数的总和互为倒数。

定额表现形式：

$$台班产量（工人配合）=小组成员工日数的总和×劳动产量定额$$
$$单位产品时间定额（工日）=1/台班产量$$

【例3.4】　用6 t塔式起重机吊装构件的工作由1名司机、7名起重工和2名电焊工组成的劳动小组完成，已知机械的时间定额为0.025（台班/块），计算机械台班产量定额和配合机械人工时间定额。

解：
$$机械台班产量定额=\frac{1}{0.025}=40（块/台班）$$
$$人工时间定额=\frac{10}{40}=0.25（工日/块）$$

3.4.3　机械台班定额的制定

1. 制定机械台班定额的一般做法

机械台班定额一般只考虑为完成机械施工任务过程所必须消耗的工作时间，而不包括损失时间。因此，必须对工作时间的组成进行分析，考虑合理的不可避免的中断时间和休息时间，以求定额的合理性。机械工作时间分析图如图3.3所示。

2. 机械台班定额的编制

（1）确定机械纯工作1 h正常生产率。机械纯工作时间，就是指机械的必需消耗时间。机械纯工作1 h正常生产率，就是在正常施工组织条件下，具有必需的知识和技能的技术工人操纵机械1 h的生产率。

根据机械工作特点的不同，机械纯工作1 h正常生产率的确定方法也有所不同。

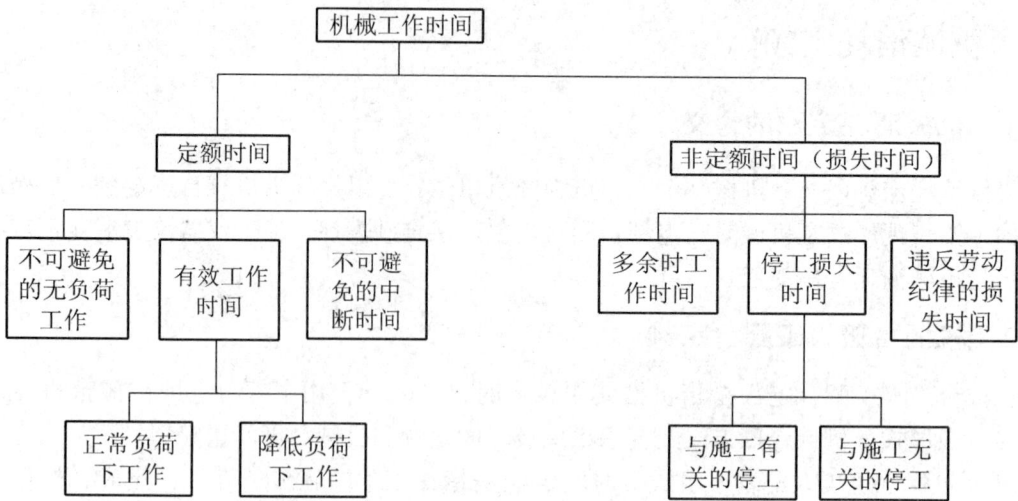

图 3.3　机械工作时间分析图

① 对于循环动作机械，确定机械纯工作 1 h 正常生产率的计算公式如下：

机械一次循环的正常延续时间 = ∑（循环各组成部分正常延续时间）－ 交叠时间

$$机械纯工作 1 h 正常循环次数 = \frac{60 \times 60 （s）}{一次循环的正常延续时间}$$

机械纯工作 1 h 正常生产率 = 机械纯工作 1 h 正常循环次数 × 一次循环生产的产品数量

② 对于连续动作机械，确定机械纯工作 1 h 正常生产率要根据机械的类型和结构特征，以及工作过程的特点来进行。计算公式如下：

$$连续动作机械纯工作 1 h 正常生产率 = \frac{工作时间内生产的产品数量}{工作时间 （h）}$$

工作时间内生产的产品数量和工作时间的数据，要通过多次现场观察和机械说明书来取得。

（2）确定机械的时间利用系数。机械的时间利用系数，是指机械在一个台班内的净工作时间与一个工作班延续时间之比。机械的时间利用系数和机械在工作班内的工作状况有着密切的关系。因此，要确定机械的时间利用系数，首先要拟定机械工作班的正常工作状况，保证合理利用工时。机械时间利用系数的计算公式如下：

$$机械时间利用系数 = \frac{机械在一个台班内的净工作时间}{一个工作班延续时间 （8 h）}$$

（3）计算机械台班定额。计算机械台班定额是编制机械定额工作的最后一步。在确定了机械工作正常条件、机械 1 h 纯工作正常生产率和机械时间利用系数之后，采用下列公式计算机械台班产量定额：

机械台班产量定额 = 机械纯工作 1 h 正常生产率 × 工作班纯工作时间

或　机械台班产量定额 = 机械纯工作 1 h 正常生产率 × 工作班延续时间 × 机械时间利用系数

$$机械台班时间定额 = \frac{1}{机械台班产量定额指标}$$

【例 3.5】 某工程现场采用出料容量 500 L 的混凝土搅拌机，每次循环中，装料、搅拌、卸料、中断需要的时间分别为 1 min、3 min、1 min、1 min，机械时间利用系数为 0.9，求该机械的台班产量定额。

解：该搅拌机一次循环的正常延续时间 = 1 + 3 + 1 + 1 = 6（min）= 0.1（h）

该搅拌机纯工作 1 h 正常循环次数 = 10（次）

该搅拌机纯工作 1 h 正常生产率 = 10 × 500 = 5 000（L）= 5（m³）

该搅拌机台班产量定额 = 5 × 8 × 0.9 = 36（m³/台班）

3.5 建筑安装工程人工、材料及机械台班单价

3.5.1 人工日工资单价的组成和确定方法

人工日工资单价是指施工企业平均技术熟练程度的生产工人在每工作日（国家法定工作时间内）按规定从事施工作业应得的日工资总额。合理确定人工日工资单价是正确计算人工费和工程造价的前提和基础。

1. 人工日工资单价的组成内容

人工日工资单价由计时工资或计件工资、奖金、津贴补贴以及特殊情况下支付的工资组成。

（1）计时工资或计件工资，是指按计时工资标准和工作时间或对已做工作按计件单价支付给个人的劳动报酬。

（2）奖金，是指对超额劳动和增收节支支付给个人的劳动报酬，如节约奖、劳动竞赛奖等。

（3）津贴补贴，是指为了补偿职工特殊或额外的劳动消耗和因其他原因支付给个人的津贴，以及为了保证职工工资水平不受物价影响支付给个人的物价补贴，如流动施工津贴、特殊地区施工津贴、高温（寒）作业临时津贴、高空津贴等。

（4）特殊情况下支付的工资，是指根据国家法律、法规和政策规定，因病、工伤、产假、计划生育假、婚丧假、事假、探亲假、定期休假、停工学习、执行国家或社会义务等按计时工资标准或计件工资标准的一定比例支付的工资。

2. 人工日工资单价的确定方法

（1）年平均每月法定工作日的计算。人工日工资单价是每一个法定工作日的工资总额，因此需要对年平均每月法定工作日进行计算。计算公式如下：

$$年平均每月法定工作日 = \frac{全年日历日 - 法定假日}{12}$$

上式中，法定假日是指双休日和法定节日。

（2）人工日工资单价的计算。确定了年平均每月法定工作日后，将上述工资总额进行分摊，即形成人工日工资单价。计算公式如下：

$$人工日工资单价 = \frac{生产工人平均工资（计时、计件）+ 平均月（奖金 + 津贴补贴 + 特殊情况下支付的工资）}{年平均每月法定工作日}$$

（3）人工日工资单价的管理。虽然施工企业投标报价时可以自主确定人工费，但由于人工日工资单价在我国具有一定的政策性，所以工程造价管理机构对人工日工资单价应通过市场调查、根据工程项目的技术要求，参考实物工程量人工单价综合分析确定，发布的最低人工日工资单价不得低于工程所在地人力资源和社会保障部门所发布的最低工资标准的：普工 1.3 倍、一般技工 2 倍、高级技工 3 倍。

3. 影响人工日工资单价的因素

影响人工日工资单价的因素很多，归纳起来有以下几个方面：

（1）社会平均工资水平。建筑安装工人人工日工资单价必然和社会平均工资水平趋同。社会平均工资水平取决于经济发展水平。随着经济的增长，社会平均工资也会增长，从而人工日工资单价也相应提高。

（2）生活消费指数。生活消费指数的提高会促使人工日工资单价的提高，以减少生活水平的下降，或维持原来的生活水平。生活消费指数的变动取决于物价的变动，尤其取决于生活消费品物价的变动。

（3）人工日工资单价的组成内容。《关于印发〈建筑安装工程费用项目组成〉的通知》（建标〔2013〕44 号）将职工福利费和劳动保护费从人工日工资单价中删除，这必然影响人工日工资单价的变化。

（4）劳动力市场供需变化。劳动力市场如果需求大于供给，则人工日工资单价就会提高；如果供给大于需求，市场竞争激烈，则人工日工资单价就会下降。

（5）政府推行的社会保障和福利政策也会影响人工日工资单价的变动。

3.5.2　材料单价的组成和确定方法

在建筑工程中，材料费占总造价的 60%~70%，在金属结构工程中所占比重还要大。因此，合理确定材料价格构成，正确计算材料单价，有利于合理确定和有效控制工程造价。材料单价是指建筑材料从其来源地运到施工工地仓库，直至出库形成的综合单价。

1. 材料单价的编制依据和确定方法

（1）材料原价。材料原价（或供应价格）是指国内采购材料的出厂价格，国外采购材料抵达买方边境、港口或车站并交纳完各种手续费、税费（不含增值税）后形成的价格。在确定原价时，凡同一种材料因来源地、交货地、供货单位、生产厂家不同，而有几种价格（原价）时，根据不同来源地供货数量比例，采取加权平均的方法确定其综合原价。计算公式如下：

$$加权平均原价 = \frac{K_1C_1 + K_2C_2 + \cdots + K_nC_n}{K_1 + K_2 + \cdots + K_n}$$

式中：K_1，K_2，$\cdots$，K_n——各不同供应地点的供应量或各不同使用地点的需要量；

C_1，C_2，$\cdots$，C_n——各不同供应地点的原价。

若材料供货价格为含税价格，则材料原价应以购进货物适用的税率（17%或13%）或征收率（6%或3%）扣减增值税进项税额。

（2）材料运杂费。材料运杂费是指国内采购材料自来源地、国外采购材料自到岸港运至工地仓库或指定堆放地点发生的费用（不含增值税），含外埠中转运输过程中所发生的一切费用和过境、过桥费用，包括调车和驳船费、装卸费、运输费及附加工作费等。

同一品种的材料有若干个来源地，应采用加权平均的方法计算材料运杂费。计算公式如下：

$$加权平均运杂费 = \frac{K_1T_1 + K_2T_2 + \cdots + K_nT_n}{K_1 + K_2 + \cdots + K_n}$$

式中：K_1，K_2，$\cdots$，K_n——各不同供应地点的供应量或各不同使用地点的需求量；

T_1，T_2，$\cdots$，T_n——各不同运距的运费。

若运输费用为含税价格，则需要按"两票制"和"一票制"两种支付方式分别调整。

①"两票制"支付方式。"两票制"材料是指材料供应商就收取的货物销售价款和运杂费向建筑业企业分别提供货物销售和交通运输两张发票的材料。在这种方式下，运杂费以接受交通运输与服务适用税率11%扣减增值税进项税额。

②"一票制"支付方式。"一票制"材料是指材料供应商就收取的货物销售价款和运杂费合计金额仅向建筑企业提供一张货物销售发票的材料。在这种方式下，运杂费采用与材料原价相同的方式扣减增值税进项税额。

（3）运输损耗费。在材料的运输中应考虑一定的场外运输损耗费用，即材料在运输装卸过程中不可避免的损耗。运输损耗费的计算公式为

运输损耗费 = （材料原价 + 运杂费）× 运输损耗率（%）

（4）采购及保管费。采购及保管费是指在组织采购、供应和保管材料过程中所需要的各项费用，包含采购费、仓储费、工地保管费和仓储损耗。

采购及保管费一般按照材料到库价格以费率取定。材料采购及保管费计算公式如下：

采购及保管费 = 材料运到工地仓库价格 × 采购及保管费费率（%）

或　　采购及保管费 = （材料原价 + 运杂费 + 运输损耗费）× 采购及保管费费率（%）

综上所述，材料单价的一般计算公式为

材料单价 = {（供应价格 + 运杂费）× [1 + 运输损耗率（%）]} × [1 + 采购及保管费费率（%）]

由于我国幅员辽阔，建筑材料产地与使用地点的距离各地差异很大，运输方式也不尽相

同，因此，材料单价原则上按地区范围编制。

【例3.6】 某建设项目材料（适用17%增值税税率）从两个地方采购，其采购量及有关费用见表3.2，求该工地水泥的单价（表中原价、运杂费均为含税价格，且材料采用"两票制"支付方式）。

表3.2 材料采购信息表

采购处	采购量/t	原价/(元/t)	运杂费/(元/t)	运输损耗率	采购及保管费费率
来源一	300	240	20	0.5%	3.5%
来源二	200	250	15	0.4%	

解： 应将含税的原价和运杂费调整为不含税价格，具体过程见表3.3。

表3.3 材料价格信息不含税价格处理

采购处	采购量/t	原价/(元/t)	原价（不含税）/(元/t)	运杂费/(元/t)	运杂费（不含税）/(元/t)	运输损耗率	采购及保管费费率
来源一	300	240	240/1.17≈205.13	20	20/1.11≈18.02	0.5%	3.5%
来源二	200	250	250/1.17≈213.68	15	15/1.11≈13.51	0.4%	

$$加权平均原价 = \frac{300 \times 205.13 + 200 \times 213.68}{300 + 200} = 208.55 （元/t）$$

$$加权平均运杂费 = \frac{300 \times 18.02 + 200 \times 13.51}{300 + 200} = 16.22 （元/t）$$

来源一的运输损耗费 $= (205.13 + 18.02) \times 0.5\% \approx 1.12$ （元/t）

来源二的运输损耗费 $= (213.68 + 13.51) \times 0.4\% \approx 0.91$ （元/t）

$$加权平均运输损耗费 = \frac{300 \times 1.12 + 200 \times 0.91}{300 + 200} \approx 1.04 （元/t）$$

材料单价 $= (208.55 + 16.22 + 1.04) \times (1 + 3.5\%) \approx 218.17$ （元/t）

2. 影响材料单价变动的因素

（1）市场供需变化。材料原价是材料单价中最基本的组成部分。若市场供大于求，则价格就会下降；反之，价格就会上升。从而也会影响材料单价的涨落。

（2）材料生产成本的变动直接影响材料单价的波动。

（3）流通环节的多少和材料供应体制也会影响材料单价。

（4）运输距离和运输方法的改变会对材料运输费用产生影响，从而影响材料单价。

（5）国际市场行情会对进口材料单价产生影响。

3.5.3 施工机械台班单价的组成和确定方法

施工机械使用费是根据施工中耗用的施工机械台班数量和施工机械台班单价确定的。施工机械台班数量按有关定额规定计算；施工机械台班单价是指一台施工机械，在正常运转条件下一个工作班中所发生的全部费用，每台班按 8 小时工作制计算。正确制定施工机械台班单价是合理确定和控制工程造价的重要方面。

根据《建设工程施工机械台班费用编制规则》的规定，施工机械划分为 12 个类别，分别为土石方及筑路机械、桩工机械、起重机械、水平运输机械、垂直运输机械、混凝土及砂浆机械、加工机械、泵类机械、焊接机械、动力机械、地下工程机械和其他机械。

施工机械台班单价由 7 项费用组成，包括折旧费、检修费、维护费、安拆费及场外运费、人工费、燃料动力费和其他费用。

3.5.3.1 折旧费的组成及确定

折旧费是指施工机械在规定的耐用总台班内，陆续收回其原值的费用。其计算公式为

$$台班折旧费 = \frac{机械预算价格 \times (1 - 残值率)}{耐用总台班}$$

1. 机械预算价格

（1）国产施工机械的预算价格。国产施工机械的预算价格按照机械原值、相关手续费和一次运杂费以及车辆购置税之和计算。

① 机械原值。机械原值应按下列途径询价、采集：

a. 编制期施工企业购进施工机械的成交价格；

b. 编制期施工机械展销会发布的参考价格；

c. 编制期施工机械生产厂、经销商的销售价格；

d. 其他能反映编制期施工机械价格水平的市场价格。

② 相关手续费和一次运杂费应按实际费用综合取定，也可按其占施工机械原值的百分率确定。

③ 车辆购置税的计算。车辆购置税应按下列公式计算：

$$车辆购置税 = 计取基数 \times 车辆购置税税率 （\%）$$

其中：

$$计取基数 = 机械原值 + 相关手续费和一次运杂费$$

车辆购置税税率应按照编制期间国家有关规定计算。

（2）进口施工机械的预算价格。进口施工机械的预算价格按照进口施工机械原值、消费税、相关手续费和国内一次运杂费、银行财务费、车辆购置税之和计算。

① 进口施工机械原值应按下列方法取定：

a. 进口施工机械原值应按"到岸价格 + 关税"取定，到岸价格应按编制期施工企业签订的采购合同、外贸与海关等部门的有关规定及相应的外汇汇率计算取定；

b. 进口施工机械原值应按不含标准配置以外的附件及备用零配件的价格取定。

② 相关手续费和国内一次运杂费应按实际费用综合取定，也可按其占施工机械原值的

百分率确定。

③ 车辆购置税应按下列公式计算：

$$车辆购置税 = 计税价格 \times 车辆购置税税率$$

其中：

$$计税价格 = 到岸价格 + 关税 + 消费税$$

车辆购置税税率应按照编制期间国家有关规定计算。

2. 残值率

残值率是指机械报废时回收其残余价值占施工机械预算价格的百分数。残值率应按编制期国家有关规定确定。目前，各类施工机械均按 5% 计算。

3. 耐用总台班

耐用总台班是指施工机械从开始投入使用至报废前使用的总台班数，应按相关技术指标取定。

年工作台班是指施工机械在一个年度内使用的台班数量。年工作台班应在编制期制度工作日基础上扣除检修、维护天数及考虑机械利用率等因素综合取定。

机械耐用总台班的计算公式为

$$耐用总台班 = 折旧年限 \times 年工作台班 = 检修间隔台班 \times 检修周期$$

检修间隔台班是指机械自投入使用起至第一次检修止或自上一次检修后投入使用起至下一次检修止，应达到的使用台班数。

检修周期是指在机械正常的施工作业条件下，将其寿命期（耐用总台班）按规定的检修次数划分为若干个周期。其计算公式为

$$检修周期 = 检修次数 + 1$$

3.5.3.2 检修费的组成及确定

检修费是指施工机械在规定的耐用总台班内，按规定的检修间隔进行必要的检修，以恢复其正常功能所需的费用。检修费是机械使用期限内全部检修费之和在台班费用中的分摊额，它取决于一次检修费、检修次数和耐用总台班的数量。其计算公式为

$$台班检修费 = \frac{一次检修费 \times 检修次数}{耐用总台班} \times 除税系数$$

（1）一次检修费是指施工机械一次检修发生的工时费、配件费、辅料费、油燃料费等。一次检修费应以施工机械的相关技术指标和参数为基础，结合编制期市场价格综合确定。可按其占预算价格的百分率取定。

（2）检修次数是指施工机械在其耐用总台班内的检修次数。检修次数应按施工机械的相关技术指标取定。

（3）除税系数的计算公式如下：

$$除税系数 = 自行检修比例 + 委外检修比例/（1 + 税率）$$

自行检修比例、委外检修比例分别是指施工机械自行检修、委托专业修理修配部门检修占检修费的比例。具体比值应结合本地区（部门）施工机械检修实际综合取定。税率按增值税修理修配劳务适用税率计取。

3.5.3.3 维护费的组成及确定

维护费是指施工机械在规定的耐用总台班内，按规定的维护间隔进行各级维护和临时故障排除所需的费用、保障机械正常运转所需替换与随机配备工具附具的摊销和维护费用、机械运转及日常保养维护所需润滑与擦拭的材料费用，以及机械停滞期间的维护费用等。各项费用分摊到台班中，即维护费。其计算公式为

$$台班维护费 = \frac{\sum(各级维护一次费用 \times 除税系数 \times 各级维护次数) + 临时故障排除费}{耐用总台班}$$

当维护费计算公式中各项数值难以确定时，也可按下列公式计算：

$$台班维护费 = 台班检修费 \times K$$

式中：K——维护费系数，指维护费占检修费的百分数。

（1）各级维护一次费用应按施工机械的相关技术指标，结合编制期市场价格综合取定。

（2）各级维护次数应按施工机械的相关技术指标取定。

（3）临时故障排除费可按各级维护费用之和的百分数取定。

还应考虑如下影响因素：

（1）替换设备及工具附具台班摊销费应按施工机械的相关技术指标，结合编制期市场价格综合取定。

（2）除税系数。除税系数是指考虑一部分维护，可以考虑购买服务，从而需扣除维护费中包括的增值税进项税额，除税系数的计算公式为

$$除税系数 = 自行维护比例 + 委外维护比例/(1 + 税率)$$

自行维护比例、委外维护比例分别是指施工机械自行维护、委托专业修理修配部门维护所需费用占维护费的比例。具体比值应结合本地区（部门）施工机械检修实际综合取定。税率按增值税修理修配劳务适用税率计取。

3.5.3.4 安拆费及场外运费的组成及确定

安拆费是指施工机械在现场进行安装与拆卸所需的人工、材料、机械和试运转费用，以及机械辅助设施的折旧、搭设、拆除等费用；场外运费是指施工机械整体或分体自停放地点运至施工现场或由一施工地点运至另一施工地点的运输、装卸、辅助材料及架线等费用。

安拆费及场外运费根据施工机械不同分为计入台班单价、单独计算和不需计算三种类型。

（1）安拆简单、移动需要起重机运输机械的轻型施工机械，其安拆费及场外运费计入

台班单价。安拆费及场外运费应按下列公式计算：

$$台班安拆费及场外运费 = \frac{一次安拆费及场外运费 \times 年平均安拆次数}{年平均工作台班}$$

① 一次安拆费应包括施工现场机械安装和拆卸一次所需的人工费、材料费、机械费、安全监测部门的检测费及试运转费；

② 一次场外运费应包括运输、装卸、辅助材料和回程等费用；

③ 年平均安拆次数按施工机械的相关技术指标，结合具体情况综合确定；

④ 运输距离均按平均 30 km 计算。

（2）单独计算的情况包括：

① 安拆复杂、移动需要起重机运输机械的重型施工机械，其安拆费及场外运费单独计算；

② 利用辅助设施移动的施工机械，其辅助设施（包括轨道和枕木）等的折旧、搭设和拆除等费用可单独计算。

（3）不需计算的情况包括：

① 不需安拆的施工机械，不计算安拆费；

② 不需相关机械辅助运输的自行移动机械，不计算场外运费；

③ 固定在车间的施工机械，不计算安拆费及场外运费。

（4）自升式塔式起重机、施工电梯安拆费的超高起点及其增加费，各地区、部门可根据具体情况确定。

3.5.3.5 人工费的组成及确定

人工费是指机上司机（司炉）和其他操作人员的人工费。按下列公式计算：

$$台班人工费 = 人工消耗量 \times \left(1 + \frac{年制度工作日 - 年工作台班}{年工作台班}\right) \times 人工单价$$

（1）人工消耗量是指机上司机（司炉）和其他操作人员工日消耗量。

（2）年制度工作日应执行编制期国家有关规定。

（3）人工单价应执行编制期工程造价管理机构发布的信息价格。

【例 3.7】 某载重汽车配司机 1 人，已知年制度工作日为 250 天，年工作台班为 230 台班，人工单价为 50 元，求该载重汽车的人工费。

解：人工费 $= 1 \times [1 + (250 - 230)/230] \times 50 \approx 54.35$ （元/台班）

3.5.3.6 燃料动力费的组成及确定

燃料动力费是指施工机械在运转作业中所耗用的燃料、水和电等费用。其计算公式为

$$台班燃料动力费 = \sum(燃料动力消耗量 \times 燃料动力单价)$$

（1）燃料动力消耗量应根据施工机械技术指标等参数及实测资料综合确定，可采用

下列公式计算：

$$台班燃料动力消耗量 = (实测数 \times 4 + 定额平均值 + 调查平均值)/6$$

（2）燃料动力单价应执行编制期工程造价管理机构发布的不含税信息价格。

3.5.3.7 其他费用的组成和确定

其他费用包括施工机械按照国家规定应缴纳的车船税、保险费及检测费等。其计算公式为

$$台班其他费 = \frac{年车船税 + 年保险费 + 年检测费}{年工作台班}$$

（1）年车船税、年检测费应执行编制期国家及地方政府有关部门的规定。

（2）年保险费应执行编制期国家及地方政府有关部门强制性保险的规定，非强制性保险不应计算在内。

3.5.4 施工仪器仪表台班单价的组成和确定方法

根据《建设工程施工仪器仪表台班费用编制规则》的规定，施工仪器仪表划分为七个类别：自动化仪表及系统、电工仪器仪表、光学仪器、分析仪表、试验机、电子和通信测量仪器仪表、专用仪器仪表。

施工仪器仪表台班单价由四项费用组成，包括折旧费、维护费、校验费、动力费。

施工仪器仪表台班单价中的费用组成不包括检测软件的相关费用。

1. 折旧费

施工仪器仪表台班折旧费是指施工仪器仪表在耐用总台班内，陆续收回其原值的费用。其计算公式为

$$台班折旧费 = \frac{施工仪器仪表原值 \times (1 - 残值率)}{耐用总台班}$$

（1）施工仪器仪表原值应按以下方法取定：

① 对从施工企业采集的施工仪器仪表的成交价格，各地区、部门可结合本地区、部门实际情况，综合确定施工仪器仪表原值；

② 对从施工仪器仪表展销会采集的施工仪器仪表的参考价格或从施工仪器仪表生产厂、经销商采集的施工仪器仪表的销售价格，各地区、部门可结合本地区、部门实际情况，测算价格调整系数取定施工仪器仪表原值；

③ 对类别、名称、性能规格相同而生产厂家不同的施工仪器仪表，各地区、部门可根据施工企业实际购进情况，综合取定施工仪器仪表原值；

④ 对进口与国产施工仪器仪表性能规格相同的，应以国产为准取定施工仪器仪表原值；

⑤ 进口施工仪器仪表原值应按编制期国内市场价格取定；

⑥ 施工仪器仪表原值应按不含一次运杂费和采购保管费的价格取定。

（2）残值率是指施工仪器仪表报废时回收其残余价值占施工仪器仪表原值的百分比。残值率应按国家有关规定取定。

（3）耐用总台班是指施工仪器仪表从开始投入使用至报废前所积累的工作总台班数量。耐用总台班应按相关技术指标取定。

$$耐用总台班 = 年工作台班 \times 折旧年限$$

① 年工作台班是指施工仪器仪表在一个年度内使用的台班数量。

$$年工作台班 = 年制度工作日 \times 年使用率$$

年制度工作日应按国家规定制度工作日执行，年使用率应按实际使用情况综合取定。

② 折旧年限是指施工仪器仪表逐年计提折旧费的年限。折旧年限应按国家有关规定取定。

2. 维护费

施工仪器仪表台班维护费是指施工仪器仪表各级维护、临时故障排除所需的费用及为保证仪器仪表正常使用所需备件（备品）的维护费用。其计算公式如下：

$$台班维护费 = \frac{年维护费}{年工作台班}$$

年维护费是指施工仪器仪表在一个年度内发生的维护费用。年维护费应按相关技术指标，结合市场价格综合取定。

3. 校验费

施工仪器仪表台班校验费是指按国家与地方政府规定的标定与检验的费用。其计算公式如下：

$$台班校验费 = \frac{年校验费}{年工作台班}$$

其中，年校验费是指施工仪器仪表在一个年度内发生的校验费用。年校验费应按相关技术指标取定。

4. 动力费

施工仪器仪表台班动力费是指施工仪器仪表在施工过程中所耗用的电费。其计算公式如下：

$$台班动力费 = 台班耗电量 \times 电价$$

（1）台班耗电量应根据施工仪器仪表的不同类别，按相关技术指标综合取定。

（2）电价应执行编制期工程造价管理机构发布的信息价格。

3.6 预算定额

工程计价定额是指工程定额中直接用于工程计价的定额或指标，包括预算定额、概算定额、概算指标和投资估算指标等。工程计价定额主要用来在建设项目的不同阶段作为确定和计算工程造价的依据。

3.6.1 预算定额的概念与用途

1. 预算定额的概念

预算定额是指在正常的施工条件下，完成一定计量单位合格分项工程和结构构件所需消耗的人工、材料、施工机具台班数量及其相应费用标准。预算定额是工程建设中一项重要的技术经济文件，是编制施工图预算的主要依据，是确定和控制工程造价的基础。

2. 预算定额的用途

（1）预算定额是编制施工图预算、确定建筑安装工程造价的基础。施工图设计一经确定，工程预算造价就取决于预算定额水平，以及人工、材料及机械台班的价格。预算定额起着控制劳动消耗、材料消耗和机械台班使用的作用，进而起着控制建筑产品价格的作用。

（2）预算定额是编制施工组织设计的依据。施工组织设计的重要任务之一，就是确定施工中人力、物力的供求量，并做出最佳安排。施工单位在缺乏本企业的施工定额的情况下，根据预算定额，亦能够比较精确地计算出施工中各项资源的需要量，为有计划地组织材料采购和预制件加工、劳动力和施工机具的调配，提供了可靠的计算依据。

（3）预算定额是工程结算的依据。工程结算是建设单位和施工单位按照工程进度对已完成的分部分项工程实现货币支付的行为。按进度支付工程款，需要根据预算定额将已完分项工程的造价算出。单位工程验收后，再按竣工工程量、预算定额和施工合同规定进行结算，以保证建设单位建设资金的合理使用和施工单位的经济收入。

（4）预算定额是施工单位进行经济活动分析的依据。预算定额规定的物化劳动和劳动消耗指标，是施工单位在生产经营中允许消耗的最高标准。施工单位必须以预算定额作为评价企业工作的重要标准，作为努力实现的目标。施工单位可根据预算定额对施工中的人工、材料、机械的消耗情况进行具体的分析，以便找出并克服低功效、高消耗的薄弱环节，提高竞争能力。只有在施工中尽量降低劳动消耗，采用新技术，提高劳动者素质，提高劳动生产率，才能取得较好的经济效益。

（5）预算定额是编制概算定额的基础。概算定额是在预算定额基础上综合扩大编制的。将预算定额作为编制依据，不但可以节省编制工作的大量人力、物力和时间，收到事半功倍的效果，还可以使概算定额在水平上与预算定额保持一致，以免造成执行中的不一致。

（6）预算定额是合理编制招标控制价、投标报价的基础。在深化改革中，预算定额的指令性作用将日益削弱，而对施工单位按照工程个别成本报价的指导性作用仍然存在，因此预算定额作为编制招标控制价和施工企业报价依据的基础性作用仍将存在，这也是由预算定额本身的科学性和指导性决定的。

3.6.2 预算定额的编制原则、依据、步骤及要求

1. 预算定额的编制原则

为保证预算定额的质量，充分发挥预算定额的作用，实际使用简便，在编制工作中应遵循以下原则：

（1）按社会平均水平确定预算定额的原则。预算定额是确定和控制建筑安装工程造价的主要依据。因此，它必须遵照价值规律的客观要求，即按生产过程中所消耗的社会必要劳动时间确定定额水平。因此，预算定额的平均水平是在正常的施工条件下，合理的施工组织和工艺条件、平均劳动熟练程度和劳动强度下，完成单位分项工程基本构造单元所需要的劳动时间。

（2）简明适用的原则。一是指在编制预算定额时，对于那些主要的、常用的、价值量大的项目，分项工程划分宜细；次要的、不常用的、价值量相对较小的项目，则可以粗一些。二是指预算定额要项目齐全，要注意补充那些因采用新技术、新结构、新材料而出现的新的定额项目。如果项目不全，缺项多，就会使计价工作缺少充足的、可靠的依据。三是指要合理确定预算定额的计算单位，简化工程量的计算，尽可能避免对同一种材料用不同的计量单位和一量多用，尽量减少定额附注和换算系数。

2. 预算定额的编制依据

（1）现行施工定额。预算定额是在现行施工定额的基础上编制的。预算定额中人工、材料、机械台班消耗水平，需要根据施工定额取定；预算定额计量单位的选择，也要以施工定额为参考，从而保证两者的协调和可比性，减轻预算定额的编制工作量，缩短编制时间。

（2）现行设计规范、施工及验收规范，质量评定标准和安全操作规程。

（3）具有代表性的典型工程施工图及有关标准图。对这些图纸进行仔细分析研究，并计算出工程数量，作为编制预算定额时选择施工方法确定定额含量的依据。

（4）成熟推广的新技术、新结构、新材料和先进的施工方法等。这类资料是调整定额水平和增加新的定额项目所必需的依据。

（5）有关科学实验、技术测定和统计、经验资料。这类工程是确定定额水平的重要依据。

（6）现行的预算定额、材料单价、机械台班单价及有关文件规定等。过去定额编制过程中积累的基础资料，也是编制预算定额的依据和参考。

3. 预算定额的编制步骤及要求

预算定额的制定、全面修订和局部修订工作均应按准备阶段、定额编制、征求意见、审查、批准发布五个步骤进行。各阶段工作相互交叉，一些工作还有多次反复。预算定额编制步骤的主要工作内容包括：

（1）准备阶段。建设工程造价管理机构根据定额工作计划，组织具有一定工程实践

经验和专业技术水平的人员成立编制组。编制组负责拟定工作大纲，建设工程造价管理机构负责对工作大纲进行审查。工作大纲的主要内容应包括任务依据、编制目的、编制原则、编制依据、主要内容、需要解决的主要问题、编制组人员与分工、进度安排、编制经费来源等。

（2）定额编制。编制组根据工作大纲开展调查研究工作，深入定额使用单位了解情况、广泛收集数据，对编制中的重大问题或技术问题，应进行测算验证或召开专题会议论证，并形成相应报告，在此基础上经过项目划分和水平测算后编制完成定额初稿。定额编制的主要工作内容包括：

① 确定编制细则。这主要包括：统一编制表格及编制方法；统一计算口径、计量单位和小数点位数的要求；有关统一性规定包括名称统一、用字统一、专业用语统一、符号代码统一，简化字要规范，文字要简练明确。

预算定额与施工定额计量单位往往不同。施工定额的计量单位一般按照工序或施工过程确定；而预算定额的计量单位则主要根据分部分项工程和结构构件的形体特征及其变化确定。由于工作内容综合，预算定额的计量单位亦具有综合的性质。工程量计算规则的规定应确切反映定额项目所包含的工作内容。预算定额的计量单位关系到预算工作的繁简和准确性。因此，要准确地确定各分部分项工程的计量单位。一般依据建筑结构构件形状的特点确定。

② 确定定额的项目划分和工程量计算规则。计算工程数量是为了计算出典型设计图纸所包括的施工过程的工程量，以便在编制预算定额时，有可能利用施工定额的人工、材料和机械消耗指标确定预算定额所含工序的消耗量。

③ 定额人工、材料、机械台班耗用量的计算、复核和测算。

（3）征求意见。建设工程造价管理机构组织专家对定额初稿进行初审。编制组根据定额初审意见修改完成定额征求意见稿。由各主管部门或其授权的建设工程造价管理机构公开征求意见。征求意见的期限一般为一个月。征求意见稿包括正文和编制说明。

（4）审查。建设工程造价管理机构组织编制组根据征求意见进行修改后形成定额送审文件。定额送审文件应包括正文、编制说明、征求意见处理汇总表等。定额送审文件的审查一般采取审查会议的形式。审查会议应由各主管部门组织召开，参加会议的人员应为有经验的专家代表、编制组人员等，审查会议应形成会议纪要。

（5）批准发布。建设工程造价管理机构组织编制组根据定额送审文件审查意见进行修改后形成报批文件，报送各主管部门批准。报批文件包括正文、编制报告、审查会议纪要、审查意见处理汇总表等。

3.6.3　预算定额消耗量的编制方法

确定预算定额人工、材料、机械台班消耗量时，必须先按施工定额的分项逐项计算出消耗指标，然后按预算定额的项目加以综合。但是，这种综合不是简单的合并和相加，而需要在综合过程中增加两种定额之间的适当的水平差。预算定额的水平，首先取决于这些消耗量的合理确定。

人工、材料和机械台班消耗量应根据定额编制原则和要求，采用理论与实际相结合、图纸计算与施工现场测算相结合、编制人员与现场工作人员相结合等方法进行计算和确定，使定额既符合政策要求，又与客观情况一致，便于贯彻执行。

1. 预算定额中人工工日消耗量的计算

预算定额中的人工工日消耗量有两种确定方法。一种是以劳动定额为基础确定；另一种是以现场观察测定资料为基础计算，该方法主要用于遇到劳动定额缺项时，采用现场工作日写实等测时方法测定和计算预算定额中的人工耗用量。

预算定额中人工工日消耗量是指在正常施工条件下，生产单位合格产品所必需消耗的人工工日数量，是由分项工程所综合的各个工序劳动定额包括的基本用工和其他用工两部分组成的。

（1）基本用工。基本用工是指完成一定计量单位的分项工程或结构构件的各项工作过程的施工任务所必需消耗的技术工种用工。按技术工种相应劳动定额工时定额计算，以不同工种列出定额工日。

基本用工包括：

① 基本用功是完成定额计量单位的主要用工。该项按综合取定的工程量和相应劳动定额进行计算。其计算公式为

$$基本用工 = \sum（综合取定的工程量 \times 劳动定额）$$

例如，工程实际中的砖基础，有 1 砖厚、1 砖半厚、2 砖厚等之分，用工各不相同，在预算定额中由于不区分厚度，需要按照统计的比例，加权平均得出综合的人工工日消耗量。

② 按劳动定额规定应增（减）计算的用工量。例如，在砖墙项目中，分项工程的工作内容包括附墙烟囱、垃圾道、壁橱等零星组合部分的内容，其人工消耗量相应增加附加人工消耗。由于预算定额是在施工定额子目的基础上综合扩大的，包括的工作内容较多，施工的工效视具体不同部位而不同，所以需要另外增加人工消耗，而这种人工消耗也可以列入基本用工内。

（2）其他用工。其他用工是指辅助基本用工消耗的工日，包括超运距用工、辅助用工和人工幅度差用工。

① 超运距用工。超运距是指劳动定额中已包括的材料、半成品的场内水平搬运距离与预算定额所考虑的现场材料、半成品堆放地点到操作地点的水平运输距离之差。超运距和超运距用工的计算公式如下：

$$超运距 = 预算定额取定运距 - 劳动定额已包括的运距$$
$$超运距用工 = \sum（超运距材料数量 \times 时间定额）$$

需要指出，实际工程现场运距超过预算定额取定运距时，可另行计算现场二次搬

运费。

② 辅助用工。辅助用工是指技术工种劳动定额内不包括而在预算定额内又必须考虑的用工，如机械土方工程配合用工、材料加工（筛砂、洗石、淋化石膏）、电焊点火用工等。其计算公式如下：

$$辅助用工 = \sum（材料加工数量 × 相应的加工劳动定额）$$

③ 人工幅度差用工。人工幅度差即预算定额与劳动定额的差额，主要是指在劳动定额中未包括而在正常施工情况下不可避免但又很难准确计量的用工和各种工时损失。人工幅度差用工的内容包括：

a. 各工种间的工序搭接及交叉作业相互配合或影响所发生的停歇用工；

b. 施工过程中，移动临时水电线路而造成的影响工人操作的时间；

c. 进行工程质量检查和隐蔽工程验收工作而影响工人操作的时间；

d. 同一现场内单位工程之间因操作地点转移而影响工人操作的时间；

e. 工序交接时对前一工序不可避免的修整用工；

f. 施工中不可避免的其他零星用工。

人工幅度差用工计算公式如下：

$$人工幅度差用工 =（基本用工 + 辅助用工 + 超运距用工）× 人工幅度差系数$$

人工幅度差系数一般为 10% ~ 15% 。在预算定额中，人工幅度差的用工量列入其他用工量中。

2. 预算定额中材料消耗量的计算

材料消耗量的计算方法主要有：

（1）凡有标准规格的材料，按规范要求计算定额计量单位的耗用量，如砖、防水卷材、块料面层等。

（2）凡设计图纸标注尺寸及下料要求的，按设计图纸尺寸计算材料净用量，如门窗制作用材料、木方、板料等。

（3）换算法。各种胶结、涂料等材料的配合比用料，可以根据要求条件换算，得出材料用量。

（4）测定法。测定法包括实验室试验法和现场观察法。测定混凝土和砌筑砂浆时，按各种强度等级的混凝土及砌筑砂浆配合比的耗用原材料数量的计算，必须按混凝土和砌筑砂浆规范要求试配，试压合格并经过必要的调整后得出的水泥、砂子、石子、水的用量。对新材料、新结构又不能用其他方法计算定额消耗用量时，须用现场观察法来确定，根据不同条件可以采用写实记录法和观察法，得出定额的消耗量。

材料损耗量，指在正常条件下不可避免的材料损耗，如现场内材料运输及施工操作过程中的损耗等。其计算公式如下：

$$材料损耗率 = \frac{材料损耗量}{材料净用量} × 100\%$$

$$材料损耗量 = 材料净用量 \times 材料损耗率(\%)$$
$$材料消耗量 = 材料净用量 + 材料损耗量$$
或
$$材料消耗量 = 材料净用量 \times [1 + 材料损耗率(\%)]$$

3. 预算定额中机械台班消耗量的计算

预算定额中机械台班消耗量是指在正常施工条件下，生产单位合格产品（分部分项工程或结构构件）必需消耗的某种型号施工机具的台班数量。

（1）根据施工定额确定机械台班消耗量的计算。这种方法是指用施工定额中机械台班产量加机械幅度差计算预算定额中机械台班消耗量。机械台班幅度差是指在施工定额所规定的范围内没有包括，而在实际施工中又不可避免产生的影响机械或使机械停歇的时间。其内容包括：

① 施工机械转移工作面及配套机械相互影响损失的时间；

② 在正常施工条件下，机械在施工中不可避免的工序间歇；

③ 工程开工或收尾时工作量不饱满所损失的时间；

④ 检查工程质量影响机械操作的时间；

⑤ 临时停机、停电影响机械操作的时间；

⑥ 机械维修引起的停歇时间。

大型机械幅度差系数为：土方机械25%，打桩机械33%，吊装机械30%。砂浆、混凝土搅拌机由于按小组配用，以小组产量计算机械台班产量，不另增加机械幅度差。

其他分部工程中如钢筋加工、木材、水磨石等各项专用机械的幅度差为10%。

综上所述，预算定额的机械台班消耗量按下式计算：

预算定额的机械台班消耗量 = 施工定额机械台班消耗量 × (1 + 机械幅度差系数)

【例3.8】 已知某机械挖土，一次正常循环工作时间是40 s，每次循环平均挖土量0.3 m³，机械时间利用系数为0.8，机械幅度差系数为25%。求该机械挖土方1 000 m³的预算定额机械台班消耗量。

解：
机械纯工作1 h循环次数 = 3 600/40 = 90 （次/台时）
机械纯工作1 h正常生产率 = 90 × 0.3 = 27 （m³/台时）
施工机械台班产量定额 = 27 × 8 × 0.8 = 172.8 （m³/台班）
施工机械台班时间定额 = 1/172.8 ≈ 0.005 79 （台班/m³）
预算定额的机械台班消耗量 = 0.005 79 × (1 + 25%) ≈ 0.007 23 （台班/m³）

挖土方1 000 m³的预算定额的机械台班消耗量 = 1 000 × 0.007 23 = 7.23 （台班）

（2）以现场测定资料为基础确定机械台班消耗量。如遇到施工定额缺项者，则需要依据单位时间完成的产量测定。

表3.4为《房屋建筑与装饰工程消耗量定额》（TY 01—31—2015）中砖砌体部分砖墙、空斗墙、空花墙定额示例。

表 3.4 砖墙、空斗墙、空花墙定额示例 （计量单位：10 m³）

工作内容：调、运、铺砂浆，运、砌砖，安放木砖、垫块。

定额编号				4 – 2	4 – 3	4 – 4	4 – 5	4 – 6
项 目				单面清水砖墙				
				1/2 砖	3/4 砖	1 砖	1 砖半	2 砖及 2 砖以上
名 称			单位	消 耗 量				
人工	合 计 工 日		工日	17.096	16.599	13.881	12.895	12.125
	普工		工日	4.600	4.401	3.545	3.216	2.971
	一般技工		工日	10.711	10.455	8.859	8.296	7.846
	高级技工		工日	1.785	1.743	1.477	1.383	1.308
材料	烧结煤矸石普通砖 240 mm×115 mm×53 mm		千块	5.585	5.456	5.337	5.290	5.254
	干混砌筑砂浆 DMM10		m³	1.978	2.163	2.313	2.440	9.491
	水		m³	1.130	1.100	1.060	1.070	1.060
	其他材料费		%	0.180	0.180	0.180	0.180	0.180
机械	干混砂浆罐式搅拌机		台班	0.198	0.217	0.232	0.244	0.249

表 3.4 中定额编号 4 – 2 砌筑单面清水 1/2 砖墙 10 m³ 时表示，工人完成调、运、铺砂浆，运、砌砖，安放木砖、垫块工作内容需要人工消耗量 17.096 工日，需要烧结煤矸石普通砖 240mm×115mm×53mm 共计 5.585 千块，干混砌筑砂浆 DMM10 计 1.978 m³，水 1.130 m³。干混砂浆罐式搅拌机消耗 0.198 台班。

预算定额的说明包括定额总说明、分部工程说明及各分项工程说明。涉及各分部需说明的共性问题列入总说明，属某一分部需说明的事项列章节说明。说明要求简明扼要，但是必须分门别类注明，尤其是对特殊的变化，力求使用简便，避免争议。

3.6.4 预算定额基价编制

预算定额基价就是预算定额分项工程或结构构件的单价，只包括人工费、材料费和施工机具使用费，也称工料机单价。

预算定额基价一般通过编制单位估价表、地区单位估价表及设备安装价目表确定单价，用于编制施工图预算。在预算定额中列出的"预算价值"或"基价"，应视作该定额编制时的工程单价。

预算定额基价的编制方法，简单说就是人工、材料、机械的消耗量和人工、材料、机械单价的结合过程。其中，人工费由预算定额中每一分项工程各种人工工日消耗量，乘以地区人工工日单价之和算出；材料费由预算定额中每一分项工程的各种材料消耗量，乘以地区相应材料单价之和算出；施工机具使用费由预算定额中每一分项工程的各种机械台班消耗量，乘以地区相应施工机械台班单价之和，以及仪器仪表使用费汇总后算出。上述单价均为不含增值税进项税额的价格。

分项工程预算定额基价的计算公式为

分项工程预算定额基价 = 人工费 + 材料费 + 施工机具使用费

其中，

人工费 = $\sum$（现行预算定额中各种人工工日消耗量 × 人工工日单价）

材料费 = $\sum$（现行预算定额中各种材料消耗量 × 相应材料单价）

施工机具使用费 = $\sum$（现行预算定额中机械台班消耗量 × 机械台班单价）+ $\sum$（仪器仪表台班消耗量 × 仪器仪表台班单价）

预算定额基价是根据现行定额和当地的价格水平编制的，具有相对的稳定性。但是为了适应市场价格的变动，在编制预算时，必须根据工程造价管理部门发布的调价文件对固定的工程预算单价进行修正。用修正后的工程单价乘以根据图纸计算出来的工程量，就可以获得符合实际市场情况的人工费、材料费、施工机具使用费。

【例 3.9】 某预算定额基价表见表 3.5。

表 3.5 某预算定额基价表（计量单位：10 m³）

定 额 编 号				3 - 1		3 - 2		3 - 4	
项 目		单位	单价/元	砖基础		混水砖墙			
						1/2 砖		3/4 砖	
				数量	合价	数量	合价	数量	合价
基 价				2 036.50		2 382.93		2 353.03	
其中	人工费			495.18		845.88		824.88	
	材料费			1 513.46		1 514.01		1 502.98	
	施工机具使用费			27.86		23.04		25.17	
名称		单位	单价	数量					
综合工日		工日	42.00	11.790	495.180	20.140	845.880	19.640	824.880
材料	水泥砂浆 M5	m³				(1.950)		(2.130)	
	水泥砂浆 M10	m³		(2.360)					
	标准砖	千块	230.00	5.236	1 204.280	5.641	1 297.430	5.510	1 267.300
	水泥 32.5 级	kg	0.32	649.000	207.680	409.500	131.040	447.300	143.136
	中砂	m³	37.15	2.407	89.420	1.989	73.891	2.173	80.727
	水	m³	3.85	3.137	12.077	3.027	11.654	3.075	11.839
机械	灰浆搅拌机 200 L	台班	70.89	0.393	27.860	0.325	23.040	0.355	25.166

其中定额子目 3 - 1 的定额基价计算过程如下：

预算定额人工费 = 42.00 × 11.790 = 495.18（元）

预算定额材料费 = 230.00 × 5.236 + 0.32 × 649.000 + 37.15 × 2.407 + 3.85 × 3.137 ≈ 1 513.46（元）

预算定额施工机具使用费 = 70.89 × 0.393 ≈ 27.86（元）

预算定额基价 = 495.18 + 1 513.46 + 27.86 = 2 036.50（元）

3.7 概算定额

3.7.1 概算定额的概念

概算定额是指在预算定额基础上，确定完成合格的单位扩大分项工程或单位扩大结构构件所需消耗的人工、材料和施工机具台班的数量标准及其费用标准。概算定额又称扩大结构定额。

概算定额是预算定额的综合与扩大。它将预算定额中有联系的若干个分项工程项目综合为一个概算定额项目。如砖基础概算定额项目，就是以砖基础为主，综合了平整场地、挖地槽、铺设垫层、砌砖基础、铺设防潮层、回填土及运土等预算定额中分项工程项目。

概算定额与预算定额的相同之处在于，它们都是以建（构）筑物各个结构部分和分部分项工程为单位表示的，内容也包括人工、材料和机械台班消耗量定额三个基本部分，并列有基准价。概算定额表达的主要内容、主要方式及基本使用方法都与预算定额相近。

概算定额与预算定额的不同之处在于项目划分和综合扩大程度上的差异，同时，概算定额主要用于设计概算的编制。由于概算定额综合了若干分项工程的预算定额，所以概算工程量计算和概算表的编制，都比编制施工图预算简化一些。

3.7.2 概算定额的作用

从 1957 年我国开始在全国试行统一的《建筑工程扩大结构定额》之后，各省、市、自治区根据本地区的特点，相继编制了本地区的概算定额。概算定额和概算指标由省、市、自治区在预算定额基础上组织编写，分别由主管部门审批，概算定额的主要作用如下：

（1）概算定额是初步设计阶段编制概算、扩大初步设计阶段编制修正概算的主要依据。

（2）概算定额是对设计项目进行技术经济分析比较的基础资料之一。

（3）概算定额是建设工程主要材料计划编制的依据。

（4）概算定额是控制施工图预算的依据。

（5）概算定额是施工企业在准备施工期间，编制施工组织总设计或总规划时，对生产要素提出需要量计划的依据。

（6）概算定额是工程结束后，进行竣工决算和评价的依据。

（7）概算定额是编制概算指标的依据。

3.7.3 概算定额的编制原则和编制依据

1. 概算定额的编制原则

概算定额的编制应该贯彻社会平均水平和简明适用的原则。由于概算定额和预算定额都是工程计价的依据，所以应符合价值规律和反映现阶段大多数企业的设计、生产及施工管理水平，但在概预算定额水平之间应保留必要的幅度差。概算定额的内容和深度是以预算定额为基础的综合和扩大。在综合和扩大时不得遗漏或增及项目，以保证其严密和正确性。概算定额务必简化、准确和适用。

2. 概算定额的编制依据

概算定额的编制依据因其使用范围不同而不同。其编制依据一般有以下几种：

（1）相关的国家和地区文件。

（2）现行的设计规范、施工验收技术规范和各类工程预算定额、施工定额。

（3）具有代表性的标准设计图纸和其他设计资料。

（4）有关的施工图预算及有代表性的工程决算资料。

（5）现行的人工日工资单价标准、材料单价、机械台班单价及其他的价格资料。

3.7.4 概算定额的编制步骤、内容与形式

1. 概算定额的编制步骤

概算定额的编制步骤与预算定额的编制步骤大体一致，包括准备阶段、定额初稿编制、征求意见、审查、批准发布五个步骤。在其定额初稿编制过程中，需要根据已经确定的编制方案和概算定额项目，收集和整理各种编制依据，对各种资料进行深入细致的测算和分析，确定人工、材料和机械台班的消耗量指标，最后编制概算定额初稿。概算定额水平与预算定额水平之间应有一定的幅度差，幅度差一般在 5% 以内。

2. 概算定额的内容与形式

按专业特点和地区特点编制的概算定额手册，内容基本上是由文字说明部分、定额项目表和附录三个部分组成的。

（1）文字说明部分。文字说明部分有总说明和分部工程说明。在总说明中，主要阐述概算定额的性质和作用、概算定额编纂形式和应注意的事项、概算定额编制目的和使用范围、有关定额的使用方法的统一规定。

（2）定额项目表。其主要包括以下内容：

① 定额项目的划分。概算定额项目一般按以下两种方法划分。一是按工程结构划分：一般是按土石方、基础、墙、梁板柱、门窗、楼地面、屋面、装饰、构筑物等工程结构划分。二是按工程部位（分部）划分：一般是按基础、墙体、梁柱、楼地面、屋盖、其他工程部位等划分，如基础工程中包括了砖、石、混凝土基础等项目。

② 定额项目表。定额项目表是概算定额手册的主要内容，由若干分节定额组成。各节定额由工程内容、定额表及附注说明组成。定额表中列有定额编号，计量单位，概算价格，人工、材料、机械台班消耗量指标，综合了预算定额的若干项目与数量。表3.6为某现浇钢筋混凝土矩形柱概算定额。

表 3.6　某现浇钢筋混凝土矩形柱概算定额

工作内容：模板安拆、钢筋绑扎安放、混凝土浇捣养护

定 额 编 号		3002	3003	3004	3005	3006
项　　目		现浇钢筋混凝土柱				
		矩　　形				
		周长 1.5 m 以内	周长 2.0 m 以内	周长 2.5 m 以内	周长 3.0 m 以内	周长 3.0 m 以外
		m³	m³	m³	m³	m³
工、料、机名称（规格）	单位	数　　量				
人工	混凝土工	工日	0.818 7	0.818 7	0.818 7	0.818 7	0.818 7
	钢筋工	工日	1.103 7	1.103 7	1.103 7	1.103 7	1.103 7
	木工（装饰）	工日	4.767 6	4.083 2	3.059 1	2.179 8	1.492 1
	其他工	工日	2.034 2	1.790 0	1.424 5	1.110 7	0.865 3
材料	泵送预拌混凝土	m³	1.015 0	1.015 0	1.015 0	1.015 0	1.015 0
	木模板成材	m³	0.036 3	0.031 1	0.023 3	0.016 6	0.014 4
	工具式组合钢模板	kg	9.708 7	8.315 0	6.229 4	4.438 8	3.038 5
	扣件	只	1.179 9	1.010 5	0.757 1	0.539 4	0.369 3
	零星卡具	kg	3.735 4	3.199 2	2.396 7	1.707 8	1.169 0
	钢支撑	kg	1.290 0	1.104 9	0.827 7	0.589 8	0.403 7
	柱箍，梁夹具	kg	1.957 9	1.676 8	1.256 3	0.895 2	0.612 8
	钢丝 18#~22#	kg	0.902 4	0.902 4	0.902 4	0.902 4	0.902 4
	水	m³	1.276 0	1.276 0	1.276 0	1.276 0	1.276 0
	圆钉	kg	0.747 5	0.640 2	0.479 6	0.341 8	0.234 0
	草袋	m²	0.086 5	0.086 5	0.086 5	0.086 5	0.086 5
	成型钢筋	t	0.193 9	0.193 9	0.193 9	0.193 9	0.193 9
	其他材料费	%	1.090 6	0.957 9	0.746 7	0.552 3	0.391 6
机械	汽车式起重机 5 t	台班	0.028 1	0.024 1	0.018 0	0.012 9	0.008 8
	载重汽车 4 t	台班	0.042 2	0.036 1	0.027 1	0.019 3	0.013 2
	混凝土输送泵车 75 m³/h	台班	0.010 8	0.010 8	0.010 8	0.010 8	0.010 8
	木工圆锯机 φ500 mm	台班	0.010 5	0.009 0	0.006 8	0.004 8	0.003 3
	混凝土振捣器插入式	台班	0.100 0	0.100 0	0.100 0	0.100 0	0.100 0

（3）附录。有关混凝土及砂浆配合比等主要内容。

3. 概算定额应用规则

（1）符合概算定额规定的应用范围。

（2）工程内容、计量单位及综合程度应与概算定额一致。

（3）必要的调整和换算应严格按定额的文字说明和附录进行。

（4）避免重复计算和漏项。

（5）参考预算定额的应用规则。

3.7.5 概算定额基价的编制

概算定额基价和预算定额基价一样，都只包括人工费、材料费和施工机具使用费，是通过编制扩大单位估价表所确定的单价，用于编制设计概算。概算定额基价和预算定额基价的编制方法相同，单价均为不含增值税进项税额的价格。

$$概算定额基价 = 人工费 + 材料费 + 施工机具使用费$$

其中：

$$人工费 = 现行概算定额中人工工日消耗量 \times 人工工日单价$$

$$材料费 = \sum (现行概算定额中材料消耗量 \times 相应材料单价)$$

$$施工机具使用费 = \sum (现行概算定额中机械台班消耗量 \times 机械台班单价) + \sum (仪器仪表台班消耗量 \times 仪器仪表台班单价)$$

3.8 概算指标

3.8.1 概算指标的概念及其作用

1. 概算指标的概念

建筑安装工程概算指标通常是以单位工程为对象，以建筑面积、体积或成套设备装置的台或组为计量单位而规定的人工、材料、机具台班的消耗量标准和造价指标。

从上述概念中可以看出，建筑安装工程概算定额与概算指标的主要区别如下：

① 确定各种消耗量指标的对象不同。概算定额是以单位扩大分项工程或单位扩大结构构件为对象，而概算指标则是以单位工程为对象。因此，概算指标比概算定额更加综合与扩大。

② 确定各种消耗量指标的依据不同。概算定额以现行预算定额为基础，通过计算之后才综合确定出各种消耗量指标，而概算指标中各种消耗量指标的确定，则主要来自各种预算或结算资料。

2. 概算指标的作用

概算指标和概算定额、预算定额一样，都是与各个设计阶段相适应的多次性计价的产物，它主要用于初步设计阶段，其主要作用如下：

① 概算指标可以作为编制投资估算的参考。

② 概算指标是初步设计阶段编制概算书、确定工程概算造价的依据。

③ 概算指标中的主要材料指标可以作为匡算主要材料用量的依据。

④ 概算指标是设计单位进行设计方案比较、设计技术经济分析的依据。

⑤ 概算指标是编制固定资产投资计划，确定投资额和主要材料计划的主要依据。

⑥ 概算指标是建筑企业编制劳动力、材料计划，实行经济核算的依据。

3.8.2 概算指标的分类、组成内容及表现形式

1. 概算指标的分类

概算指标可分为两大类，一类是建筑工程概算指标，另一类是设备及安装工程概算指标，如图 3.4 所示。

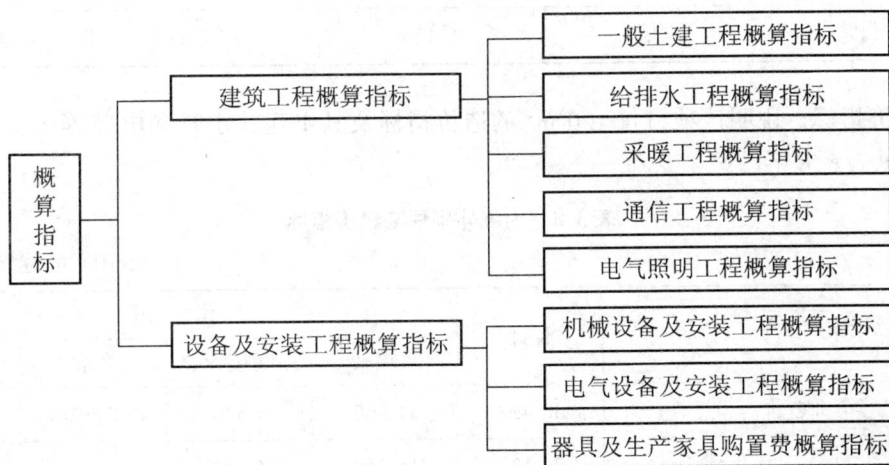

图 3.4 概算指标分类

2. 概算指标的组成内容及表现形式

（1）概算指标的组成内容。概算指标一般分为说明和列表形式两部分，以及必要的附录。

① 总说明和分册说明。其内容一般包括概算指标的编制范围、编制依据、分册情况、指标包括的内容、指标未包括的内容、指标的使用方法、指标允许调整的范围及调整方法等。

② 列表形式包括：

a. 建筑工程列表形式。房屋建筑、构筑物一般以建筑面积、建筑体积、座、个等为计算单位，附以必要的示意图，示意图画出建筑物的轮廓示意或单线平面图，列出综合指标："元/m²" 或 "元/m³"，自然条件（如地耐力、地震烈度等），建筑物的类型、结构形式，以及各部位结构的主要特点、主要工程量。

　　b. 安装工程列表形式。设备以"t"或"台"为计算单位，也可以设备购置费或设备原价的百分比表示；工艺管道一般以"t"为计算单位；通信电话站安装以"站"为计算单位。列出指标编号、项目名称、规格、综合指标（元/计算单位）之后，一般还要列出其中的人工费，必要时还要列出主要材料费、辅助材料费。

　　总体来讲，列表形式分为以下几个部分：

　　a. 示意图。表明工程的结构、工业项目，还表示出吊车及起重能力等。

　　b. 工程特征。对采暖工程，应列出采暖热媒及采暖形式；对电气照明工程，可列出建筑层数、结构类型、配线方式、灯具名称等；对房屋建筑工程，主要对工程的结构形式、层高、层数和建筑面积进行说明。内浇外砌住宅结构特征见表3.7。

表3.7　内浇外砌住宅结构特征

结构类型	层数	层高	檐高	建筑面积
内浇外砌	六层	2.8 m	17.7 m	4 206 m^2

　　c. 经济指标。说明该项目每100 m^{2}的造价指标及其土建、水暖和电照等单位工程的相应造价，见表3.8。

表3.8　内浇外砌住宅经济指标

元/100 m^2 建筑面积

项　　目		合计	其　　中			
			直接费	间接费	利润	税金
单方造价		30 422	21 860	5 576	1 893	1 093
其中	土建	26 133	18 778	4 790	1 626	939
	水暖	2 565	1 843	470	160	92
	电照	614	1 239	316	107	62

　　d. 构造内容及工程量指标。说明该工程项目的构造内容和相应计算单位的工程量指标及人工、材料消耗指标，见表3.9。

　　（2）概算指标的表现形式。概算指标在具体内容的表示方法上，分综合概算指标和单项概算指标两种形式。

　　① 综合概算指标。综合概算指标是按照工业或民用建筑及其结构类型而制定的概算指标。综合概算指标的概括性较大，其准确性、针对性不如单项概算指标。

　　② 单项概算指标。单项概算指标是指为某种建筑物或构筑物而编制的概算指标。单项概算指标的针对性较强，故指标中对工程结构形式要做介绍。只要工程项目的结构形式及工程内容与单项概算指标中的工程概况相吻合，编制出的设计概算就比较准确。

表 3.9 内浇外砌住宅构造内容及工程量指标（100 m² 建筑面积）

序号	构 造 特 征		工 程 量	
			单位	数量
一、土建				
1	基础	灌注桩	m²	14.64
2	外墙	二砖墙、清水墙勾缝、内墙抹灰刷白	m²	24.32
3	内墙	混凝土墙、一砖墙、抹灰刷白	m²	22.70
4	柱	混凝土柱	m²	0.70
5	地面	碎砖垫层、水泥砂浆面层	m²	13
6	楼面	120 mm 预制空心板、水泥砂浆面层	m²	65
7	门窗	木门窗	m²	62
8	屋面	预制空心板、水泥珍珠岩保温、三毡四油卷材防水	m²	21.7
9	脚手架	综合脚手架	m²	100
二、水暖				
1	采暖方式	集中采暖		
2	给水性质	生活给水明设		
3	排水性质	生活排水		
4	通风方式	自然通风		
三、电气照明				
1	配电方式	塑料管暗配电线		
2	灯具种类	日光灯		
3	用电量			

3.8.3 概算指标的编制依据和步骤

1. 概算指标的编制依据

（1）标准设计图纸和各类工程典型设计。

（2）国家颁发的建筑标准、设计规范、施工规范等。

（3）现行的概算指标、概算定额、预算定额及补充定额。

（4）人工工资标准、材料预算价格、机械台班预算价格及其他价格资料。

2. 概算指标的编制步骤

概算指标的编制通常也分为准备、定额初稿编制、征求意见、审查、批准发布五个步骤。以房屋建筑工程为例，在定额初稿编制阶段主要是选定图样，并根据图样资料计算工程量和编制单位工程预算书，以及按编制方案确定的指标内容中的人工及主要材料消耗指标，填写概算指标的表格。

每百平方米建筑面积造价指标编制方法如下：

（1）编写资料审查意见及填写设计资料名称、设计单位、设计日期、建筑面积及构造情况，提出审查和修改意见。

（2）在计算工程量的基础上，编制单位工程预算书，据以确定每百平方米建筑面积及构造情况，以及人工、材料、机具消耗指标和单位造价的经济指标。

① 计算工程量，就是根据审定的图样和预算定额计算出建筑面积及各分部分项工程量，然后按编制方案规定的项目进行归并，并以每平方米建筑面积为计算单位，换算出所含的工程量指标。

② 根据计算出的工程量和预算定额等资料，编出预算书，求出每百平方米建筑面积的预算造价，以及人工费、材料费、施工机具使用费和材料消耗量指标。

构筑物是以"座"为单位编制概算指标的，因此，在计算完工程量，编出预算书后，不必进行换算，预算书确定的价值就是每座构筑物概算指标的经济指标。

3.9 投资估算指标

3.9.1 投资估算指标的概念及其作用

工程建设投资估算指标是编制建设项目建议书、可行性研究报告等前期工作阶段投资估算的依据，也可以作为编制固定资产计划投资额的参考。与概预算定额相比较，投资估算指标以独立的建设项目、单项工程或单位工程为对象，综合项目全过程投资和建设中的各类成本和费用，反映出其扩大的技术经济指标，既是定额的一种表现形式，又不同于其他的计价定额。投资估算指标既具有宏观指导作用，又能为编制项目建议书和可行性研究阶段投资估算提供依据。

（1）在编制项目建议书阶段，它是项目主管部门审批项目建议书的依据之一，并对项目的规划及规模起参考作用。

（2）在可行性研究报告阶段，它是项目决策的重要依据，也是多方案比选、优化设计方案、正确编制投资估算、合理确定项目投资额的重要基础。

（3）在建设项目评价及决策过程中，它是评价建设项目投资可行性、分析投资效益的主要经济指标。

（4）在项目实施阶段，它是限额设计和工程造价确定与控制的依据。

（5）它是核算建设项目建设投资需要额和编制建设投资计划的重要依据。

（6）合理、准确地确定投资估算指标是进行工程造价管理改革，实现工程造价事前管理和主动控制的前提条件。

3.9.2 投资估算指标的编制原则和依据

1. 投资估算指标的编制原则

投资估算指标属于项目建设前期进行估算投资的技术经济指标，它不但要反映实施阶段的静态投资，还必须反映项目建设前期和交付使用期内发生的动态投资，以投资估算指标为依据编制的投资估算，包含项目建设的全部投资额。这就要求投资估算指标比其他各种计价定额具有更大的综合性和概括性。因此，投资估算指标的编制工作，除应遵循一般定额的编制原则外，还必须坚持以下原则：

（1）投资估算指标项目的确定，应考虑以后几年编制建设项目建议书和可行性研究报告投资估算的需要。

（2）投资估算指标的分类、项目划分、项目内容、表现形式等要结合各专业的特点，并且与项目建议书、可行性研究报告的编制深度相适应。

（3）投资估算指标的编制内容、典型工程的选择，必须遵循国家的有关建设方针政策，符合国家技术发展方向，贯彻国家发展方向原则，使指标的编制既能反映正常建设条件下的造价水平，也能适应今后若干年的科技发展水平。坚持技术上先进、可行，及经济上的合理，力争以较少的投入求得最大的投资效益。

（4）投资估算指标的编制要反映不同行业、不同项目和不同工程的特点，投资估算指标要适应项目前期工作深度的需要，而且具有更大的综合性。投资估算指标要密切结合行业特点、项目建设的特定条件，在内容上既要贯彻指导性、准确性和可调性原则，又要有一定的深度和广度。

（5）投资估算指标的编制要贯彻静态和动态相结合的原则，要充分考虑在市场经济条件下，由于建设条件、实施时间、建设期限等因素的不同，以及建设期的动态因素，即价格、建设期利息及涉外工程的汇率等因素的变动，导致指标的量差、价差、利息差、费用差等动态因素对投资估算的影响，对上述动态因素给予必要的调整办法和调整参数，尽可能减少这些动态因素对投资估算准确度的影响，使指标具有较强的实用性和可操作性。

2. 投资估算指标的编制依据

（1）依照不同的产品方案、工艺流程和生产规模，确定建设项目主要生产、辅助生产、公用设施及生活福利设施等单项工程内容、规模、数量以及结构形式，选择相应具有代表性、符合技术发展方向、数量足够的已经建成或正在建设的并具有重复使用可能的设计图样及其工程量清册、设备清单、主要材料用量表和预算资料、决算资料，经过分类、筛选、整理出编制依据。

（2）国家和主管部门制定颁发的建设项目用地定额、建设项目工期定额、单项工程施工工期定额及生产定员标准等。

（3）编制年度现行全国统一、地区统一的各类工程概预算定额以及各种费用标准。

（4）编制年度的各类工资标准、材料单价、机械台班单价及各类工程造价指数，应以所处地区的标准为准。

（5）设备价格。

3.9.3 投资估算指标的内容

投资估算指标是确定和控制建设项目全过程各项投资支出的技术经济指标，其范围涉及建设前期、建设实施期和竣工验收交付使用期等各个阶段的费用支出，内容因行业不同而各异，一般可分为建设项目综合指标、单项工程指标和单位工程指标三个层次。表 3.10 为某建设项目投资估算指标示例。

表 3.10　某建设项目投资估算指标示例

一、工程概况							
工程名称	住宅楼		工程地点	××市	建筑面积	4 549 m²	
层数	七层		层高	3.00 m	檐高	21.60 m	结构类型	砖混
地耐力	130 kPa		地震烈度		7 度	地下水位	−0.65 m、−0.83 m	

土建部分		地基处理	
		基础	C10 混凝土垫层，C20 钢筋混凝土带形基础，砖基础
	墙体	外	一砖墙
		内	一砖、1/2 砖墙
		柱	C20 钢筋混凝土构造柱
		梁	C20 钢筋混凝土单梁、圈梁、过梁
		板	C20 钢筋混凝土平板，C30 预应力钢筋混凝土空心板
	地面	垫层	混凝土垫层
		面层	水泥砂浆面层
		楼面	水泥砂浆面层
		屋面	块体刚性屋面，沥青铺加气混凝土块保温层，防水砂浆面层
		门窗	木胶合板门（带纱），塑钢窗
	装饰	天棚	混合砂浆、106 涂料
		内粉	混合砂浆、水泥砂浆，106 涂料
		外粉	水刷石
安装		水卫（消防）	给水镀锌钢管，排水塑料管，坐式大便器
		电气照明	照明配电箱，PVC 塑料管暗敷，穿铜芯绝缘导线，避雷网敷设

续表

二、每平方米综合造价指标（单位：元/m²）

项 目	综合指标	直接费				取费（综合费）
		合价	其中			三类工程
			人工费	材料费	机具费	
工程造价	530.39	407.99	74.69	308.13	25.17	122.40
土建	503.00	386.92	70.95	291.80	24.17	116.08
水卫（消防）	19.22	14.73	2.38	11.94	0.41	4.49
电气照明	8.67	6.35	1.36	4.39	0.60	2.32

三、土建工程各分部占直接工程费的比例及每平方米直接费

分部工程名称	占直接费	元/m²	分部工程名称	占直接费	元/m²
±0.00以下工程	13.01%	50.40	楼地面工程	2.62%	10.13
脚手架及垂直运输	4.02%	15.56	屋面及防水工程	1.43%	5.52
砌筑工程	16.90%	65.37	防腐、保温、隔热工程	0.65%	2.52
混凝土及钢筋混凝土工程	31.78%	122.95	装饰工程	9.56%	36.98
构件运输及安装工程	1.91%	7.40	金属结构制作工程		
门窗及木结构工程	18.12%	70.09	零星项目		

四、人工、材料消耗指标

项目	单位	每100 m²消耗量	材料名称	单位	每100 m²消耗量
（一）定额用工	工日	382.06	（二）材料消耗（土建工程）		
土建工程	工日	363.83	钢材	t	2.11
			水泥	t	16.76
水卫（消防）	工日	11.60	木材	m³	1.80
			标准砖	千块	21.82
电气照明	工日	6.63	中粗砂	m³	34.39
			碎（砾）石	m³	26.20

1. 建设项目综合指标

建设项目综合指标是指按可行性研究报告规定应列入建设项目总投资的从立项筹建开始至竣工验收交付使用的全部投资额，包括单项工程投资、工程建设其他费用和预备费等。

建设项目综合指标一般以项目的综合生产能力单位投资表示，如"元/t""元/kW"，

或以使用功能表示，如医院床位以"元/床"表示。

2. 单项工程指标

单项工程指标指按可行性研究报告规定应列入能独立发挥生产能力或使用效益的单项工程内的全部投资额，包括建筑工程费，安装工程费，设备、工器具及生产家具购置费和可能包含的其他费用。

单项工程一般划分原则如下：

（1）主要生产设施，指直接参加生产产品的工程项目，包括生产车间或生产装置。

（2）辅助生产设施，指为主要生产车间服务的工程项目，包括集中控制室，中央实验室、机修、电修、仪器仪表修理及木工（模）等车间，原材料、半成品、成品及危险品等仓库。

（3）公用工程，包括给排水系统（给排水泵房、水塔、水池及全厂给排水管网）、供热系统（锅炉房及水处理设施、全厂热力管网）、供电及通信系统（变配电所、开关所及全厂输电、电信线路）以及热电站、热力站、煤气站、空压站、冷冻站、冷却塔和全厂管网等。

（4）环境保护工程，包括废气、废渣、废水等处理、综合利用设施及全厂性绿化。

（5）总图运输工程，包括厂区防洪、围墙大门、传达及收发室、汽车库、消防车库、厂区道路、桥涵、厂区码头及厂区大型土石方工程。

（6）厂区服务设施，包括厂部办公室、厂区食堂、医务室、浴室、哺乳室、自行车棚等。

（7）生活福利设施，包括职工医院、住宅、生活区食堂、职工医院、俱乐部、托儿所、幼儿园、子弟学校、商业服务点以及与之配套的设施。

（8）厂外工程，如水源工程、厂外输电、输水、排水、通信、输油等管线，以及公路、铁路专用线等。

单项工程指标一般以单项工程生产能力单位投资，如"元/t"或其他单位表示。例如，变配电站以"元/(kV·A)"表示；锅炉房以"元/蒸汽吨"表示；供水站以"元/m²"表示；办公室、仓库、宿舍、住宅等房屋则区别不同结构形式以"元/m²"表示。

3. 单位工程指标

单位工程指标按规定应列入能独立设计、施工的工程项目的费用，即建筑安装工程费用。

单位工程指标一般以如下方式表示：房屋区别不同结构形式以"元/m²"表示；道路区别不同结构层、面层以"元/m²"表示；水塔区别不同结构层、容积以"元/座"表示；管道区别不同材质、管径以"元/m"表示。

3.9.4 投资估算指标的编制方法

投资估算的编制通常也分为准备阶段、定额初稿编制、征求意见、审查、批准发布五个步骤，但考虑到投资估算指标的编制涉及建设项目的产品规模、产品方案、工艺流程、设备选型、工程设计和技术经济等各个方面，因此，既要考虑到现阶段技术状况，又要展望技术发展趋势和设计动向，通常编制人员应具备较高的专业素质。在各个工作阶段，针对投资估算指标的编制特点，具体工作具有特殊性。

1. 收集整理资料

收集整理已建成或正在建设的、符合现行技术政策和技术发展方向的、有可能重复采用的、有代表性的工程设计施工图、标准设计以及相应的竣工决算或施工图预算资料等，这些资料是编制工作的基础，资料收集得越广泛，反映出的问题就越多，编制工作考虑得越全面，就越有利于提高投资估算指标的实用性和覆盖面。同时，对调查收集到的资料要选择占投资比重大、相互关联多的项目进行认真分析整理。由于已建成或正在建设的工程的设计意图、建设时间和地点、资料的基础等不同，相互之间的差异很大，所以需要去粗取精、去伪存真地加以整理，才能重复利用。将整理后的数据资料按项目划分栏目加以归类，按照编制年度的现行定额、费用标准和价格，调整成编制年度的造价水平及相互比例。

由于调查收集的资料来源不同，虽然经过了一定的分析整理，但难免会由于设计方案、建设条件和建设时间上的差异带来的某些影响，使数据失准或漏项等，所以必须对有关资料进行综合平衡调整。

2. 测算审查

测算是指将新编的指标和选定工程的概预算，在同一价格条件下进行比较，检验"量差"的偏离程度是否在允许偏差的范围之内，如偏差过大，则要查找原因，进行修正，以保证指标的确切、实用。测算的同时也是对指标编制质量进行的一次系统检查，应由专人进行，以保持测算口径的统一，在此基础上组织有关专业人员予以全面审查定稿。

复习思考题

一、选择题

1. 下列选项中，不属于工程造价计价定额的是（   ）。

A. 预算定额

B. 施工定额

C. 概算定额

D. 估算指标

2. 关于预算定额，以下表述正确的是（   ）。

A. 预算定额是编制概算定额的基础

B. 预算定额是以扩大的分部分项工程为对象编制的

C. 预算定额是概算定额的扩大与合并

D. 预算定额中人工工日消耗量的确定不考虑人工幅度差

3. 所谓定额消耗量，是指在施工企业科学组织施工生产和资源要素合理配置的条件下，规定消耗在单位假定建筑产品上的（   ）标准。

A. 劳动、材料和机械台班的数量

B. 人工、材料和机械台班的数量

C. 劳动、材料和机械的数量

D. 人工、材料和机械的数量

4. 预算定额中人工工日消耗量可以采用（   ）确定。

A. 估计法

B. 以概算定额中的人工消耗量为基础

C. 工作研究法

D. 以劳动定额为基础

5. 下列计价定额中，综合性和概括性最大的定额是（   ）。

A. 投资估算指标

B. 概算定额

C. 施工定额

D. 预算定额

6. 当初步设计深度不够，不能准确计算工程量，但工程设计采用的技术比较成熟，又有类似概算指标可以利用时，可以采用（   ）来编制概算。

A. 概算定额法

B. 概算指标法

C. 预算单价法

D. 扩大单价法

二、简答题

1. 什么是建设工程定额？建设工程定额的特点是什么？

2. 什么是劳动消耗定额、机械台班消耗定额、材料消耗定额？

3. 什么是企业定额？企业定额的特点是什么？

4. 工人工作时间是如何分类的？必须消耗时间和损失时间的含义是什么？

5. 机械工作时间是如何分类的？必须消耗时间和损失时间的含义是什么？

6. 人工消耗量定额是如何确定的？计算公式有哪些？需要哪些基本数据或数值？

7. 材料消耗量定额是如何确定的？计算公式有哪些？需要哪些基本数据或数值？

8. 机械台班消耗量定额是如何确定的？计算公式有哪些？需要哪些基本数据或数值？

9. 试计算 1 m³ 一砖墙（用标准实心砖）的材料净用量。

4 工程量清单计价及工程量计算规范

2003 年 2 月 17 日，原建设部以 119 号公告批准颁布了国家标准《建设工程工程量清单计价规范》（GB 50500—2003），这是我国进行工程造价管理改革的一个新的里程碑。根据该清单计价规范在执行过程中积累的经验和反映出的问题，经论证和修订，2008 年 7 月 9 日中华人民共和国住房和城乡建设部以第 63 号公告发布了《建设工程工程量清单计价规范》（GB 50500—2008），并从 2008 年 12 月 1 日起实施；2012 年 12 月 25 日住房和城乡建设部发布了《建设工程工程量清单计价规范》（GB 50500—2013）、《房屋建筑与装饰工程工程量计算规范》（GB 50854—2013）和《通用安装工程工程量计算规范》（GB 50856—2013）等 9 个计量规范，并于 2013 年 7 月 1 日起施行。

4.1 工程量清单计价与工程量计算规范概述

工程量清单是载明建设工程分部分项工程项目、措施项目和其他项目的名称、相应数量以及规费和税金项目等内容的明细清单。其中，由招标人根据国家标准、招标文件、设计文件以及施工现场实际情况编制的工程量清单称为招标工程量清单，而作为投标文件组成部分的已标明价格并经承包人确认的工程量清单称为已标价工程量清单。招标工程量清单应由具有编制能力的招标人或受其委托，由具有相应资质的工程造价咨询人或招标代理人编制。采用工程量清单方式招标，招标工程量清单必须作为招标文件的组成部分，其准确性和完整性由招标人负责。招标工程量清单应以单位（项）工程为单位编制，由分部分项工程量清单、措施项目清单、其他项目清单、规费项目和税金项目清单组成。

目前，工程量清单计价主要遵循的依据是相关的工程量清单计价及工程量计算规范，包括《建设工程工程量清单计价规范》（GB 50500—2013）、《房屋建筑与装饰工程工程量计算规范》（GB 50854—2013）、《仿古建筑工程工程量计算规范》（GB 50855—2013）、《通用安装工程工程量计算规范》（GB 50856—2013）、《市政工程工程量计算规范》（GB 50857—2013）、《园林绿化工程工程量计算规范》（GB 50858—2013）、《矿山工程工程量计算规范》（GB 50859—2013）、《构筑物工程工程量计算规范》（GB 50860—2013）、《城市轨道交通工程工程量计算规范》（GB 50861—2013）、《爆破工程工程量计算规范》（GB 50862—2013）等。

《建设工程工程量清单计价规范》（GB 50500—2013）（以下简称《计价规范》）包括总则、术语、一般规定、工程量清单编制、招标控制价、投标报价、合同价款约定、工程计量、合同价款调整、合同价款期中支付、竣工结算与支付、合同解除的价款结算与支付、合同价款争议的解决、工程造价鉴定、工程计价资料与档案、工程计价表格及 11

个附录。

各专业工程量计算规范包括总则、术语、工程计量、工程量清单编制和附录。

4.1.1 工程量清单计价的适用范围

《计价规范》适用于建设工程承发包及其实施阶段的计价活动。国有资金投资的建设工程承发包，必须采用工程量清单计价；非国有资金投资的建设工程，宜采用工程量清单计价；不采用工程量清单计价的建设工程，应执行《计价规范》中除工程量清单等专门性规定外的其他规定。

国有资金投资的建设工程项目包括全部使用国有资金（含国家融资资金）投资或以国有资金投资为主的建设工程项目。

（1）国有资金投资的建设工程项目包括：

① 使用各级财政预算资金的项目；

② 使用纳入财政管理的各种政府性专项建设资金的项目；

③ 使用国有企事业单位自有资金，并且国有资产投资者实际拥有控制权的项目。

（2）国家融资资金投资的建设工程项目包括：

① 使用国家发行债券所筹资金的项目；

② 使用国家对外借款或者担保所筹资金的项目；

③ 使用国家政策性贷款的项目；

④ 国家授权投资主体融资的项目；

⑤ 国家特许的融资项目。

（3）以国有资金（含国家融资资金）投资为主的建设工程项目是指国有资金占投资总额 50% 以上，或虽不足 50% 但国有投资者实质上拥有控股权的建设工程项目。

4.1.2 工程量清单计价的作用

1. 提供一个平等的竞争条件

采用施工图预算来投标报价，由于设计图纸的缺陷、不同施工企业的人员理解不一，计算出的工程量也不同，报价就更相去甚远，也容易产生纠纷。而工程量清单计价就为投标者提供了一个平等的竞争条件，相同的工程量，由企业根据自身的实力来填不同的单价。投标人的这种自主报价，使得企业的优势体现到投标报价中，可在一定程度上规范建筑市场秩序，确保工程质量。

2. 满足市场经济条件下竞争的需要

招投标过程就是竞争的过程，招标人提供工程量清单，投标人根据自身情况确定综合单价，根据单价与工程量逐项计算每个项目的合价，再分别填入工程量清单表内，计算出投标总价。单价成了决定性的因素，定高了不能中标，定低了又要承担过大的风险。单价的高低直接取决于企业管理水平和技术水平的高低，这种局面促成了企业整体实力的竞争，有利于我国建设市场的快速发展。

3. 有利于提高工程计价效率, 能真正实现快速报价

采用工程量清单计价方式, 避免了传统计价方式下招标人与投标人之间的在工程量计算上的重复工作, 各投标人以招标人提供的工程量清单为统一平台, 结合自身的管理水平和施工方案进行报价, 促进了各投标人企业定额的完善和工程造价信息的积累和整理, 体现了现代工程建设中快速报价的要求。

4. 有利于工程款的拨付和工程造价的最终结算

中标后, 业主要与中标单位签订施工合同, 中标价就是确定合同价的基础, 投标清单上的单价就成了拨付工程款的依据。业主根据施工单位完成的工程量, 可以很容易地确定进度款的拨付额。工程竣工后, 根据设计变更、工程量增减等, 业主也很容易确定工程的最终造价, 可在某种程度上减少业主与施工单位之间的纠纷。

5. 有利于业主对投资的控制

采用现在的施工图预算形式, 业主对因设计变更、工程量的增减所引起的工程造价变化不敏感, 往往在竣工结算时才知道这些变化对项目投资的影响有多大, 但此时常常为时已晚。而采用工程量清单计价的方式则投资变化一目了然, 在要进行设计变更时, 能马上知道它对工程造价的影响, 业主就能根据投资情况来决定是否变更, 或进行方案比较, 以决定最恰当的处理方法。

4.2 工程量清单编制

工程量清单是建设工程的分部分项工程项目、措施项目、其他项目、规费项目和税金项目的名称和相应数量等的明细清单, 由分部分项工程项目清单、措施项目清单、其他项目清单、规费和税金项目清单组成。在招投标阶段, 招标工程量清单为投标人的投标竞争提供了一个平等和共同的基础。工程量清单将要求投标人完成的工程项目及其相应工程实体数量全部列出, 为投标人提供拟建工程的基本内容、实体数量和质量要求等信息。这使所有投标人所掌握的信息相同, 受到的待遇是客观、公正和公平的。

4.2.1 分部分项工程项目清单编制

分部分项工程是分部工程和分项工程的总称。分部工程是单位工程的组成部分, 是按结构部位、路段长度及施工特点或施工任务将单位工程划分为若干分部的工程。例如, 砌筑工程分为砖砌体、砌块砌体、石砌体、垫层分部工程。分项工程是分部工程的组成部分, 是按不同施工方法、材料、工序及路段长度等将分部工程划分为若干个分项或项目的工程。例如, 砖砌体分为砖基础、砖砌、挖孔桩护壁、实心砖墙、多孔砖墙、空心砖墙、空斗墙、空花墙、填充墙、实心砖柱、多孔砖柱、砖检查井、零星砌砖、砖散水地坪、砖地沟和明沟等分项工程。

分部分项工程项目清单必须载明项目编码、项目名称、项目特征、计量单位和工程量。分部分项工程项目清单必须根据各专业工程工程量计算规范规定的项目编码、项目名称、项目特征、计量单位和工程量计算规则进行编制。其格式见表4.1，在分部分项工程项目清单的编制过程中，由招标人负责前六项内容填列，金额部分在编制招标控制价或投标报价时填列。

表4.1 分部分项工程和单价措施项目清单与计价表

工程名称：　　　　　　　标段：　　　　　　　　　　　　　　　　第 页 共 页

序号	项目编码	项目名称	项目特征	计量单位	工程量	金　　额		
						综合单价	合价	其中：暂估价

注：为计取规费等的使用，可在表中增设"定额人工费"。

1. 项目编码

项目编码是分部分项工程和措施项目清单名称的阿拉伯数字标识。清单项目编码以五级编码设置，用12位阿拉伯数字表示。一、二、三、四级编码为全国统一编码，即第1至第9位应按工程量计算规范附录的规定设置；第五级即第10至第12位为工程量清单项目名称顺序码，应根据拟建工程的工程量清单项目名称设置，不得有重号，这3位工程量清单项目名称顺序码由招标人针对招标工程项目具体编制，并应自001起顺序编制。

各级编码代表的含义如下：

（1）第一级表示专业工程代码（分二位）；

（2）第二级表示附录分类顺序码（分二位）；

（3）第三级表示分部工程顺序码（分二位）；

（4）第四级表示分项工程项目名称顺序码（分三位）；

（5）第五级表示工程量清单项目名称顺序码（分三位）。

项目编码结构图如图4.1所示（以房屋建筑与装饰工程为例）。

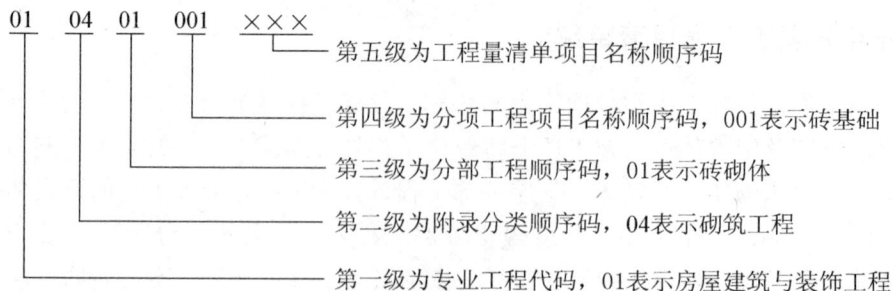

图4.1 项目编码结构图

　　当同一标段（或合同段）的一份工程量清单中含有多个单位工程且工程量清单以单位工程为编制对象时，在编制工程量清单时应特别注意对项目编码第10至第12位的设置不得有重码的规定。例如，一个标段（或合同段）的工程量清单中含有三个单位工程，每一单位工程中都有项目特征相同的实心砖墙砌体，在工程量清单中又需反映三个不同单位工程的实心砖墙砌体工程量时，则第一个单位工程的实心砖墙的项目编码应为010401003001，第二个单位工程的实心砖墙的项目编码应为010401003002，第三个单位工程的项目编码应为010401003003，并分别列出各单位工程实心砖墙的工程量。

　　2. 项目名称

　　分部分项工程项目清单的项目名称应按各专业工程量计算规范附录的项目名称结合拟建工程的实际确定。附录表中的"项目名称"为分项工程项目名称，是形成分部分项工程项目清单项目名称的基础。即在编制分部分项工程项目清单时，以附录中的分项工程项目名称为基础，考虑该项目的规格、型号、材质等特征要求，结合拟建工程的实际情况，使其工程项目清单项目名称具体化、细化，以反映影响工程造价的主要因素。例如，"门窗工程"中"特种门"应区分"冷藏门""冷冻闸门""保温门""变电室门""隔音门""防射线门""人防门""金库门"等。清单项目名称应表达详细、准确，各工程量计算规范中的分项工程项目名称如有缺陷，招标人可做补充，并报当地工程造价管理机构（省级）备案。

　　3. 项目特征

　　项目特征是指构成分部分项工程项目、措施项目自身价值的本质特征。项目特征是对项目的准确描述，是确定一个清单项目综合单价不可缺少的重要依据，是区分清单项目的依据，是履行合同义务的基础。分部分项工程项目清单的项目特征应按各专业工程量计算规范附录中规定的项目特征，结合技术规范、标准图集、施工图纸，按照工程结构、使用材质及规格或安装位置等，予以详细而准确的表述和说明。凡项目特征中未描述的其他独有特征，由清单编制人视项目具体情况确定，以准确描述清单项目为准。

　　在各工程量计算规范附录中还有关于各清单项目工程内容的描述。工程内容是指完成清单项目可能发生的具体工作和操作程序，但应注意的是，在编制分部分项工程项目清单时，工程内容通常无须描述，因为在工程量计算规范中，工程量清单项目与工程量计算规则、工程内容有一一对应关系，当采用工程量计算规范这一标准时，工程内容均有规定。

　　4. 计量单位

　　计量单位应采用基本单位，除各专业另有特殊规定外均按以下单位计量：

　　（1）以重量计算的项目——吨或千克（t 或 kg）；

　　（2）以体积计算的项目——立方米（m^3）；

　　（3）以面积计算的项目——平方米（m^2）；

　　（4）以长度计算的项目——米（m）；

　　（5）以自然计量单位计算的项目——个、套、块、樘、组、台……

（6）没有具体数量的项目——宗、项……

各专业有特殊计量单位的，再另外加以说明，当计量单位有两个或两个以上时，应根据所编工程项目清单的特征要求，选择最适宜表现该项目特征并方便计量的单位。

例如：门窗工程计量单位为"樘、m²"两个计量单位，在实际工作中，就应选择最适宜、最方便计量和组价的单位来表示。

计量单位的有效位数应遵守下列规定：

（1）以"t"为单位，应保留三位小数，第四位小数四舍五入。

（2）以"m³""m²""m""kg"为单位，应保留两位小数，第三位小数四舍五入。

（3）以"个""项"等为单位，应取整数。

5. 工程量

工程量主要根据工程量计算规则计算得到。工程量计算规则是指对工程项目清单工程量计算的规定。除另有说明外，所有工程项目清单的工程量应以实体工程量为准，并以完成后的净值计算；投标人投标报价时，应在单价中考虑施工中的各种损耗和需要增加的工程量。

根据工程量清单计价及工程量计算规范的规定，工程量计算规则可以分为房屋建筑与装饰工程、仿古建筑工程、通用安装工程、市政工程、园林绿化工程、构筑物工程、矿山工程、城市轨道交通工程、爆破工程九大类。

以房屋建筑与装饰工程为例，其工程量计算规范中规定的分类项目包括土石方工程，地基处理与边坡支护工程，桩基工程，砌筑工程，混凝土及钢筋混凝土工程，金属结构工程，木结构工程，门窗工程，屋面及防水工程，保温、隔热、防腐工程，楼地面装饰工程，墙、柱面装饰与隔断、幕墙工程，天棚工程，油漆、涂料、裱糊工程，其他装饰工程，拆除工程，措施项目等，分别制定了它们的项目设置和工程量计算规则。

随着工程建设中新材料、新技术、新工艺等的不断涌现，工程量计算规范附录所列的工程量清单项目不可能包含所有项目。在编制工程量清单时，当出现工程量计算规范附录中未包括的清单项目时，编制人应做补充。在编制补充项目时应注意以下三个方面：

（1）补充项目的编码应按工程量计算规范的规定确定。具体做法如下：补充项目的编码由工程量计算规范的代码与B和三位阿拉伯数字组成，并应从001起顺序编制，例如房屋建筑与装饰工程如需补充项目，则其编码应从01B001开始顺序编制，同一招标工程的项目不得重码。

（2）在工程项目清单中应附补充项目的项目名称、项目特征、计量单位、工程量计算规则和工作内容。

（3）将编制的补充项目报省级或行业工程造价管理机构备案。

《房屋建筑与装饰工程工程量计算规范》（GB 50854—2013）中砖基础分部分项工程项目清单设置的具体形式见表4.2。

表4.2规定了砖基础工程量清单，给出9位清单编码、项目名称、项目特征、计量单位和计算规则规定。清单编制时应依据工程具体情况编制出12位编码实际项目砖基础清单。

表 4.2　砖基础分部分项工程项目清单设置的具体形式（编码：010401）

项目编码	项目名称	项目特征	计量单位	工程量计算规则	工作内容
010401001	砖基础	1. 砖品种、规格、强度等级； 2. 基础类型； 3. 砂浆强度等级； 4. 防潮层材料种类	m³	按设计图示尺寸以体积计算，包括附墙垛基础宽出部分体积，扣除地梁（圈梁）、构造柱所占体积，不扣除基础大放脚T形接头处的重叠部分以及嵌入基础内的钢筋、铁件、管道、基础砂浆防潮层和单个面积≤0.3 m²的孔洞所占体积，靠墙暖气沟的挑檐亦不增加。 基础长度：外墙按中心线，内墙按内墙净长线计算	1. 砂浆制作、运输； 2. 砌砖； 3. 防潮层铺设； 4. 材料运输

4.2.2　措施项目清单编制

1. 措施项目列项

措施项目是指为完成工程项目施工，发生于该工程施工准备和施工过程中的技术、生活、安全、环境保护等方面的项目。

措施项目清单应根据相关工程现行国家工程量计算规范的规定编制，并应根据拟建工程的实际情况列项。例如，《房屋建筑与装饰工程工程量计算规范》（GB 50854—2013）中规定的措施项目，包括脚手架工程，混凝土模板及支架（撑），超高施工增加，垂直运输，大型机械设备进出场及安拆，施工排水，施工降水，安全文明施工及其他措施项目。

通用措施项目可按表 4.3 选择列项。

表 4.3　通用措施项目一览表

序号	项 目 名 称
1	安全文明施工（含环境保护、文明施工、安全施工和临时设施）
2	夜间施工
3	二次搬运
4	冬雨季施工
5	大型机械设备进出场及安拆
6	施工排水
7	施工降水
8	地上、地下设施，建筑物的临时保护设施
9	已完工程及设备保护

2. 措施项目清单的格式

（1）措施项目清单的类别。措施项目费用的发生与使用时间、施工方法或者两个以上的工序相关，如安全文明施工费，夜间施工费，非夜间施工照明费，二次搬运费，冬雨季施工费，地上、地下设施费，建筑物的临时保护设施费，已完工程及设备保护费等。但是有些措施项目则是可以计算工程量的项目，如脚手架工程，混凝土模板及支架（撑），垂直运输、超高施工增加，大型机械设备进出场及安拆，施工排水、降水等，这类措施项目按照分部分项工程项目清单的方式采用综合单价计价，更有利于措施费的确定和调整。措施项目中可以计算工程量的项目（单价措施项目）宜采用分部分项工程项目清单的方式编制，列出项目编码、项目名称、项目特征、计量单位和工程量（见表4.1）；不能计算工程量的项目（总价措施项目），以"项"为计量单位进行编制（见表4.4）。

表4.4 总价措施项目清单与计价表

工程名称：　　　标 段：　　　　　　　　　　　　　　　　　　第　页　共　页

序号	项目编码	项 目 名 称	计算基础	费率	金 额/元	调整费率	调整后金额/元	备注
		安全文明施工费						
		夜间施工增加费						
		二次搬运费						
		冬雨季施工费						
		已完工程及设备保护费						
		合计						

编制人（造价人员）：　　　复核人（造价工程师）：

注：1. "计算基础"中安全文明施工费可为"定额基价""定额人工费"或"定额人工费+定额施工机具使用费"，其他项目可为"定额人工费"或"定额人工费+定额施工机具使用费"。

2. 按施工方案计算的措施费，若无"计算基础"和"费率"的数值，也可只填"金额"数值，但应在备注栏说明施工方案出处或计算方法。

（2）措施项目清单的编制依据。措施项目清单的编制需考虑多种因素，除工程本身的因素外，还涉及水文、气象、环境、安全等因素。措施项目清单应根据拟建工程的实际情况列项。若出现工程量计算规范中未列的项目，可根据工程实际情况补充。

措施项目清单的编制依据主要有：

① 施工现场情况、地勘水文资料、工程特点；

② 常规施工方案；

③ 与建设工程有关的标准、规范、技术资料；

④ 拟定的招标文件；

⑤ 建设工程设计文件及相关资料。

4.2.3　其他项目清单的编制

其他项目清单是指除分部分项工程项目清单、措施项目清单以外，因招标人的特殊要求而发生的与拟建工程有关的其他费用项目和相应数量的清单。工程建设标准的高低、工程的复杂程度、工程的工期长短、工程的组成内容、发包人对工程管理的要求等都会直接影响其他项目清单的具体内容。其他项目清单包括暂列金额、暂估价（包括材料暂估单价、工程设备暂估单价、专业工程暂估价）、计日工、总承包服务费。其他项目清单宜按照表4.5的格式编制，出现未包含在表格中的项目，可根据工程实际情况补充。

表4.5　其他项目清单与计价汇总表

工程名称：　　　　　标段：　　　　　　　　　　　　第　页　共　页

序号	项 目 名 称	金额/元	结算金额/元	备　注
1	暂列金额			
2	暂估价			
2.1	材料（工程设备）暂估单价/结算价			
2.2	专业工程暂估价/结算价			
3	计日工			
4	总承包服务费			
5	索赔与现场签证			
合计				

注：材料（工程设备）暂估单价计入清单项目综合单价，此处不汇总。

1. 暂列金额

暂列金额是招标人在工程量清单中暂定并包括在合同价款中的一笔款项。用于工程合同签订时尚未确定或者不可预见的所需材料、工程设备、服务的采购，施工中可能发生的工程变更、合同约定调整因素出现时的合同价款调整，以及发生的索赔、现场签证确认等的费用。不管采用何种合同形式，其理想的标准是，一份合同的价格就是其最终的竣工结算价格，或者至少两者应尽可能接近。我国规定对政府投资工程实行概算管理，经项目审批部门批复的设计概算是工程投资控制的刚性指标，即使商业性开发项目也有成本的预先控制问题，否则无法相对准确地预测投资的收益和科学合理地进行投资控制。但工程建设自身的特性决定了工程的设计需要根据工程进展不断地进行优化和调整，业主需求可能会随工程建设进展出现变化，工程建设过程还会存在一些不能预见、不能确定的因素。消化这些因素必然会影响合同价格的调整，暂列金额正是为这类不可避免的价格调整而设立的，以便实现合理确定和有效控制工程造价的目标。设立暂列金额并不能保证合同结算价格就不会再出现超过合同价格的情况，是否超出合同价格完全取决于工程量清单编制人对暂列金额预测的准确性，以及工程建设过程中是否出现了其他事先未预测到的事件。

暂列金额应根据工程特点，按有关计价规定估算。暂列金额可按照表 4.6 的格式列示。

表 4.6　暂列金额明细表

工程名称：　　　　　标段：　　　　　　　　　　　　　　第　页　共　页

序号	项 目 名 称	计量单位	暂定金额/元	备注
1				
2				
合计				

注：此表由招标人填写，如不能详列，也可只列暂定金额总额，投标人应将上述暂列金额计入投标总价中。

2. 暂估价

暂估价是指招标人在工程量清单中提供的用于支付必然发生但暂时不能确定价格的材料、工程设备的单价以及专业工程的金额，包括材料暂估单价、工程设备暂估单价和专业工程暂估价。暂估价类似于国际咨询工程师联合会（法文缩写 FIDIC）合同条款中的 Prime Cost Items，在招标阶段预见肯定要发生，只是因为标准不明确或者需要由专业承包人完成，暂时无法确定价格。

暂估价数量和拟用项目应当结合工程量清单中的"暂估价表"予以补充说明。为方便合同管理，需要纳入分部分项工程项目清单综合单价中的暂估价应只是材料、工程设备暂估单价，以方便投标人组价。专业工程暂估价一般应是综合暂估价，同样包括人工费、材料费、施工机具使用费、企业管理费和利润，不包括规费和税金。总承包招标时，专业工程设计深度往往是不够的，一般需要交由专业设计人员设计，在国际社会，出于对提高可建造性的考虑，一般由专业承包人负责设计，以发挥其专业技能和专业施工经验的优势。这类专业工程交由专业分包人完成在国际工程施工中有良好实践，目前在我国工程建设领域也已经比较普遍。公开透明、合理地确定这类暂估价的实际金额的最佳途径，就是通过施工总承包人与工程建设项目招标人共同组织的招标。

暂估价中的材料、工程设备暂估单价应根据工程造价信息或参照市场价格估算，列出明细表；专业工程暂估价应分不同专业，按有关计价规定估算，列出明细表。暂估价可按照表 4.7、表 4.8 的格式列示。

表 4.7　材料（工程设备）暂估单价及调整表

工程名称：　　　　　　　标段：　　　　　　　　　　　　　　　　第　页　共　页

序号	材料（工程设备）名称、规格、型号	计量单位	数量		暂估/元		确认/元		差额±/元		备注
			暂估	确认	单价	合价	单价	合价	单价	合价	
合计											

注：此表由招标人填写"暂估单价"，并在备注栏说明暂估价的材料、工程设备拟用在哪些清单项目上，投标人应将上述材料、工程设备暂估价计入工程量清单综合单价报价中。

表 4.8　专业工程暂估价及结算价表

工程名称：　　　　　　　标段：　　　　　　　　　　　　　　　　第　页　共　页

序号	工程名称	工程内容	暂估金额/元	结算金额/元	差额±/元	备注
合计						

注：此表"暂估金额"由招标人填写，投标人应将"暂估金额"计入投标总价中。结算时按合同约定结算金额填写。

3. 计日工

计日工是指在施工过程中，承包人完成发包人提出的工程合同范围以外的零星项目或工作，按合同中约定的单价计价的一种方式。计日工是为了解决现场发生的零星工作的计价问题而设立的。国际上常见的标准合同条款中，大多数都设立了计日工计价机制。计日工对完成零星工作所消耗的人工工时、材料数量、施工机具台班进行计量，并按照总承包服务费中填报的适用项目的单价进行计价支付。计日工适用的所谓零星项目或工作一般是指合同约定之外的或者因变更而产生的、工程量清单中没有相应项目的额外工作，尤其是那些难以事先商定价格的额外工作。

计日工应列出项目名称、计量单位和暂估数量。计日工表可按照表 4.9 的格式列示。

结算时，按发、承包双方确认的实际数量计算合价。

4. 总承包服务费

总承包服务费是指总承包人为配合、协调发包人进行的专业工程发包，对发包人自行采购的材料、工程设备等进行保管以及施工现场管理、竣工资料汇总整理等服务所需的费用。招标人应预计该项费用并按投标人的投标报价向投标人支付该项费用。

总承包服务费应列出服务项目及其内容等。总承包服务费计算表按照表 4.10 的格式列示。

表 4.9　计日工表

工程名称：　　　　标段：　　　　　　　　　　　　　第　页　共　页

编号	项目名称	单位	暂定数量	实际数量	综合单价/元	合　价/元	
						暂定	实际
一	人　工						
1							
2							
	人工小计						
二	材料						
1							
2							
	材料小计						
三	施工机具						
1							
2							
	施工机具小计						
	四、企业管理费和利润						
	总计						

注：此表"项目名称""暂定数量"由招标人填写，编制招标控制价时，单价由招标人按有关计价规定确定；投标时，单价由投标人自主报价，按暂定数量计算合价计入投标总价中。

表 4.10　总承包服务费计算表

工程名称：　　　　标段：　　　　　　　　　　　　　第　页　共　页

序号	项目名称	项目价值/元	服务内容	计算基础	费率	金额/元
1	发包人发包专业工程					
2	发包人提供材料					
	合计					

注：此表"项目名称""服务内容"由招标人填写，编制招标控制价时，费率及金额由招标人按有关计价规定确定；投标时，费率及金额由投标人自主报价，计入投标总价中。

4.2.4 规费、税金项目清单的编制

规费项目清单应按照下列内容列项：社会保险费，包括养老保险费、失业保险费、医疗保险费、工伤保险费、生育保险费；住房公积金；工程排污费。出现《计价规范》中未列的项目，应根据省级政府或省级有关权力部门的规定列项。

税金项目清单应包括增值税。出现《计价规范》中未列的项目，应根据税务部门的规定列项。规费、税金项目计价表见表4.11。

表4.11 规费、税金项目计价表

工程名称：　　　　　标段：　　　　　　　　　　　　　　第 页 共 页

序号	项目名称	计算基础	计算基数	费率	金额/元
1	规费	定额人工费			
1.1	社会保险费	定额人工费			
（1）	养老保险费	定额人工费			
（2）	失业保险费	定额人工费			
（3）	医疗保险费	定额人工费			
（4）	工伤保险费	定额人工费			
（5）	生育保险费	定额人工费			
1.2	住房公积金	定额人工费			
1.3	工程排污费	按工程所在地环境保护部门收取标准，按实际计入			
2	税金（增值税）	人工费＋材料费＋施工机具使用费＋企业管理费＋利润＋规费			
	合计				

编制人（造价人员）：　　　　复核人（造价工程师）：

4.3 工程量清单示例

某工程分部分项工程量清单见表4.12。

表 4.12　某工程分部分项工程量清单

序号	项目编码	项目名称	项目特征描述	计量单位	工程数量	金额/元		
						综合单价	合价	其中:暂估价
			A.1 土（石）方工程					
1	010101001001	平整场地	Ⅱ、Ⅲ类土综合，土方就地挖填找平	m²	1 792			
2	010101004001	挖基础土方	Ⅲ类土，条形基础，垫层底宽 2 m，挖土深度 4 m 以内，弃土运距 10 km	m³	1 432			
			（其他略）					
			分部小计					
			A.2 桩与地基基础工程					
3	010302001001	混凝土灌注桩	人工挖孔，二级土，桩长 10 m，有护壁段长 9 m，共 42 根，桩直径 1 000 mm，扩大头直径 1 100 mm，桩混凝土为 C25，护壁混凝土为 C20	m	420			
			（其他略）					
			分部小计					
			A.3 砌筑工程					
4	010401001001	砖基础	M10 水泥砂浆砌条形基础，深度 2.8~4 m，MU15 页岩砖 240 mm × 115 mm × 53 mm	m³	239			
5	010401003001	实心砖墙	M7.5 混合砂浆砌实心墙，MU15 页岩砖 240 mm × 115 mm × 53 mm，墙体厚度 240 mm	m³	2 037			
			（其他略）					
			分部小计					
			A.4 混凝土及钢筋混凝土工程					
6	010503001001	基础梁	C30 混凝土基础梁，梁底标高 −1.55 m，梁截面 300 mm × 600 mm，250 mm × 500 mm	m³	208			
7	010515001001	现浇混凝土钢筋	螺纹钢 Q235，ϕ14	t	58			

续表

序号	项目编码	项目名称	项目特征描述	计量单位	工程数量	综合单价	合价	其中：暂估价
						金额/元		
			（其他略）					
			分部小计					
			C.2 电气设备安装工程					
8	030404035001	插座安装	单相三孔插座，250V/10A	个	1 224			
9	030412001001	电气配管	砖墙暗配 PC20 阻燃 PVC 管	m	9 858			
			（其他略）					
			分部小计					
			C.8 给排水安装工程					
10	031001006001	塑料给水管安装	室内 DN20/PP—R 给水管，热熔连接	m	1 569			
11	03001006002	塑料排水管安装	室内 φ110UPVC 排水管，承插胶粘接	m	849			
			（其他略）					
			分部小计					

4.4 工程量清单计价

实行工程量清单计价招标投标的建设工程，其招标控制价的确定、投标报价的编制、合同价款的确定与调整、工程结算均应按《计价规范》和各专业工程量计算规范执行。

4.4.1 招标控制价

招标控制价是招标人根据国家或省级、行业建设主管部门颁发的有关计价依据和办法，以及拟定的招标文件和招标工程量清单，结合工程具体情况编制的招标工程的最高投标限价。

1. 招标控制价的编制原则

按《计价规范》规定，国有资金投资的建设工程招标，招标人必须编制招标控制价。

招标控制价应由具有编制能力的招标人或受其委托具有相应资质的工程造价咨询人编制和复核。工程造价咨询人接受招标人委托编制招标控制价，不得再就同一工程接受投标人委托编制投标报价。

2. 招标控制价的编制方法

招标控制价的编制应按分部分项工程费、措施项目费、其他项目费、规费和税金五部分公布相应合计金额。

（1）招标控制价应依据工程所在地预算定额和相关计价办法及《工程造价信息》或参照市场价格进行编制。

（2）分部分项工程费的企业管理费、利润应按工程所在地现行定额费率标准执行。

（3）措施项目应按招标文件中提供的措施项目清单确定，措施项目采用分部分项工程综合单价形式进行计价的工程量，应按措施项目清单中的工程量确定综合单价。以"项"为单位的方式计价的，价格包括除规费、税金以外的全部费用。措施项目费中的安全文明施工费应当按照国家或省级、行业建设主管部门的规定标准计价。

（4）招标人列出的暂估价应按工程所在省、市及地方规定的暂估价比例确定。

（5）编制招标控制价时，计日工中的人工单价和施工机械台班单价应按省级、行业建设主管部门或其授权的工程造价管理机构公布的单价计算；材料应按工程造价管理机构发布的工程造价信息中的材料单价计算，工程造价信息未发布材料单价的，其价格应按市场调查确定的单价计算。

（6）规费和税金应按国家或省级、行业建设主管部门规定的标准计算。

（7）最高投标限价视同于招标控制价。

3. 招标控制价的应用

招标人应在招标文件中如实公布招标控制价，不得对所编制的招标控制价进行上浮或下调。为体现招标的公开、公平、公正性，防止招标人有意抬高或压低工程造价，给投标人以错误信息，招标人在招标文件中应公布招标控制价各组成部分的详细内容，不得只公布招标控制价总价，并应将招标控制价报工程所在地工程造价管理机构备查。

4.4.2 投标报价

工程投标是投标人通过投标竞争，获得工程承包权的一种方法。投标报价是指投标人投标时，响应招标文件要求所报出的对已标价工程量清单（或项目涉及的工作内容）汇总后标明的总价。它是投标人对拟建工程的期望价格。

投标报价的编制原则如下：

（1）投标报价应由投标人或受其委托具有相应资质的工程造价咨询人编制。

（2）投标人应依据行业部门的相关规定自主确定投标报价。

（3）执行工程量清单招标的，投标人必须按招标工程量清单填报价格。项目编码、项目名称、项目特征、计量单位、工程量必须与招标工程量清单一致。

（4）投标人的投标报价不得低于工程成本。

（5）投标人的投标报价高于招标控制价的应予废标。

4.4.3 工程合同价款的约定

1. 合同价款约定的一般规定

（1）实行招标的工程合同价款应在中标通知书发出之日起 30 天内，由发、承包双方依据招标文件和中标人的投标文件在书面合同中约定。

合同约定不得违背招标、投标文件中关于工期、造价、质量等方面的实质性内容。招标文件与中标人投标文件不一致的地方应以投标文件为准。

（2）不实行招标的工程合同价款，应在发承包双方认可的工程价款基础上，由发承包双方在合同中约定。

（3）实行工程量清单计价的工程，应采用单价合同；建设规模较小、技术难度较低、工期较短，且施工图设计已审查批准的建设工程可采用总价合同；紧急抢险、救灾以及施工技术特别复杂的建设工程可采用成本加酬金合同。

2. 约定的内容

在签订合同时，合同双方应就以下内容进行约定。

（1）预付工程款的数额、支付时间及抵扣方式。工程预付款是建设工程施工合同订立后由发包人按照合同约定，在正式开工前预先支付给承包人的工程款。其主要是作为发包人为解决承包人在施工准备阶段资金周转问题提供的协助。

① 工程预付款的支付额度。预付款可以是一个绝对数，如 100 万元，也可以是额度，如合同金额的 10%。每次付款金额应根据工程规模、工期长短等具体情况在合同中约定。

② 工程预付款的支付及抵扣时间。工程预付款的支付时间按合同约定，如合同签订后一个月支付或开工日前 7 天支付等。

工程款具有预支性质，所以将以抵扣方式扣回，即从每一个支付期应支付给承包人的工程进度款中扣回一部分，直到扣回的金额达到合同约定的预付款金额为止。常见的抵扣时间是当承包商累计完成了合同金额一定比例（如 20% ~30%）后，从应支付的工程进度款中按比例抵扣。

（2）安全文明施工费的支付计划、使用要求。安全文明施工费应专款专用，发包人应按相关规定合理支付，并写明使用要求。

（3）工程计量与支付工程价款的方式、额度及时间。

4.4.4 工程计量与价款支付

1. 工程计量

工程计量依据一般有质量合格证书、工程量清单前言、技术规范中的"计量支付"条款和设计图纸。也就是说，工程计量时必须以这些资料为依据。工程计量有如下规定：

（1）发包人认为需要进行现场计量核实时，应在计量前 24 小时通知承包人，承包人应为计量提供便利条件并派人参加。双方均同意核实结果时，则双方应在上述记录上签字确认。承包人收到通知后不派人参加计量，视为认可发包人的计量核实结果。发包人不按照约定时间通知承包人，致使承包人未能派人参加计量的，计量核实结果无效。

（2）当承包人认为发包人核实后的计量结果有误时，应在收到计量结果通知后的 7 天内向发包人提出书面意见，并附上其认为正确的计量结果和详细的计算资料。发包人收到书面意见后，应在 7 天内对承包人的计量结果进行复核后通知承包人。承包人对复核计量结果仍有异议的，按照合同约定的争议解决办法处理。

（3）承包人完成已标价工程量清单中每个项目的工程量并经发包人核实无误后，发、承包人应对每个项目的历次计量报表进行汇总，以核实最终结算工程量，并应在汇总表上签字确认。

2. 价款支付

工程款的计量与进度款支付均应在合同中约定时间和方式，如可按月计量或按工程形象部位（目标）分段计量，进度款支付周期与计量周期保持一致。约定的支付时间可以是计量后 7 天或 10 天；支付数额可以约定为已完工作量的 90%。

4.4.5 索赔与现场签证

《建设工程工程量清单计价规范》（GB 50500—2013）未对索赔范围做出限制，这与国际工程所指的广义索赔保持一致，即在合同履行过程中，对于非己方的过错而应由对方承担责任的情况造成的损失，向对方提出补偿的要求。建设工程施工中的索赔是发、承包双方行使正当权利的行为，承包人可向发包人索赔，发包人也可向承包人索赔。索赔是工程承包中经常发生并随处可见的正常现象。由于施工现场条件、气候条件的变化，施工进度的变化，以及合同条款、规范、标准文件和施工图纸的变更、差异、延误等因素的影响，使得工程承包中不可避免地出现索赔，进而导致项目的投资发生变化。因此，索赔的控制是建设工程施工阶段投资控制的重要手段。项目监理机构应及时收集、整理有关工程费用的原始资料，包括施工合同、采购合同、工程变更单、监理记录、监理工作联系单等，为处理费用索赔提供证据。

由于施工生产的特殊性，在施工过程中往往会出现一些与合同工程或合同约定不一致或未约定的事项，现场签证就是指发包人现场代表（或其授权的监理人、工程造价咨询人）与承包人现场代表就这类事项所做的签认证明。

4.4.6 合同价款的调整

发承包双方应当在施工合同中约定合同价款，实行招标工程的合同价款由合同双方依据中标通知书的中标价款在合同协议书中约定，不实行招标工程的合同价款由合同双方依据双方确定的施工图预算的总造价在合同协议书中约定。在工程施工阶段，由于项目实际情况的变化，发承包双方在施工合同中约定的合同价款可能会出现变动。为合理分配双方的合同价款变动风险，有效地控制工程造价，发承包双方应当在施工合同中明确约定合同价款的调整事件、调整方法及调整程序。

发承包双方按照合同约定调整合同价款的若干事项，大致包括五大类：

① 法规变化类，主要包括法律、法规变化事件；

② 工程变更类，主要包括工程变更、项目特征不符、工程量清单缺项、工程量偏差、计日工等事件；

③ 物价变化类，主要包括物价波动、暂估价事件；

④工程索赔类，主要包括不可抗力、提前竣工（赶工补偿）、误期赔偿、索赔等事件；

⑤ 其他类，主要包括现场签证以及发承包双方约定的其他调整事项，现场签证根据签证内容，有的可归于工程变更类，有的可归于索赔类，有的可能不涉及合同价款调整。

经发承包双方确认调整的合同价款，作为追加（减）合同价款，应与工程进度款或结算款同期支付。

1. 合同价款应当调整的事项

以下事项发生时，发承包双方应当按照合同约定调整合同价款：

（1）法律、法规变化；

（2）工程变更；

（3）项目特征不符；

（4）工程量清单缺项；

（5）工程量偏差；

（6）计日工；

（7）物价变化；

（8）暂估价；

（9）不可抗力；

（10）提前竣工（赶工补偿）；

（11）误期赔偿；

（12）索赔；

（13）现场签证；

（14）暂列金额；

（15）发承包双方约定的其他调整事项。

如果发包人与承包人对合同价款调整的不同意见不能达成一致，只要对发承包双方不产生实质影响，双方应继续履行合同义务，直到其按照合同约定的争议解决方式得到处理。关于合同价款调整后的支付原则，《建设工程工程量清单计价规范》（GB 50500—2013）做了如下规定：经发承包双方确认调整的合同价款，作为追加（减）合同价款，与工程进度款或结算款同期支付。

2. 法律、法规变化

施工合同履行过程中经常出现法律、法规变化引起的合同价格调整问题。

招标工程以投标截止日前 28 天，非招标工程以合同签订前 28 天为基准日，其后因国家的法律、法规、规章和政策发生变化引起工程造价增减变化的，发承包双方应当按照省级或行业建设主管部门或其授权的工程造价管理机构据此发布的规定调整合同价款。

但承包人的原因导致工期延误的，按上述规定的调整时间，在合同工程原定竣工时间之后，合同价款调增的不予调整，合同价款调减的予以调整。

此外，如果发承包双方在商议有关合同价格和工期调整时无法达成一致的，《建设工程施工合同（示范文本）》（GF—2013—0201）在处理该问题时，借鉴了 FIDIC 合同与《中华人民共和国标准施工招标文件》（2007 年版）的做法，即双方可以在合同中约定由总监理工程师承担商定与确定的组织和实施责任。

3. 项目特征不符

（1）项目特征描述。项目的特征描述是确定综合单价的重要依据之一，承包人在投标报价时应依据发包人提供的招标工程量清单中的项目特征描述，确定其清单项目的综合单价。发包人在招标工程量清单中对项目特征的描述，应认为是准确和全面的，并且与实际施工要求相符合。承包人应按照发包人提供的招标工程量清单，根据其项目特征描述的内容及有关要求实施合同工程，直到其被改变为止。

（2）合同价款的调整方法。承包人应按照发包人提供的设计图纸实施合同工程，若在合同履行期间，出现设计图纸（含设计变更）与招标工程量清单任一项目的特征描述不符，且该变化引起该项目的工程造价增减变化的，发承包双方应当按照实际施工的项目特征，重新确定相应工程量清单项目的综合单价，调整合同价款。

4. 工程量清单缺项

（1）清单缺项、漏项的责任。招标工程量清单必须作为招标文件的组成部分，其准确性和完整性由招标人负责。因此，招标工程量清单是否准确和完整，其责任应当由提供工程量清单的发包人负责，作为投标人的承包人不应承担因工程量清单的缺项、漏项以及计算错误带来的风险与损失。

（2）合同价款的调整方法。

① 分部分项工程费的调整。施工合同履行期间，由于招标工程量清单中分部分项工程出现缺项、漏项，造成新增工程清单项目的，应按照工程变更事件中关于分部分项工程费的调整方法，调整合同价款。

② 措施项目费的调整。新增分部分项工程量清单项目后，引起措施项目发生变化的，应当按照工程变更事件中关于措施项目费的调整方法，在承包人提交的实施方案被发包人批准后，调整合同价款；招标工程量清单中措施项目缺项的，承包人应将新增措施项目实施方

案提交发包人批准后，按照工程变更事件中的有关规定调整合同价款。

5. 工程量偏差

工程量偏差是指承包人根据发包人提供的图纸（包括由承包人提供经发包人批准的图纸）进行施工，按照现行国家计量规范规定的工程量计算规则，计算得到的完成合同工程项目应予计量的工程量与相应的招标工程量清单项目列出的工程量之间的量差。

《建设工程工程量清单计价规范》（GB 50500—2013）对这部分的规定如下：

（1）合同履行期间，当予以计算的实际工程量与招标工程量清单出现偏差，且符合下述两条规定的，发承包双方应调整合同价款。

（2）对于任一招标工程量清单项目，如果因工程量偏差和工程变更等导致工程量偏差超过 15% 时，可进行调整。当工程量增加 15% 以上时，增加部分的工程量的综合单价应予调低；当工程量减少 15% 以上时，减少后剩余部分的工程量的综合单价应予调高。

（3）如果工程量出现超过 15% 的变化，且该变化引起相关措施项目相应发生变化时，按系数或单一总价方式计价的，工程量增加的，措施项目费调增，工程量减少的，措施项目费调减。

4.4.7　工程竣工结算

工程完工后，发承包双方必须在合同约定时间内办理工程竣工结算。工程竣工结算由承包人或受其委托具有相应资质的工程造价咨询人编制，由发包人或受其委托具有相应资质的工程造价咨询人核对。工程竣工结算办理完毕，发包人应将工程竣工结算文件报送工程所在地工程造价管理机构（或有该工程管辖权的行业管理部门）备案，工程竣工结算文件作为工程竣工验收备案、交付使用的必备文件。

1. 工程竣工结算的编制依据

工程竣工结算的编制依据有：

（1）《建筑工程工程量清单计价规范》（GB 50500—2013）、《通用安装工程工程量计算规范》（GB 50856—2013）；

（2）工程合同；

（3）发承包双方实施过程中已确认的工程量及其结算的合同价款；

（4）发承包双方实施过程中已确认调整后追加（减）的合同价款；

（5）建设工程设计文件及相关资料；

（6）投标文件；

（7）其他依据。

2. 工程竣工结算的计价原则

（1）分部分项工程和措施项目中的单价项目应依据双方确认的工程量与已标价工程量清单的综合单价计算；如发生调整的，应以发承包双方确认调整的综合单价计算。

（2）措施项目中的总价项目应依据已标价工程量清单的项目和金额计算；发生调整的，

应以发承包双方确认调整的金额计算，其中安全文明施工费应按国家或省级、行业建设主管部门的规定计算。

（3）其他项目应按下列规定计价：

① 计日工应按发包人实际签证确认的事项计算；

② 暂估价应按《计价规范》相关规定计算；

③ 总承包服务费应依据已标价工程量清单的金额计算；发生调整的，应以发承包双方确认调整的金额计算；

④ 索赔费用应依据发承包双方确认的索赔事项和金额计算；

⑤ 现场签证费用应依据发承包双方签证资料确认的金额计算；

⑥ 暂列金额应减去工程价款调整（包括索赔、现场签证）金额计算，如有余额归发包人。

（4）规费和税金按国家或省级、建设主管部门的规定计算。规费中的工程排污费应按工程所在地环境保护部门规定标准缴纳后按实列入。

（5）发承包双方在合同工程实施过程中已经确认的工程计量结果和合同价款，在工程竣工结算办理中应直接进入结算。

3. 工程竣工结算的程序

合同工程完工后，承包方应在经发承包双方确认的合同工程期中价款结算的基础上汇总编制完成竣工结算文件，并在合同约定的时间内，提交竣工验收申请的同时向发包人提交竣工结算文件。

承包人未在合同约定的时间内提交竣工结算文件，经发包人催告后14天内仍未提交或没有明确答复，发包人有权根据已有资料编制竣工结算文件，作为办理竣工结算和支付结算款的依据，承包人应予以认可。

发包人应在收到承包人提交的竣工结算文件后的28天内核对。发包人经核实，认为承包人还应进一步补充资料和修改结算文件的，应在上述时限内向承包人提出核实意见，承包人在收到核实意见后的28天内按照发包人提出的合理要求补充资料，修改竣工结算文件，并应再次提交发包人复核后批准。

发包人应在收到承包人再次提交的竣工结算文件后的28天内予以复核，并将复核结果通知承包人。若发承包双方对复核结果无异议的，应在7天内在竣工结算文件上签字确认，竣工结算办理完毕。若发包人或承包人对复核结果认为有误的，无异议部分按照上述规定办理不完全竣工结算；有异议部分由发承包双方协商解决；协商不成的，按照合同约定的争议解决方式处理。

发包人在收到承包人竣工结算文件后的28天内，不核对竣工结算或未提出核对意见的，应视为承包人提交的竣工结算文件已被发包人认可，竣工结算办理完毕。

承包人在收到发包人提出的核实意见后的28天内，不确认也未提出异议的，应视为发包人提出的核实意见已被承包人认可，竣工结算办理完毕。

4. 工程竣工结算款支付

（1）承包人提交竣工结算款支付申请。承包人应根据办理的竣工结算文件，向发包人提交竣工结算款支付申请。申请应包括下列内容：

① 竣工结算合同价款总额；

② 累计已实际支付的合同价款；

③ 应预留的质量保证金；

④ 实际应支付的竣工结算款金额。

（2）发包人签发竣工结算支付证书与支付结算款。发包人应在收到承包人提交竣工结算款支付申请后的 7 天内予以核实，向承包人签发竣工结算支付证书，并在签发竣工结算支付证书后的 14 天内，按照竣工结算支付证书列明的金额向承包人支付结算款。

发包人在收到承包人提交的竣工结算款支付申请后的 7 天内不予核实，不向承包人签发竣工结算支付证书的，视为承包人的竣工结算款支付申请已被发包人认可；发包人应在收到承包人提交的竣工结算款支付申请 7 天后的 14 天内，按照承包人提交的竣工结算款支付申请列明的金额向承包人支付结算款。

发包人未按照上述规定支付竣工结算款的，承包人可催告发包人支付，并有权获得延迟支付的利息。发包人在竣工结算支付证书签发后或者在收到承包人提交的竣工结算款支付申请 7 天后的 56 天内仍未支付的，除法律另有规定外，承包人可与发包人协商将该工程折价，也可直接向人民法院申请将该工程依法拍卖。承包人应就该工程折价或拍卖的价款优先受偿。

5. 质量保证金

发包人应按照合同约定的质量保证金比例从结算款中扣留质量保证金。承包人未按照合同约定履行属于自身责任的工程缺陷修复义务的，发包人有权从质量保证金中扣留用于缺陷修复的各项支出。经查验，工程缺陷属于发包人原因造成的，应由发包人承担查验和缺陷修复的费用。在合同约定的缺陷责任期终止后，发包人应按照合同中最终结清的相关规定，将剩余的质量保证金返还给承包人。当然，剩余质量保证金的返还，并不能免除承包人按照合同约定应承担的质量保修责任和应履行的质量保修义务。

6. 最终结清

缺陷责任期终止后，承包人应按照合同约定向发包人提交最终结清支付申请。发包人对最终结清支付申请有异议的，有权要求承包人进行修正和提供补充资料。承包人修正后，应再次向发包人提交修正后的最终结清支付申请。发包人应在收到最终结清支付申请后的 14 天内予以核实，并应向承包人签发最终结清支付证书，并在签发最终结清支付证书后的 14 天内，按照最终结清支付证书列明的金额向承包人支付最终结清款。如果发包人未在约定的时间内核实，又未提出具体意见的，视为承包人提交的最终结清支付申请已被发包人认可。

发包人未按期最终结清支付的，承包人可催告发包人支付，并有权获得延迟支付的利息。最终结清时，如果承包人被扣留的质量保证金不足以抵减发包人工程缺陷修复费用的，承包人应承担不足部分的补偿责任。承包人对发包人支付的最终结清款有异议的，按照合同约定的争议解决方式处理。

7. 工程计价争议处理

由于影响工程项目的因素很多，为了避免在合同实施过程中合同双方因违约或因工程价款问题产生争议，合同中应约定解决产生争议的方法与时间。

争议解决的常用方法有协商、调解、仲裁和诉讼等。

（1）协商。协商是解决合同争执的最基本、最常见和最有效的方法。协商的特点是：简单，时间短，双方都不需额外花费，气氛平和。

争执通常表现在对索赔报告的分歧上，如双方对事实根据、索赔理由、干扰事件影响范围、索赔值计算方法看法不一致。因此，索赔方必须提交有说服力的索赔报告，并通过沟通与谈判，弄清干扰事件的实情，按合同条文辩明是非，确定各自责任，经过友好磋商，互作让步，解决索赔问题。

（2）调解。如果合同双方经过协商谈判不能就争议的解决达成一致，则可以邀请中间人进行调解。调解人经过分析索赔和反索赔报告，了解合同实施过程和干扰事件实情，按合同做出判断（调解决定），并劝说双方再进行商讨，互作让步，仍以和平的方式解决争执。

调解的特点是：由于调解人的介入，增加了索赔解决的公正性；灵活性较大，程序较为简单；节约时间和费用；双方关系比较友好，气氛平和。

在合同中，一般应约定调解机构。合同实施过程中，日常索赔争执的调解人通常为监理工程师。监理工程师在接受合同任何一方委托后，在合同约定的期限内做出调解意见，书面通知合同双方。如果双方认为调解决定是合理与公正的，在此基础上可再进行协商。对于较大的索赔，可以聘请知名的工程专家、法律专家，或请对双方都有影响的人物作调解人。

在我国，承包工程争执的调解通常还有以下两种形式：

① 行政调解。由合同管理机关、工商管理部门、业务主管部门等作为调解人。

② 司法调解。在仲裁和诉讼过程中，首先提出调解，并为双方接受。

调解在自愿的基础上进行，其结果无法律约束力。如合同一方对调解结果不满，可按合同关于争执解决的规定，在限定期限内提请仲裁或诉讼要求。

（3）仲裁。当争执双方不能通过协商和调解达成一致时，可按合同仲裁条款的规定，由双方约定的仲裁机关采用仲裁方式解决。仲裁作为正规的法律程序，其结果对双方都有约束力。在仲裁中可以对工程师所做的所有指令、决定和签发的证书等进行重新审议。

在我国，仲裁实行一裁终局制度。裁决做出后，当事人就同一争执再申请仲裁，或向人民法院起诉，则不再予以受理。

（4）诉讼。诉讼是指运用司法程序解决争执，由人民法院受理并行使审判权，对合同争执做出强制性判决。人民法院受理合同争执可能有如下几种情况：

① 合同双方没有仲裁协议，或仲裁协议无效，当事人一方可向人民法院提出起诉状。

② 虽有仲裁协议，当事人向人民法院提出起诉，未声明有仲裁协议；人民法院受理后另一方在首次开庭前对人民法院受理本案件未提出异议，则该仲裁协议被视为无效，人民法院继续受理。

③ 如果仲裁裁决被人民法院依法裁定撤销或不予执行。当事人可以向人民法院提出起诉，人民法院依法审理该争执。

人民法院在判决前再做一次调解，如仍然达不成一致，则依法判决。

8. 工程量清单计价的过程

(1) 计算分部分项工程费。

工程量清单计价是按照工程造价的构成分别计算各类费用，再经过汇总而得的。计算方法如下：

$$分部分项工程费 = \sum 分部分项工程量 \times 分部分项工程综合单价$$

(2) 计算措施项目费。

$$措施项目费 = \sum 措施项目工程量 \times 措施项目综合单价 + \sum 单项措施费$$

(3) 计算单位工程造价。

$$单位工程造价 = 分部分项工程费 + 措施项目费 + 其他项目费 + 规费 + 税金$$

(4) 计算单项工程造价。

$$单项工程造价 = \sum 单位工程造价$$

(5) 计算建设项目造价。

$$建设项目造价 = \sum 单项工程造价$$

9. 分项工程综合单价的计算程序

《计价规范》规定综合单价必须包括完成清单项目的全部费用，即施工方案等导致的增量费用应包含在综合单价内。由于工程量清单中的工程量不能变动，因此，在计算综合单价时，需要将增量费用分摊，进行组价，即由预算工程量乘以企业定额基价得出的总价应与清单工程量乘以综合单价得出的总价相等，两者的关系如图4.2所示。

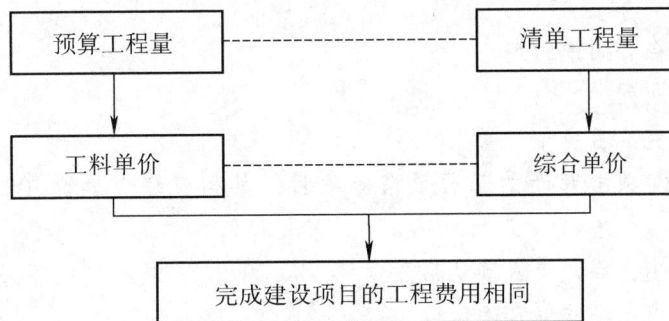

图 4.2　清单计价与预算计价的关系

127

复习思考题

一、选择题

1. 采用工程量清单方式招标，工程量清单（　　　）。

A. 只包括项目编码、项目名称、计量单位和工程量

B. 必须作为招标文件的组成部分

C. 应采用工料单价法计价

D. 其准确性和完整性由招标人和投标人共同负责

2. 按照《建设工程工程量清单计价规范》（GB 50500—2013）的规定，在工程量清单计价过程中，技术措施项目综合单价不包括（　　　）。

A. 利润

B. 风险的费用

C. 规费

D. 企业管理费

3. 工程量清单项目编码的第一级表示（　　　）代码。

A. 专业工程

B. 工程分类

C. 分部工程

D. 分项工程

4. 招标人在工程量清单中暂定并包括在合同价款中的款项，称为（　　　）。

A. 暂列金额

B. 暂估金额

C. 暂估价

D. 暂定价

5. 采用工程量清单计价方式的，竣工结算的工程量应按（　　　）的工程量确定。

A. 实际完成的

B. 发承包双方在合同中约定

C. 招标文件中所列

D. 承包人实际完成且应予计量

6. 工程量清单漏项引起新的工程量清单项目，其相应综合单价（　　　）作为结算的依据。

A. 由监理师提出，经发包人确认后

B. 由承包方提出，经发包人确认后

C. 由承包方提出，经监理师确认后

D. 由发包方提出，经监理师确认后

7. 实行招标的工程合同价款应在中标通知书发出的（　　）天内，由发承包双方依据招标文件和中标人的投标文件在书面合同中约定。

A. 30

B. 40

C. 45

D. 60

8. 工程量清单由于设计变更引起新的工程量清单项目，其相应综合单价（　　）作为结算的依据。

A. 由监理师提出，经发包人确认后

B. 由承包方提出，经发包人确认后

C. 由承包方提出，经监理师确认后

D. 由发包方提出，经监理师确认后

二、简答题

1. 什么叫工程量清单？工程量清单计价的作用有哪些？

2. 工程量清单的内容包含哪几方面？

3. 分部分项工程项目编码如何设置？

4. 工程量清单的标准格式由哪些部分组成？

5. 什么是分部分项工程量清单？

6. 措施项目清单包括哪些项目？

7. 工程量清单计价的费用由哪几部分构成？

8. 简述工程量清单计价的适用范围。

9. 投标报价的编制原则是什么？

10. 工程计价争议解决的方法有哪些？

11. 在签订合同时，双方应对哪些方面进行约定？

5 工程造价文件的编制

5.1 工程造价的编制

5.1.1 工程造价的编制依据

为合理、准确地确定工程费用，需要编制、收集、使用设计图纸、施工方案与施工组织设计、分项工程工程量、生产要素消耗量定额、各种生产要素的价格、工程合同文件等资料和数据。

（1）设计文件。设计文件提供了工程项目建设的自然条件，明确了工程项目建设的技术要求，是计算工程量、编制施工组织设计、确定施工方案、进行施工操作和工程验收的主要依据。

（2）施工组织设计及施工方案。施工组织设计主要考虑施工方法、施工机械设备及劳动力的配置、施工进度、质量保证措施、安全文明施工措施及工期保证措施，因此，它是计算施工工程量的主要依据，其科学性与合理性直接影响工程的施工成本。

（3）《建设工程工程量清单计价规范》（GB 50500—2013）。《建设工程工程量清单计价规范》（GB 50500—2013）是按照政府宏观调控、市场竞争形成价格的要求，结合我国的实际情况，考虑与国际惯例接轨而编制的。其对工程量清单的组成与编制、工程量清单计价等做出了规定。

工程量清单应由分部分项工程量清单、措施项目清单、其他项目清单、规费和税金项目清单组成。分部分项工程量清单包括项目编码、项目名称、项目特征、计量单位、工程数量等。详细内容见本书第四章。

（4）分项工程工程量。工程量是用物理的或自然的计量单位表示的分项工程的数量，是进行工程计价的重要依据。工程量可以分为清单工程量和施工工程量（或定额工程量、计价工程量）。前者是按照清单工程量计算规则以设计图示尺寸或数量计算的，是用来编制工程量清单的；后者是结合工程的施工组织设计和施工方案，在充分考虑施工的可行性与需要的条件下，依据定额工程量计算规则计算的，是确定工程造价的直接依据。

工程量的计算应依据设计图纸、各专业工程量清单计算规范、施工组织设计及施工方案等进行。

（5）生产要素消耗量定额。生产要素消耗量定额规定了完成单位合格建筑产品（分项工程）所需的人工、材料和施工机械设备的数量，是计算工程直接工程费的依据。

按照编制主体及适用范围的不同，生产要素消耗量定额可以分为全国或地区统一定额和企业定额。前者是各级造价管理部门按照社会平均水平制定的，如概算定额、预算定额等均属于此类；后者是各个企业参照全国或地区统一定额的项目划分、计量单位等根据自身情况确定的。

（6）生产要素价格。在确定了各分项工程生产要素消耗量之后，可以依据生产要素的市场信息价格或市场价格确定分项工程的直接工程费，进而计算单位工程直接工程费。

由于生产要素的种类繁多，所以，其价格的收集、整理是工程造价管理日常工作的重要内容。

（7）费用指标。费用指标是计算除直接工程费之外各项费用的依据。费用指标可以按照规定的方法由企业根据自身实际情况自主确定（不包括规费和税金），也可以由工程造价管理部门制定供企业参考使用。

（8）工程合同文件。工程合同文件明确规定了工程的承发包范围、工程造价的确定方式、工期与质量要求、工程付款方式、违约责任等工程建设中的主要问题，是编制施工组织设计及施工方案、分析工程建设风险、结算工程价款的依据，在工程招标投标过程中发挥着重要作用。

（9）其他。在进行工程估价过程中，还需要收集国家有关工程造价管理的法律、法规，如《中华人民共和国建筑法》《中华人民共和国合同法》《中华人民共和国价格法》《中华人民共和国招标投标法》《建筑工程施工发包与承包计价管理办法》（建设部令第 16 号）及直接涉及工程造价的与工程质量有关的工程造价指标（投资估算指标、概算指标等）等资料或数据，以确定或审核工程造价。

5.1.2 工程造价的编制方法

根据中华人民共和国住房和城乡建设部、财政部颁布的《关于印发〈建筑安装工程费用项目组成〉的通知》（建标〔2013〕44 号）文件的规定，工程造价的编制方法主要有概预算定额估价法和工程量清单计价法。

1. 概预算定额估价法

概预算定额估价法是利用国家或地区颁布的概预算定额、概预算单价进行工程造价计算的一种方法。其进行工程估价的基本环节包括：

① 计算定额（施工）工程量：指依据设计图纸、施工方案与施工组织设计及工程量计算规则计算各分项工程的数量。

② 套用定额：即用各分项工程的定额（施工）工程量乘以根据概预算定额和各个生产要素的预算价格确定的分项工程的预算单价，汇总后得出单位工程的人工费、材料费和施工机械使用费之和。

③ 计算费用：在步骤②计算结果的基础上，按照既定的程序计算工程施工所需的其他各项费用、利润和税金，汇总后得出工程造价。

上述概预算定额、生产要素的预算价格、费用计算程序都是由造价管理部门制定的。因此，概预算定额估价法是我国计划经济时期使用的一种计价方法，在市场经济条件下需要对其进行改革。

2. 工程量清单计价法

工程量清单计价法是建设工程招标投标工作中，由招标人或其委托的有资质的中介机构按照国家统一的工程量计算规则提供反映工程实体数量和措施性消耗的工程量清单，并作为招标文件的一部分提供给投标人，由投标人根据企业定额合理确定人工、材料、施工机械等要素的投入与配置，合理安排、确定现场管理和施工技术措施，依据各生产要素的市场价格和企业自身的实际情况自主确定工程造价的计价方式。

工程量清单计价法是国际上较为通行的方法，其改变了企业过分依赖国家或地区预算定额的状况，鼓励企业根据自身的条件编制企业定额，依据市场价格自主报价。它通过公开竞争形成价格的形式更加准确地反映工程成本和企业竞争能力，同时对从事工程量清单报价编制的人员提出了更新和更高的要求，有利于提高我国的工程造价管理水平。

按照我国《建设工程工程量清单计价规范》（GB 50500—2013）的规定，工程量清单计价采用综合单价计价法，综合单价是指完成一个规定清单项目所需的人工费、材料费、工程设备费、施工机械使用费、企业管理费、利润以及一定范围内的风险费用。

5.2 投资估算与设计概算

设计概算是确定建设项目投资、安排建设工程计划的主要依据，它是初步设计文件的主要组成部分。设计概算及修正概算由设计单位根据概算定额和有关规定进行编制，由建设单位按分级管理限额的规定报建设行政主管部门批准。设计概算不得任意突破。在项目建议书和可行性研究阶段，应当编制投资估算。投资估算是对建设项目进行投资决策的依据，一经批准，不得任意突破。

5.2.1 投资估算的含义及作用

1. 投资估算的含义

投资估算是指在投资决策阶段，以方案设计或可行性研究文件为依据，按照规定的程序、方法和依据，对拟建项目所需总投资及其构成进行的预测和估计，是在研究并确定项目的建设规模、产品方案、技术方案、工艺技术、设备方案、厂址方案、工程建设方案以及项目进度计划等的基础上，依据特定的方法，估算项目从筹建、施工直至建成投产所需全部建设资金总额并测算建设期各年资金使用计划的过程。投资估算的成果文件称为投资估算书，也简称为投资估算。投资估算书是项目建议书或可行性研究报告的重要组成部分，是项目决策的重要依据之一。

投资估算按委托内容可分为建设项目的投资估算、单项工程投资估算和单位工程投资估算。投资估算的准确与否不仅会影响可行性研究工作的质量和经济评价结果，而且直接关系到下一阶段设计概算和施工图预算的编制，以及建设项目的资金筹措方案。因此，全面、准确地估算建设项目的工程造价，是可行性研究乃至整个决策阶段造价管理的重要任务。

2. 投资估算的作用

投资估算作为论证拟建项目的重要经济文件，既是建设项目技术经济评价和投资决策的重要依据，又是该项目实施阶段投资控制的目标值。投资估算在建设工程的投资决策、造价控制、筹集资金等方面都具有重要作用。

（1）项目建议书阶段的投资估算，是项目主管部门审批项目建议书的依据之一，也是编制项目规划、确定建设规模的参考依据。

（2）项目可行性研究阶段的投资估算，是项目投资决策的重要依据，也是研究、分析、计算项目投资经济效果的重要条件。当可行性研究报告被批准后，其投资估算额将作为设计任务书中下达的投资限额，即建设项目投资的最高限额，不能随意突破。

（3）项目投资估算是设计阶段造价控制的依据，投资估算一经确定，即成为限额设计的依据，用以对各设计专业实行投资切块分配，作为控制和指导设计的尺度。

（4）项目投资估算可作为项目资金筹措及制订建设贷款计划的依据，建设单位可根据批准的项目投资估算额，进行资金筹措和向银行申请贷款。

（5）项目投资估算是核算建设项目固定资产投资需要额和编制固定资产投资计划的重要依据。

（6）投资估算是建设工程设计招标、优选设计单位和设计方案的重要依据。在工程设计招标阶段，投标单位报送的投标书中包括项目设计方案、项目的投资估算和经济性分析，招标单位根据投资估算对各项设计方案的经济合理性进行分析、衡量、比较，在此基础上，择优确定设计单位和设计方案。

5.2.2 投资估算的内容

根据中国建设工程造价管理协会制定的标准《建设项目投资估算编审规程》（CECA/GC 1—2015）规定，投资估算按照编制估算的工程对象划分，包括建设项目投资估算、单项工程投资估算和单位工程投资估算等。投资估算文件一般由封面、签署页、投资估算编制说明、投资估算分析、总投资估算表、单项工程投资估算表、工程建设其他费用估算和主要技术经济指标等内容组成。

1. 投资估算编制说明

投资估算编制说明一般包括以下内容：

（1）工程概况。

（2）编制范围。说明建设项目总投资估算中所包括的和不包括的工程项目和费用；如有几个单位共同编制时，说明分工编制的情况。

（3）编制方法。

（4）编制依据。

（5）主要技术经济指标。主要技术经济指标包括投资、用地和主要材料用量指标。当设计规模有远、近期不同的考虑时，或者土建与安装的规模不同时，应分别计算后再综合。

（6）有关参数、率值选定的说明。如征地拆迁、供电供水、考察咨询等费用的费率标准选用情况。

（7）特殊问题的说明（包括采用新技术、新材料、新设备、新工艺）；必须说明的价格的确定；进口材料、设备、技术费用的构成与技术参数；采用特殊结构的费用估算方法；安全、节能、环保、消防等专项投资占总投资的比重；建设项目总投资中未计算项目或费用的必要说明等。

（8）采用限额设计的工程还应对投资限额和投资分解做进一步说明。

（9）采用方案比选的工程还应对方案比选的估算和经济指标做进一步说明。

（10）资金筹措方式。

2. 投资估算分析

投资估算分析应包括以下内容：

（1）工程投资比例分析。一般民用项目要分析土建及装修、给排水、消防、采暖、通风空调、电气等主体工程，以及道路、广场、围墙、大门、室外管线、绿化等室外附属/总体工程占建设项目总投资的比例；一般工业项目要分析主要生产系统（需列出各生产装置）、辅助生产系统、公用工程（给排水、供电和通信、供气、总图运输等）、服务性工程、生活福利设施、厂外工程等占建设项目总投资的比例。

（2）各类费用构成占比分析。分析设备及工器具购置费、建筑工程费、安装工程费、工程建设其他费用、预备费占建设项目总投资的比例；分析引进设备费用占全部设备费用的比例等。

（3）分析影响投资的主要因素。

（4）与类似工程项目的比较，对投资总额进行分析。

3. 总投资估算表

总投资估算表主要由总投资估算费用组成，包括汇总单项工程估算、工程建设其他费用、基本预备费、价差预备费、计算建设期利息等。

4. 单项工程投资估算表

单项工程投资估算表主要由单项工程投资估算表组成，在单项工程投资估算中，应按建设项目划分的各个单项工程分别计算组成工程费用的建筑工程费、设备及工器具购置费和安装工程费。

5. 工程建设其他费用估算

工程建设其他费用估算应按预期将要发生的工程建设其他费用种类，逐项详细估算其费用金额。

6. 主要技术经济指标

工程造价人员应根据项目特点，计算并分析整个建设项目、各单项工程和主要单位工程的主要技术经济指标。

5.2.3   投资估算的编制

1. 投资估算的编制依据

建设项目投资估算编制依据是指在编制投资估算时所遵循的计量规则、费用标准及工程计价有关参数、率值等基础资料，主要有以下几个方面：

（1）国家、行业和地方政府的有关法律、法规或规定；政府有关部门、金融机构等发布的价格指数、利率、汇率、税率等有关参数。

（2）行业部门、项目所在地工程造价管理机构或行业协会等编制的投资估算指标、概算指标（定额）、工程建设其他费用定额（规定）、综合单价、价格指数和有关造价文件等。

（3）类似工程的各种技术经济指标和参数。

（4）工程所在地同期的人工、材料、机械市场价格，建筑、工艺及附属设备的市场价格和有关费用。

（5）与建设项目有关的工程地质资料、设计文件、图纸或有关设计专业提供的主要工程量和主要设备清单等。

（6）委托单位提供的其他技术经济资料。

2. 投资估算的编制要求

建设项目投资估算的编制，应满足以下要求：

（1）应委托有相应工程造价咨询资质的单位编制。投资估算编制单位应在投资估算成果文件上签字和盖章，对成果质量负责并承担相应责任；工程造价人员应在投资估算编制的文件上签字和盖章，并承担相应责任。由几个单位共同编制投资估算时，委托单位应指定主编单位，并由主编单位负责投资估算编制原则的制定、汇编总估算，其他参编单位负责所承担的单项工程等的投资估算编制。

（2）应根据主体专业设计的阶段和深度，结合各自行业的特点，所采用生产工艺流程的成熟性，以及编制单位所掌握的国家及地区、行业或部门相关投资估算基础资料和数据的合理、可靠、完整程度，采用合适的方法，对建设项目投资估算进行编制。

（3）应做到工程内容和费用构成齐全，不漏项，不提高或降低估算标准，计算合理，不少算、不重复计算。

（4）应充分考虑拟建项目设计的技术参数和投资估算所采用的估算系数、估算指标，在质和量方面所综合的内容，应遵循口径一致的原则。

（5）投资估算应参考相应工程造价管理部门发布的投资估算指标，依据工程所在地市场价格水平，结合项目实体情况及科学合理的建造工艺，全面反映建设项目建设前期和建设期的全部投资。对于建设项目的边界条件，如建设用地费和外部交通、水、电、通信条件，或市政基础设施配套条件等差异所产生的与主要生产内容投资无必然关联的费用，应结合建设项目的实际情况进行修正。

（6）应对影响造价变动的因素进行敏感性分析，分析市场的变动因素，充分估计物价上涨因素和市场供求情况对项目造价的影响，确保投资估算的编制质量。

（7）投资估算精度应能满足控制初步设计概算要求，并尽量减少投资估算的误差。

3. 投资估算的编制步骤

根据投资估算的不同阶段，主要有项目建议书阶段及可行性研究阶段的投资估算。可行性研究阶段的投资估算的编制一般包含静态投资部分、动态投资部分与流动资金估算三部分，主要包括以下步骤：

（1）分别估算各单项工程所需建筑工程费、设备及工器具购置费、安装工程费，在汇总各单项工程费用的基础上，估算工程建设其他费用和基本预备费，完成工程项目静态投资部分的估算。

（2）在静态投资部分的基础上，估算价差预备费和建设期利息，完成工程项目动态投资部分的估算。

（3）估算流动资金。

（4）估算建设项目总投资。

建设项目投资估算编制流程如图5.1所示。

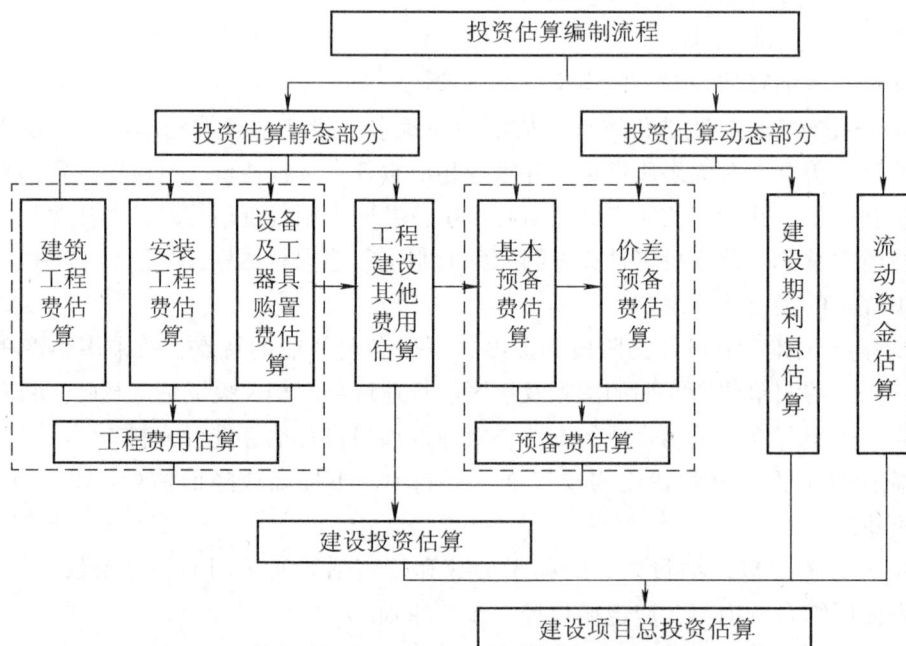

图5.1　建设项目投资估算编制流程

5.2.3.1　静态投资部分的估算方法

静态投资部分的估算方法有很多，各有其适用的条件和范围，而且误差程度也不相同。一般情况下，应根据项目的性质、占有的技术经济资料和数据的具体情况，选用适宜的估算方法。在项目建议书阶段，投资估算的精度较低，可采取简单的匡算法，如生产能力指数法、系数估算法、比例估算法和混合法等，在条件允许时，也可采用指标估算法；在可行性研究阶段，投资估算精度要求高，需采用相对详细的投资估算方法，即指标估算法。

1. 项目建议书阶段投资估算方法

（1）生产能力指数法。生产能力指数法又称指数估算法，它是根据已建成的类似项目生产能力和投资额来粗略估算同类但生产能力不同的拟建项目静态投资额的方法，其计算公式为

$$C_2 = C_1 \left(\frac{Q_2}{Q_1} \right)^x f$$

式中：C_1——已建类似项目的静态投资额；

$\quad\quad C_2$——拟建项目静态投资额；

$\quad\quad Q_1$——已建类似项目的生产能力；

$\quad\quad Q_2$——拟建项目的生产能力；

$\quad\quad f$——不同时期、不同地点的定额、单价、费用和其他差异的综合调整系数；

$\quad\quad x$——生产能力指数。

上式表明，造价与规模（或容量）呈非线性关系，且单位造价随工程规模（或容量）的增大而减小。生产能力指数法的关键是生产能力指数的确定，一般要结合行业特点确定，并应有可靠的例证。正常情况下，$0 \leqslant x \leqslant 1$。不同生产率水平的国家和不同性质的项目中，$x$的取值是不同的。若已建类似项目规模和拟建项目规模的比值为 0.5～2，x的取值近似为 1。若已建类似项目规模与拟建项目规模的比值为 2～50，且拟建项目生产规模的扩大仅靠增大设备规模来达到时，则 x 的取值为 0.6～0.7；若是靠增加相同规格设备的数量达到时，则 x 的取值为 0.8～0.9。

【例 5.1】　某地 2015 年拟建一年产 20 万吨化工产品的项目。根据调查，该地区 2013 年建设的年产 10 万吨相同产品的已建项目的投资额为 5 000 万元。生产能力指数为 0.6，2013～2015 年工程造价平均每年递增 10%。估算该项目的建设投资。

解：拟建项目的建设投资 = 5 000 × (20/10)$^{0.6}$ × (1 + 10%)^2 = 9 170.085 2（万元）

生产能力指数法误差可控制在 ±20% 以内。生产能力指数法主要应用于设计深度不足，拟建建设项目与类似建设项目的规模不同，设计定型并系列化，行业内相关指数和系数等基础资料完备的情况。一般拟建项目与已建类似项目生产能力比值不宜大于 50，以在 10 倍以内效果较好，否则误差就会增大。另外，尽管该办法估价误差仍较大，但有其独特的优点：这种估价方法不需要详细的工程设计资料，只需要知道工艺流程及规模即可，在总承包工程报价时，承包商大都采用这种方法。

（2）系数估算法。系数估算法也称为因子估算法，它是以拟建项目的主体工程费或主要设备购置费为基数，以其他辅助配套工程费与主体工程费或设备购置费的百分比为系数，依此估算拟建项目静态投资的方法。本办法主要应用于设计深度不足，拟建建设项目与类似建设项目的主体工程费或主要设备购置费比重较大，行业内相关系数等基础资料完备的情况。在我国，常用的方法有设备系数法和主体专业系数法，世行项目投资估算常用的方法是朗格系数法。

① 设备系数法。设备系数法是指以拟建项目的设备购置费为基数，根据已建成的同类项目的建筑安装费和其他工程费等与设备价值的百分比，求出拟建项目建筑安装工程费和其他工程费，进而求出项目的静态投资。其计算公式为

$$C = E(1 + f_1 P_1 + f_2 P_2 + f_3 P_3 + \cdots) + I$$

式中：C——拟建项目的静态投资；

E——拟建项目根据当时当地价格计算的设备购置费；

P_1、P_2、$P_3 \cdots$——已建成类似项目中建筑安装工程费及其他工程费等与设备购置费的比例；

f_1、f_2、$f_3 \cdots$——不同建设时间、地点而产生的定额、价格、费用标准等差异的调整系数；

I——拟建项目的其他费用。

② 主体专业系数法。主体专业系数法是指以拟建项目中投资比重较大，并与生产能力直接相关的工艺设备投资为基数，根据已建同类项目的有关统计资料，计算出拟建项目各专业工程（总图、土建、采暖、给排水、管道、电气、自控等）与工艺设备投资的百分比，据以求出拟建项目各专业投资，然后加总即拟建项目的静态投资。其计算公式为

$$C = E(1 + f_1 P_1' + f_2 P_2' + f_3 P_3' + \cdots) + I$$

式中：E——与生产能力直接相关的工艺设备投资；

P_1'、P_2'、$P_3' \cdots$——已建项目中各专业工程费用与工艺设备投资的比重；

其他符号同上公式。

③ 朗格系数法。这种方法是以设备购置费为基数，乘以适当系数来推算项目的静态投资的。这种方法在国内不常见，是世行项目投资估算常采用的方法。该方法的基本原理是将项目建设中的总成本费用中的直接成本和间接成本分别计算，再合为项目的静态投资。其计算公式为

$$C = E \cdot (1 + \sum K_i) \cdot K_C$$

式中：K_i——管线、仪表、建筑物等项费用的估算系数；

K_C——管理费、合同费、应急费等间接费用的总估算系数。

静态投资与设备购置费之比为朗格系数 K_L，即

$$K_L = (1 + \sum K_i) \cdot K_C$$

朗格系数法是国际上估算一个工程项目或一套装置的费用时，采用的较为广泛的方法。

但是应用朗格系数法进行工程项目或装置估价的精度仍不是很高，主要原因：装置规模大小发生变化；不同地区自然地理条件的差异；不同地区经济地理条件的差异；不同地区气候条件的差异；主要设备材质发生变化时，设备费用变化较大而安装费变化不大。

尽管如此，由于朗格系数法以设备购置费为计算基础，而设备购置费在一项工程中所占的比重较大，对于石油、石化、化工工程而言占 45% ~ 55%，同时一项工程中每台设备所含有的管道、电气、自控仪表、绝热、油漆、建筑等，都有一定的规律。因此，只要对各种不同类型工程的朗格系数掌握得准确，估算精度仍可较高。朗格系数法估算误差在 10% ~ 15%。

（3）比例估算法。比例估算法是根据已知的同类建设项目主要设备购置费占整个建设项目的投资比例，先逐项估算出拟建项目主要设备购置费，再按比例估算拟建项目的静态投资的方法。本办法主要应用于设计深度不足，拟建建设项目与类似建设项目的主要设备购置费比重较大，行业内相关系数等基础资料完备的情况。其计算公式为

$$I = \frac{1}{K} \sum_{i=1}^{n} Q_i P_i$$

式中：I——拟建项目的静态投资；

K——已建项目主要设备购置费占已建项目投资的比例；

n——主要设备种类数；

Q_i——第 i 种主要设备的数量；

P_i——第 i 种主要设备的购置单价（到厂价格）。

（4）混合法。混合法是根据主体专业设计的阶段和深度，投资估算编制者所掌握的国家及地区、行业或部门相关投资估算基础资料和数据，以及其他统计和积累的可靠的相关造价基础资料，对一个拟建建设项目采用生产能力指数法与比例估算法，或系数估算法与比例估算法混合估算其相关投资额的方法。

2. 可行性研究阶段投资估算方法

指标估算法是投资估算的主要方法，为了保证编制精度，可行性研究阶段建设项目投资估算原则上应采用指标估算法。指标估算法是指依据投资估算指标，对各单位工程或单项工程费用进行估算，进而估算建设项目总投资的方法。首先，把拟建建设项目以单项工程或单位工程为单位，按建设内容纵向划分为各个主要生产系统、辅助生产系统、公用工程、服务性工程、生活福利设施，以及各项其他工程费用；同时，按费用性质横向划分为建筑工程、设备购置、安装工程等。其次，根据各种具体的投资估算指标，进行各单位工程或单项工程投资的估算，在此基础上汇集编制成拟建建设项目的各个单项工程费用和拟建项目的工程费用投资估算。最后，按相关规定估算工程建设其他费、基本预备费等，形成拟建建设项目静态投资。

在条件具备时，对于对投资有重大影响的主体工程应估算出分部分项工程量，套用相关综合定额（概算指标）或概算定额进行编制。对于子项单一的大型民用公共建筑，主要单

项工程估算应细化到单位工程估算书。无论如何，可行性研究阶段的投资估算应满足项目的可行性研究与评估，并最终满足国家和地方相关部门批复或备案的要求。预可行性研究阶段、方案设计阶段项目建设投资估算视设计深度，宜参照可行性研究阶段的编制办法进行。

（1）建筑工程费用估算。建筑工程费用是指为建造永久性建筑物和构筑物所需要的费用。主要采用单位实物工程量投资估算法，即以单位实物工程量的建筑工程费乘以实物工程总量来估算建筑工程费。当无适当估算指标或类似工程造价资料时，可采用计算主体实物工程量套用相关综合定额或概算定额进行估算，但通常需要较为详细的工程资料，工作量较大。实际工作中可根据具体条件和要求选用。建筑工程费估算通常应根据不同的专业工程选择不同的实物工程量计算方法。

① 工业与民用建筑物以"m^2"或"m^3"为单位，套用规模相当、结构形式和建筑标准相适应的投资估算指标或类似工程造价资料进行建筑工程费估算；构筑物以"m""m^2""m^3"或"座"为单位，套用技术标准、结构形式相适应的投资估算指标或类似工程造价资料进行建筑工程费估算。

② 大型土方、总平面竖向布置、道路及场地铺砌、室外综合管网和线路、围墙大门等，分别以"m^3""m^2""延长米"或"座"为单位，套用技术标准、结构形式相适应的投资估算指标或类似工程造价资料进行建筑工程费估算。

③ 矿山井巷开拓、露天剥离工程、坝体堆砌等，分别以"m^3""延长米"为单位，套用技术标准、结构形式、施工方法相适应的投资估算指标或类似工程造价资料进行建筑工程费估算。

④ 公路、铁路、桥梁、隧道、涵洞设施等，分别以"公里"（铁路、公路）、"100 m^2 桥面"（桥梁）、"100 m^2 断面"（隧道）、"道"（涵洞）为单位，套用技术标准、结构形式、施工方法相适应的投资估算指标或类似工程造价资料进行估算。

（2）设备及工器具购置费估算。设备购置费根据项目主要设备表及价格、费用资料编制，工器具购置费按设备费的一定比例计取。对于价值高的设备应按单台（套）估算购置费，价值较小的设备可按类估算，国内设备和进口设备应分别估算。具体估算方法见第2章。

（3）安装工程费估算。安装工程费包括安装主材费和安装费。其中，安装主材费可以根据行业和地方相关部门定期发布的价格信息或市场询价进行估算；安装费根据设备专业属性，可按以下方法估算：

① 工艺设备安装费估算。以单项工程为单元，根据单项工程的专业特点和各种具体的投资估算指标，采用按设备费百分比估算指标进行估算；或根据单项工程设备总重，采用以"t"为单位的综合单价指标进行估算，即

$$安装工程费 = 设备原价 \times 设备安装费率$$
$$安装工程费 = 设备吨重 \times 单位重量(t)安装费指标$$

② 工艺非标准件、金属结构和管道安装费估算。以单项工程为单元，根据设计选用的

材质、规格，以"t"为单位，套用技术标准、材质和规格、施工方法相适应的投资估算指标或类似工程造价资料进行估算，即

$$安装工程费 = 重量总量 \times 单位重量安装费指标$$

③ 工业炉窑砌筑和保温工程安装费估算。以单项工程为单元，以"t""m^3"或"m^2"为单位，套用技术标准、材质和规格、施工方法相适应的投资估算指标或类似工程造价资料进行估算，即

$$安装工程费 = 重量（体积、面积）总量 \times 单位重量（"m^3""m^2"）安装费指标$$

④ 电气设备及自控仪表安装费估算。以单项工程为单元，根据该专业设计的具体内容，采用相适应的投资估算指标或类似工程造价资料进行估算，或根据设备台套数、变配电容量、装机容量、桥架重量、电缆长度等工程量，采用相应综合单价指标进行估算，即

$$安装工程费 = 设备工程量 \times 单位工程量安装费指标$$

（4）工程建设其他费用估算。工程建设其他费用的计算应结合拟建项目的具体情况，有合同或协议明确的费用按合同或协议列入；无合同或协议明确的费用，根据国家和各行业部门、工程所在地方政府的有关工程建设其他费用定额（规定）和计算办法估算。

（5）基本预备费估算。基本预备费估算一般是以建设项目的工程费用和工程建设其他费用之和为基础，乘以基本预备费费率进行计算。基本预备费费率的大小，应根据建设项目的设计阶段和具体的设计深度，以及在估算中所采用的各项估算指标与设计内容的贴近度、项目所属行业主管部门的具体规定确定。

$$基本预备费 = （工程费用 + 工程建设其他费用）\times 基本预备费费率$$

（6）指标估算法注意事项。使用指标估算法，应注意以下事项：

① 影响投资估算精度的因素主要包括价格变化、现场施工条件、项目特征的变化等。因而，在应用指标估算法时，应根据不同地区、建设年代、条件等进行调整。因为地区、年代不同，人工、材料与设备的价格均有差异，调整方法可以以人工、主要材料消耗量或"工程量"为计算依据，也可以按不同的工程项目的"万元工料消耗定额"确定不同的系数。在有关部门颁布定额或人工、材料价差系数（物价指数）时，可以据其进行调整。

② 使用指标估算法进行投资估算绝不能生搬硬套，必须对工艺流程、定额、价格及费用标准进行分析，经过实事求是的调整与换算后，才能提高其精确度。

5.2.3.2 动态投资部分的估算方法

动态投资部分包括价差预备费和建设期利息两部分。动态投资部分的估算应以基准年静态投资的资金使用计划为基础来计算，而不是以编制年的静态投资为基础计算。

1. 价差预备费

价差预备费的计算详见本书第2章。除此之外，如果是涉外项目，还应该计算汇率的影响。汇率是两种不同货币之间的兑换比率，汇率的变化意味着一种货币相对于另一种货币的升值或贬值。在我国，人民币与外币之间的汇率采取以人民币表示外币价格的形式给出，如

1 美元 = 6.8 元人民币。由于涉外项目的投资中包含人民币以外的币种，需要按照相应的汇率把外币投资额换算为人民币投资额，所以汇率变化就会对涉外项目的投资额产生影响。

（1）外币对人民币升值。项目从国外市场购买设备材料所支付的外币金额不变，但换算成人民币的金额增加；从国外借款，本息所支付的外币金额不变，但换算成人民币的金额增加。

（2）外币对人民币贬值。项目从国外市场购买设备材料所支付的外币金额不变，但换算成人民币的金额减少；从国外借款，本息所支付的外币金额不变，但换算成人民币的金额减少。

估计汇率变化对建设项目投资的影响，是通过预测汇率在项目建设期内的变动程度，以估算年份的投资额为基数，相乘计算求得。

2. 建设期利息

建设期利息包括银行借款和其他债务资金的利息，以及其他融资费用。其他融资费用是指某些债务融资中发生的手续费、承诺费、管理费、信贷保险费等融资费用，一般情况下应将其单独计算并计入建设期利息；在项目前期研究的初期阶段，也可做粗略估算并计入建设投资；对于不涉及国外贷款的项目，在可行性研究阶段，也可做粗略估算并计入建设投资。

5.2.3.3 流动资金的估算

1. 流动资金的估算方法

流动资金是指项目运营需要的流动资产投资，指生产经营性项目投产后，为进行正常生产运营，用于购买原材料、燃料，支付工资及其他经营费用等所需的周转资金。流动资金估算一般采用分项详细估算法，个别情况或者小型项目可采用扩大指标估算法。

（1）分项详细估算法。流动资金的显著特点是在生产过程中不断周转，其周转额的大小与生产规模及周转速度直接相关。分项详细估算法是根据项目的流动资产和流动负债，估算项目所占用流动资金的方法。其中，流动资产的构成要素一般包括存货、库存现金、应收账款和预付账款；流动负债的构成要素一般包括应付账款和预收账款。流动资金等于流动资产和流动负债的差额，计算公式为

$$流动资金 = 流动资产 - 流动负债$$
$$流动资产 = 应收账款 + 预付账款 + 存货 + 库存现金$$
$$流动负债 = 应付账款 + 预收账款$$
$$流动资金本年增加额 = 本年流动资金 - 上年流动资金$$

进行流动资金估算时，首先计算各类流动资产和流动负债的年周转次数，然后分项估算占用资金额。

（2）扩大指标估算法。扩大指标估算法是指根据现有同类企业的实际资料，求得各种流动资金率指标，亦可依据行业或部门给定的参考值或经验确定比率，再将各类流动资金率乘以相对应的费用基数来估算流动资金的方法。一般常用的基数有营业收入、经营成本、总

成本费用和建设投资等，究竟采用何种基数依行业习惯而定，其计算公式为

$$年流动资金额 = 年费用基数 × 各类流动资金率$$

扩大指标估算法简便易行，但准确度不高，适用于项目建议书阶段的估算。

2. 流动资金估算应注意的问题

（1）在采用分项详细估算法时，应根据项目实际情况分别确定现金、应收账款、预付账款、存货、应付账款和预收账款的最低周转天数，并考虑一定的保险系数。因为最低周转天数减少，将增加周转次数，从而减少流动资金需用量，所以，必须切合实际地选用最低周转天数。对于存货中的外购原材料和燃料，要分品种和来源，考虑运输方式和运输距离，以及占用流动资金的比重大小等因素。

（2）流动资金属于长期性（永久性）流动资产，流动资金的筹措可通过长期负债和资本金（一般要求占30%）的方式解决。流动资金一般要求在投产前一年开始筹措，为简化计算，可规定在投产的第一年开始按生产负荷安排流动资金需用量。其借款部分按全年计算利息，流动资金利息应计入生产期间财务费用，项目计算期末收回全部流动资金（不含利息）。

（3）用扩大指标估算法计算流动资金，需以经营成本及其中的某些科目为基数，因此，实际上流动资金估算应能够在经营成本估算之后进行。

（4）在不同生产负荷下的流动资金，应按不同生产负荷所需的各项费用金额，根据上述公式分别估算，而不能直接按照100%生产负荷下的流动资金乘以生产负荷百分比求得。

5.2.4 投资估算文件的编制

根据中国建设工程造价管理协会制定的标准《建设项目投资估算编审规程》（CECA/GC 1—2015）规定，单独成册的投资估算文件应包括封面、签署页、目录、编制说明、有关附表等，与可行性研究报告（或项目建议书）统一装订的应包括签署页、编制说明、有关附表等。在编制投资估算文件的过程中，一般需要编制建设投资估算表、建设期利息估算表、流动资金估算表、单项工程投资估算汇总表、总投资估算汇总表和分年度总投资估算表等。对于对投资有重大影响的单位工程或分部分项工程的投资估算应另附主要单位工程或分部分项工程投资估算表，列出主要分部分项工程量和综合单价进行详细估算。

1. 建设投资估算表的编制

建设投资是项目投资的重要组成部分，也是项目财务分析的基础数据。估算出建设投资后，需编制建设投资估算表，按照费用归集形式，建设投资可按概算法或按形成资产法分类。

（1）按照概算法分类，建设投资由工程费用、工程建设其他费用和预备费三部分构成。其中，工程费用又由建筑工程费、设备及工器具购置费（含工器具及生产家具购置费）和安装工程费构成；工程建设其他费用内容较多，随行业和项目的不同而有所区别；预备费包括基本预备费和价差预备费。

（2）按照形成资产法分类，建设投资由固定资产费用、无形资产费用、其他资产费用和预备费四部分组成。固定资产费用是指项目投产时将直接形成固定资产的建设投资，包括工程费用和工程建设其他费用中按规定将形成固定资产的费用，后者被称为固定资产其他费用，主要包括建设管理费、可行性研究费、研究试验费、勘察设计费、环境影响评价费、场地准备及临时设施费、引进技术和引进设备其他费、工程保险费、联合试运转费、特殊设备安全监督检验费和市政公用设施建设及绿化费等；无形资产费用是指将直接形成无形资产的建设投资，主要包括专利权、非专利技术、商标权、土地使用权和商誉等；其他资产费用是指建设投资中除形成固定资产和无形资产以外的部分，如生产准备及开办费等；预备费是指考虑建设期可能发生的风险因素而导致的建设费用增加的这部分内容。

对于土地使用权的特殊处理：按照有关规定，在尚未开发或建造自用项目前，土地使用权作为无形资产核算。房地产开发企业开发商品房时，将其账面价值转入开发成本；企业建造自用项目时，将其账面价值转入在建工程成本。因此，为了与以后的折旧和摊销计算相协调，在建设投资估算表中通常可将土地使用权直接列入固定资产其他费用中。

2. 建设期利息估算表的编制

在估算建设期利息时，需要编制建设期利息估算表。建设期利息估算表主要包括建设期发生的各项借款及其债券等项目，期初借款余额等于上年借款本金和应计利息之和，即上年期末借款余额；其他融资费用主要指融资中发生的手续费、承诺费、管理费、信贷保险费等融资费用。

3. 流动资金估算表的编制

可行性研究阶段，根据详细估算法估算的各项流动资金估算结果编制流动资金估算表，主要包括应收账款、存货、现金、预付账款、预收账款和流动资金等费用。

4. 单项工程投资估算汇总表的编制

按照指标估算法，可行性研究阶段根据各种投资估算指标，进行各单位工程或单项工程投资的估算。单项工程投资估算应按建设项目划分的各个单项工程分别计算组成工程费用的建筑工程费、设备及工器具购置费和安装工程费。

5. 总投资估算汇总表的编制

将上述投资估算内容和估算方法所估算的各类投资进行汇总，编制项目总投资估算汇总表。项目建议书阶段的投资估算一般只要求编制总投资估算表。总投资估算表中工程费用的内容应分解到主要单项工程；工程建设其他费用可在总投资估算表中分项计算。

5.2.5 设计概算的编制

设计概算是初步设计概算的简称，是由设计单位在工程建设项目的初步设计阶段根据初步设计图纸及说明、现行的概算定额（概算指标）、费用指标、设备材料预算价格等资料编制的工程项目从筹建至竣工验收交付使用所需的全部建设费用。设计概算是初步设计文件的重要组成部分，设计单位在报批设计文件的同时报批设计概算。

设计概算是国家控制工程建设投资额、编制工程建设计划的依据，是考核设计经济性、合理性的依据，是编制固定资产投资计划的依据，是签订建设工程总承包合同和贷款合同的依据，是控制施工图设计和施工图预算的依据，是考核建设项目投资效果的依据。

设计概算包括概算编制说明、总概算书、单项工程综合概算书、单位工程概算书、工程建设其他费用概算书、分年度投资汇总表、资金供应量汇总表、主要材料表等。

设计概算必须完整地反映工程项目初步设计的内容，严格执行国家有关的方针、政策和制度，实事求是地根据工程所在地的建设条件（包括自然条件、施工条件等影响造价的各种因素），按有关的依据及资料进行编制。

5.2.6 设计概算的编制依据

设计概算编制的依据包括：

（1）批准的建设项目的可行性研究报告和主管部门的有关规定；

（2）初步设计项目一览表；

（3）能满足编制设计概算的各专业经过校审的设计图纸（或内部作业草图）、文字说明和主要设备及材料表，其中：

① 土建工程：建筑专业提交建筑平面图、立面图、剖面图，以及初步设计文字说明（应说明或注明装修标准、门窗尺寸）；结构专业提交平面布置草图、构件截面尺寸和特殊构件配筋。

② 给排水、电气、弱电、采暖通风、空气调节、动力（锅炉、煤气等）等专业提交各单位工程的平面布置图、系统图（或内部作业草图），文字说明和主要设备及材料表，如无材料表，则应提交主要材料估算量。

③ 室外工程：有关各专业提交平面布置图，总图专业提交土石方工程量和道路、挡土墙、围墙等构筑物的断面尺寸，如无图纸的应提交工程量。

④ 当地和主管部门的现行建筑工程和专业安装工程概预算定额，单位估价表，地区材料、构配件预算价格（或市场价格），间接费用定额和有关费用规定等文件。

⑤ 现行的有关设备原价（出厂价或市场价）及运杂费费率。

⑥ 现行的有关其他费用定额、指标和价格。

⑦ 建设场地的自然条件和施工条件。

⑧ 类似工程的概预算及技术经济指标。

上述编制依据中最主要的设计数据普遍存在深度不够的问题，应严格按照中华人民共和国住房和城乡建设部颁布的《建筑工程设计文件编制深度规定》执行。

5.2.7 单位工程设计概算的编制

单位工程设计概算是指一个独立建筑物中分专业工程计算造价的概算，如土建工程、给排水工程、电气工程，以及采暖、通风、空调工程等的建筑设备购置费及管线工程费的概算。

1. 建筑工程概算的编制方法

建筑工程概算的编制方法有概算定额法（扩大单价法）、概算指标法、类似工程预算法等。

（1）概算定额法。当初步设计达到一定深度，建筑结构比较明确时，采用概算定额法编制设计概算。这种方法编制设计概算的步骤及需要注意的问题如下：

① 熟悉定额的内容及其使用方法。计算概算工程量的方法与计算预算定额工程量的方法有区别。概算定额的项目划分和包括的工程内容有较大的扩大和综合。如带形砖基础，砖基础项目中包括了挖运土方、加固钢筋、混凝土圈梁、防潮层、回填土等项目。因此，在计算概算工程量时，必须先熟悉概算定额中每一个项目包括的工程内容，以便计算出正确的概算工程量，避免重复或遗漏。

② 在计算概算工程量时，对一些次要零星工程项目可以省略不计，最后以占直接费的百分比计算。特别在初步设计或扩大初步设计时，许多细部做法未表示出来，因此，对这些次要零星工程只能以百分比表示。

③ 套用概算定额计算工程直接费。

④ 以工程直接费为基数乘以综合费率，计算出工程造价。

⑤ 分析概算书中的人工、主要材料、机械台班数量，为调整差价提供依据。

⑥ 编制竣工期的定额基价与市场价格的总差价。

从概算定额的执行期到某一项工程竣工使用要经过一段时间，这一期间应考虑价格变动因素。对人工、主要材料、机械可分别测定调整系数，对次要材料测定综合系数，最后相加形成预调工程造价。

概算定额法比较准确，但计算比较烦琐，要求编制人员具备一定的设计基本知识，熟悉概算定额，清楚概算定额分部分项的扩大综合内容。

（2）概算指标法。当初步设计深度不够，不能准确计算出工程量，但工程设计采用的技术比较成熟而又有类似工程概算指标可以利用时，可采用概算指标法。

建设项目的辅助、附属或小型建筑工程（包括土建、水、电、暖等）可按各种指标编制，但应结合设计及当地的实际情况进行必要的调整。

采用概算指标编制设计概算的方法是：

① 设计的工程项目只要基本符合概算指标所列各项条件和结构特征，可直接使用概算指标编制概算。直接使用指标时，以拟建建筑物的建筑面积或体积乘以技术条件相同或基本相同的概算指标中的人工、材料、机械台班的消耗量标准和造价指标。

根据初步设计图纸及设计资料编制概算时，须首先按设计的要求和结构特征，如结构类型、檐高、层高、基础、内外墙、楼板、屋架、屋面、地坪、门窗、内外部装饰等用料及做法，与概算指标中的"简要说明"和"结构特征"对照，选择相应的指标进行换算。

② 新设计的建筑物在结构特征上与概算指标有部分出入时，须加以换算。由于拟建工程往往与类似工程的概算指标的技术条件不尽相同，而且概算指标编制年份的设备、材料、

人工等价格与拟建工程当时当地的价格也不尽相同，所以必须对其进行调整。其调整方法是从原指标的单位造价中减去与新设计不同的结构构件工程量乘以相应的扩大结构定额单价所得的金额，换入所需结构构件的工程量乘以相应的扩大结构定额单价所得的金额；或从原指标的工料数量中减去与新设计不同的结构构件工程量乘以相应的扩大结构定额所得的人工、材料及机械使用费，换入所需的结构构件工程量乘以相应的扩大结构定额所得的人工、材料和机械使用费。

【例5.2】　某新建宿舍楼的建筑面积为3 500 m²。选择与其相似的概算指标编制设计概算。已知指标的每平方米建筑面积造价为670元，其中一般土建工程为585.52元。但新建宿舍楼一般土建工程中的部分结构构件与指标不同，需要对概算单价进行调整。其调整计算过程见表5.1。

表5.1　100 m² 建筑面积工程量指标

结 构 名 称	单 位	数 量	概算定额单价/元	合价/元
一般土建工程换出部分	m²	18	97.25	1 750.5
外墙带型毛石基础	m²	46.5	79.83	3 712.1
砖砌外墙	元			
合计				5 462.6
一般土建工程换入部分	m²	19.6	97.25	1 906.1
外墙带型毛石基础	m²	61.2	79.83	4 885.6
砖砌外墙	元			
合计				6 791.7
一般土建工程单位造价指标调整	元/m²	$585.52 - 5\ 462.6/100 + 6\ 791.7/100 \approx 598.81$		

因此，新建宿舍楼一般土建工程的概算造价为

$$598.81 \times 3\ 500 = 2\ 095\ 835（元）$$

（3）类似工程预算法。当拟建工程初步设计与已建或在建工程的设计相类似，结构特征基本相同，概算定额和概算指标不全时，可采用这种方法进行编制。

它是利用技术条件与设计对象相类似的已完工程或在建工程的工程造价资料来编制设计概算的方法。该方法直观、简捷，有较高的准确性，特别适合于小区建设项目中各工程项目的概算编制。

该法与概算指标法相似，也必须对建筑结构差异和价差进行调整。建筑结构差异的调整方法与概算指标法完全相同。类似工程造价的价差调整可以采用以下两种方法：

① 类似工程造价资料有具体的人工、材料、机械台班的用量。按类似工程造价资料中

的主材用量、工日数量、机械台班用量乘以拟建工程所在地的主材预算价格、人工单价、机械台班单价，计算出直接费，再综合取费，得出所需的造价指标。

② 类似工程造价资料没有具体的人工、材料、机械台班的用量，只有费用大小，可按下列公式调整：

$$D = AK$$
$$K = a\% K_1 + b\% K_2 + c\% K_3 + d\% K_4 + e\% K_5$$

式中：D——拟建工程单方概算造价；

A——类似工程单方预算造价；

K——综合调整系数；

$a\%$、$b\%$、$c\%$、$d\%$、$e\%$——类似工程预算的人工费、材料费、机械台班费、措施费、间接费及其他费用占预算造价的比例；

K_1、K_2、K_3、K_4、K_5——拟建工程地区与类似工程预算造价的人工费、材料费、机械台班费、措施费、间接费及其他费用之间的差异系数。

如：K_1 = 拟建工程概算的人工费（或工资标准）/类似工程预算人工费（或地区工资标准）。

【例 5.3】 某新建项目的建筑面积为 6 500 m²。为计算其概算造价，我们选取一项与新建项目类似的工程，该工程的造价指标如下：

（1）土建单方造价为 690 元/m²，占单项工程造价的 78%。

（2）人工费、材料费、机械台班费、措施费、间接费及其他费用占该工程造价的比例分别为 12%、63%、5.5%、8.5% 和 11%。

新建工程与该类似工程相比，砖墙砌筑的工程量有所不同，新建项目每 100 m² 建筑面积砖墙砌筑工程量为 12.3 m³，类似工程每 100 m² 建筑面积砖墙砌筑工程量为 9.7 m³。类似工程砌筑砌砖的综合单价为 117.8 元/m³。

经测算，新建工程与类似工程相比，人工费、材料费、机械台班费、措施费、间接费及其他费用的修正系数分别为 1.97、1.1、1.9、1.13 和 1.02。

试根据给定的条件确定上述新建工程的概算造价。

解： 经调整的土建工程单方造价为

$$690 + (12.3 - 9.7) \times 117.8/100 \approx 693.06 \text{（元/m}^2\text{）}$$

则类似工程的单方造价为

$$693.06 \div 0.78 \approx 888.54 \text{（元/m}^2\text{）}$$

新建工程总修正系数为

$$K = 12\% \times 1.97 + 63\% \times 1.1 + 5.5\% \times 1.9 + 8.5\% \times 1.13 + 11\% \times 1.02 \approx 1.242$$

则新建工程的单方造价为

$$888.54 \times 1.242 \approx 1\ 103.57 \text{（元/m}^2\text{）}$$

总造价为

$$1\ 103.57 \times 6\ 500 = 7\ 173\ 205\ （元）$$

2. 单位设备及安装工程概算的编制

（1）设备购置费按设备原价（出厂价）、运杂费（运杂费率）及主要设备表编制。具体方法参见第 2 章第 2 节的相关内容。

（2）设备及管线的安装工程按当地和主管部门规定的概预算定额、单位估价表、概算指标、安装费指标、类似工程概预算、技术经济指标、取费标准及调价规定等资料，根据主要设备表和初步设计图纸计算主要工程量或主要材料表编制。编制方法有预算单价法、扩大单价法、设备价值百分比法和综合吨位指标法等。

① 预算单价法。当初步设计较深，有详细的设备清单时，可直接按安装工程预算定额单价编制设备安装工程概算，计算程序基本与安装工程施工图预算相同。该法编制概算，计算比较具体，精确度较高。

② 扩大单价法。当初步设计深度不够，设备清单不完备，只有主体设备或仅有成套设备重量时，可采用主体设备、成套设备的综合扩大安装单价编制概算。

③ 设备价值百分比法。当初步设计深度不够，只有设备出厂价而无详细规格、重量时，安装费可按占设备费的百分比计算。百分比（安装费率）由主管部门制定或由设计单位根据已完类似工程确定。该法常用于价格波动不大的定型产品和通用设备。

$$设备安装费 = 设备原价 \times 安装费率（\%）$$

④ 综合吨位指标法。当初步设计提供的设备清单有规格和设备重量时，可采用综合吨位指标法编制概算，其综合吨位指标由主管部门或设计院根据已完类似工程资料确定。该法常用于设备价格波动较大的非标准设备和引进设备的安装工程概算。

$$设备安装费 = 设备吨重 \times 每吨设备安装费指标（元/t）$$

单位设备及安装工程设计概算要按照规定的表格格式进行编制，表格格式参见表 5.2。

表 5.2　单位设备及安装工程设计概算表

单位工程概算编号：　　　　　单项工程名称：　　　　　共　页　第　页

序号	项目编码	工程项目或费用名称	项目特征	单位	数量	综合单价/元		合价/元	
						设备购置费	安装工程费	设备购置费	安装工程费
一		分部分项工程							
（一）		机械设备安装工程							
1	××	×××××							
（二）		电气工程							
1	××	×××××							

续表

序号	项目编码	工程项目或费用名称	项目特征	单位	数量	综合单价/元		合价/元	
						设备购置费	安装工程费	设备购置费	安装工程费
(三)		给排水工程							
1	××	×××××							
(四)		××工程							
		分部分项工程费用小计							
二		可计量措施项目							
(一)		××工程							
1	××	×××××							
(二)		××工程							
1	××	×××××							
		可计量措施项目费小计							
三		综合取定的措施项目费							
1		安全文明施工费							
2		夜间施工增加费							
3		二次搬运费							
4		冬雨季施工增加费							
	××	×××××							
		综合取定措施项目费小计							
		合计							

编制人：　　　　　　　　　审核人：　　　　　　　　　审定人：

注：1. 设备及安装工程概算表应以单项工程为对象进行编制，表中综合单价应通过综合单价分析表计算获得；

2. 按《建设工程计价设备材料划分标准》（GB/T 50531—2009），应计入设备费的装置性主材计入设备费。

5.2.8　单项工程综合概算

单项工程是指在一个建设项目中，具有独立的设计文件，建成后能够独立发挥生产能力或使用功能的工程项目。它是建设项目的组成部分,如生产车间、办公楼、食堂、图书馆、学生宿舍、住宅楼、一个配水厂等。单项工程是一个复杂的综合体,是一个具有独立存在意义的完整工程,如输水工程、净水厂工程、配水工程等。单项工程概算是以初步设计文件为依据,在单位工程概算的基础上汇总单项工程工程费用的成果文件,由单项工程中的各单位工程概算汇总编制而成,是建设项目总概算的组成部分。单项工程综合概算的组成内容如图5.2所示。

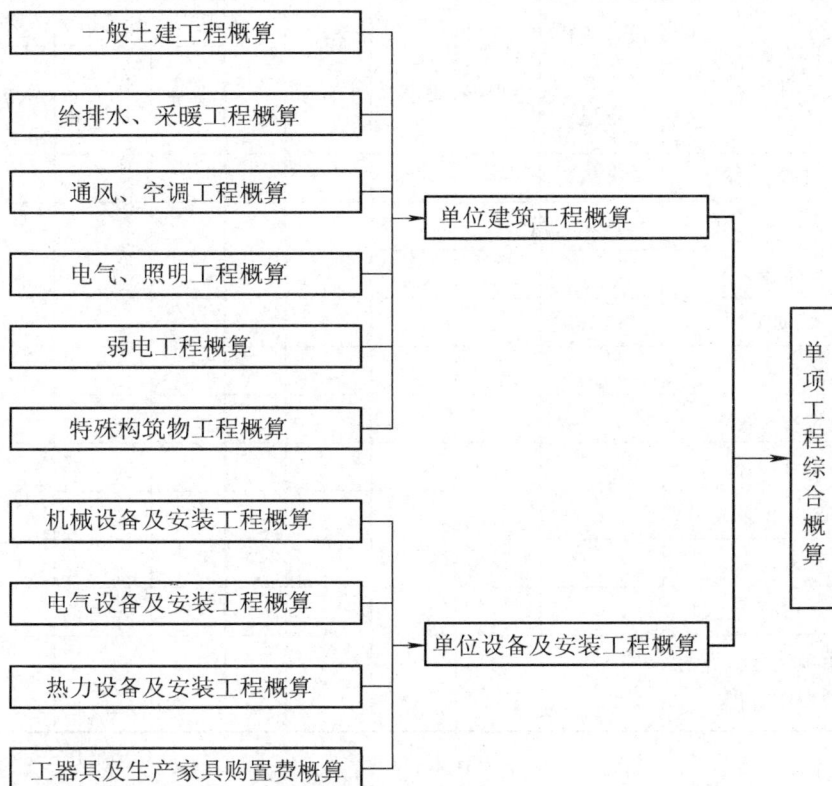

图5.2　单项工程综合概算的组成内容

单项工程综合概算是确定单项工程建设费用的综合性文件,它是由该单项工程所属的各专业单位工程概算汇总而成的,是建设项目总概算的组成部分。单项工程综合概算采用综合概算表(含其所附的单位工程概算表和建筑材料表)进行编制。对单一的、具有独立性的单项工程建设项目,按照两级概算编制形式,直接编制总概算。

综合概算表是根据单项工程所辖范围内的各单位工程概算等基础资料,按照国家或部委所规定的统一表格进行编制。对工业建筑而言,其概算包括建筑工程和设备及安装工程;对民用建筑而言,其概算包括土建工程、给排水、采暖、通风及电气照明工程等。

综合概算一般应包括建筑工程费用、安装工程费用、设备及工器具购置费。

5.2.8.1 单项工程综合概算表

单项工程综合概算表是根据单项工程内的各个单位工程概算等基础资料，按照国家或部委统一规定的表格进行编制的。单项工程综合概算表见表5.3。

表5.3 单项工程综合概算表

综合概算编号：　　　　　工程名称：　　　　　单位：万元　　　共 页 第 页

序号	概算编号	工程项目或费用名称	设计规模或主要工程量	建筑工程费	设备购置费	安装工程费	合计	其中：引进部分		主要技术经济指标		
								美元	折合人民币	单位	数量	单位价值
一		主要工程										
1	×	××××										
2	×	××××										
二		辅助工程										
1	×	××××										
2	×	××××										
三		配套工程										
1	×	××××										
2	×	××××										
		单项工程概算费用合计										

编制人：　　　　　　审核人：　　　　　　审定人：

5.2.8.2 建设项目总概算的编制

建设项目总概算是设计文件的重要组成部分，是预计整个建设项目从筹建到竣工交付使用所花费的全部费用的文件。它是由各单项工程综合概算、工程建设其他费用、建设期利息、预备费和经营性项目的铺底流动资金概算所组成，按照主管部门规定的统一表格进行编制而成的。

设计总概算文件应包括编制说明、总概算表、各单项工程综合概算书、工程建设其他费用概算表、主要建筑安装材料汇总表。独立装订成册的总概算文件宜加封面、签署页（扉页）和目录。

（1）封面、签署页和目录。

（2）编制说明。

① 工程概况。简述建设项目性质、特点、生产规模、建设周期、建设地点、主要工程量、工艺设备等情况。引进项目要说明引进内容以及与国内配套工程等主要情况。

② 编制依据。编制依据包括国家和有关部门的规定、设计文件、现行概算定额或概算指标、设备材料的预算价格和费用指标等。

③ 编制方法。说明设计概算是采用概算定额法，还是概算指标法，或其他方法。

④ 主要设备、材料的数量。

⑤ 主要技术经济指标。该项主要包括项目概算总投资（有引进的给出所需外汇额度）及主要分项投资、主要技术经济指标（主要单位投资指标）等。

⑥ 工程费用计算表。该项主要包括建筑工程费用计算表、工艺安装工程费用计算表、配套工程费用计算表、其他涉及的工程的工程费用计算表。

⑦ 引进设备材料有关费率取定及依据。该项主要是关于国外运输费、国外运输保险费、关税、增值税、国内运杂费、其他有关税费等。

⑧ 引进设备材料从属费用计算表。

⑨ 其他必要的说明。

（3）总概算表。总概算表见表5.4（适用于采用三级编制形式的总概算）。

表5.4　总概算表

总概算编号：　　　　工程名称：　　　　　　单位：万元　　　　　　　共　页　第　页

序号	概算编号	工程项目或费用名称	建筑工程费	设备购置费	安装工程费	其他费用	合计	其中：引进部分		占总投资比例
								美元	折合人民币	
一		工程费用								
1		主要工程								
2		辅助工程								
3		配套工程								
二		工程建设其他费用								
1										
2										

续表

序号	概算编号	工程项目或费用名称	建筑工程费	设备购置费	安装工程费	其他费用	合计	其中：引进部分		占总投资比例
								美元	折合人民币	
三		预备费								
四		建设期利息								
五		流动资金								
		建设项目概算总投资								

编制人：　　　　　　审核人：　　　　　　审定人：

（4）工程建设其他费用概算表。工程建设其他费用概算按国家或地区或部委所规定的项目和标准确定，并按统一格式编制（见表5.5）。应按具体发生的工程建设其他费用项目填写工程建设其他费用概算表，需要说明和具体计算的费用项目依次相应在说明及计算式栏内填写或具体计算。填写时注意以下事项：

① 土地征用及拆迁补偿费应填写土地补偿单价、数量和安置补助费标准、数量等，列式计算所需费用，填入金额栏。

② 建设管理费包括建设单位（业主）管理费、工程监理费等，按"建筑安装工程费×费率"或有关定额列式计算。

③ 研究试验费应根据设计需要进行研究试验的项目分别填写项目名称及金额或列式计算或进行说明。

表5.5　工程建设其他费用概算表

工程名称：　　　　　　单位：万元　　　　　　　　　共　页　第　页

序号	费用项目编号	费用项目名称	费用计算基数	费率	金额	计算公式	备注
1							
2							
	合计						

编制人：　　　　　　审核人：　　　　　　审定人：

（5）单项工程综合概算表和建筑安装单位工程概算表。

（6）主要建筑安装材料汇总表。针对每一个单项工程列出钢筋、型钢、水泥、木材等主要建筑安装材料的消耗量。

5.3 施工图预算的编制

5.3.1 施工图预算的含义与作用

1. 施工图预算的含义

施工图预算是以施工图设计文件为依据，按照规定的程序、方法和依据，在工程施工前对工程项目的工程费用进行的预测与计算。施工图预算的成果文件称作施工图预算书，也简称施工图预算，它是在施工图设计阶段对工程建设所需资金做出的较精确计算的设计文件。

施工图预算价格既可以是按照政府统一规定的预算单价、取费标准、计价程序计算而得到的属于计划或预期性质的施工图预算价格，也可以是经过招标投标法定程序后施工企业根据自身的实力即企业定额、资源市场单价以及市场供求及竞争状况计算得到的反映市场性质的施工图预算价格。

2. 施工图预算的作用

施工图预算作为建设工程建设程序中一个重要的技术经济文件，在工程建设实施过程中具有十分重要的作用，可以归纳为以下几个方面：

（1）施工图预算对投资方的作用。

① 施工图预算是设计阶段控制工程造价的重要环节，是控制施工图设计不突破设计概算的重要措施。

② 施工图预算是控制造价及资金合理使用的依据。施工图预算确定的预算造价是工程的计划成本，投资方按施工图预算造价筹集建设资金，合理安排建设资金计划，确保建设资金的有效使用，保证项目建设顺利进行。

③ 施工图预算是确定工程招标控制价的依据。在设置招标控制价的情况下，建筑安装工程的招标控制价可按照施工图预算来确定。招标控制价通常是在施工图预算的基础上考虑工程的特殊施工措施、工程质量要求、目标工期、招标工程范围以及自然条件等因素进行编制的。

④ 施工图预算可以作为确定合同价款、拨付工程进度款及办理工程结算的基础。

（2）施工图预算对施工企业的作用。

① 施工图预算是建筑施工企业投标报价的基础。在激烈的建筑市场竞争中，建筑施工企业需要根据施工图预算，结合企业的投标策略，确定投标报价。

② 施工图预算是建筑工程预算包干的依据和签订施工合同的主要内容。在采用总价合同的情况下，施工单位通过与建设单位协商，可在施工图预算的基础上，考虑设计或施工变更后可能发生的费用与其他风险因素，增加一定系数作为工程造价一次性包干价。同样，施工单位与建设单位签订施工合同时，其中工程价款的相关条款也必须以施工图预算为依据。

③ 施工图预算是施工企业安排调配施工力量、组织材料供应的依据。施工企业在施工前，可以根据施工图预算的人工、材料、机具分析，编制资源计划，组织材料、机具、设备和劳动力供应，并编制进度计划，统计完成的工作量，进行经济核算并考核经营成果。

④ 施工图预算是施工企业控制工程成本的依据。根据施工图预算确定的中标价格是施工企业收取工程款的依据，企业只有合理利用各项资源，采取先进技术和管理方法，将成本控制在施工图预算价格以内，才能获得良好的经济效益。

⑤ 施工图预算是进行"两算"对比的依据。施工企业可以通过施工图预算和施工预算的对比分析，找出差距，采取必要的措施。

（3）施工图预算在其他方面的作用。

① 对于工程咨询单位而言，尽可能客观、准确地为委托方做出施工图预算，不仅体现出其水平、素质和信誉，而且强化了投资方对工程造价的控制，有利于节省投资，提高建设项目的投资效益。

② 对于工程项目管理、监督等中介服务企业而言，客观、准确的施工图预算是为业主方提供投资控制的依据。

③ 对于工程造价管理部门而言，施工图预算是其监督、检查执行定额标准，合理确定工程造价，测算造价指数以及审定工程招标控制价的重要依据。

④ 如在履行合同的过程中发生经济纠纷，施工图预算还是有关仲裁、管理、司法机关按照法律程序处理、解决问题的依据。

5.3.2 施工图预算的编制内容

1. 施工图预算文件的组成

施工图预算由建设项目总预算、单项工程综合预算和单位工程预算组成。建设项目总预算由单项工程综合预算汇总而成，单项工程综合预算由组成本单项工程的各单位工程预算汇总而成，单位工程预算包括建筑工程预算和设备及安装工程预算。

施工图预算根据建设项目实际情况可采用三级预算编制或二级预算编制形式。当建设项目有多个单项工程时，应采用三级预算编制形式，三级预算编制形式由建设项目总预算、单项工程综合预算和单位工程预算组成。当建设项目只有一个单项工程时，应采用二级预算编制形式，二级预算编制形式由建设项目总预算和单位工程预算组成。采用三级预算编制形式的工程预算文件包括封面、签署页及目录、编制说明、总预算表、综合预算表、单位工程预算表、附件等内容。采用二级预算编制形式的工程预算文件包括封面、签署页及目录、编制说明、总预算表、单位工程预算表、附件等内容。

2. 施工图预算的内容

按照预算文件的不同，施工图预算的内容有所不同。建设项目总预算是反映施工图设计阶段建设项目投资总额的造价文件，是施工图预算文件的主要组成部分，由组成该建设项目的各个单项工程综合预算和相关费用组成，具体包括建筑安装工程费、设备及工器具购置费、工程建设其他费用、预备费、建设期利息及铺底流动资金。施工图总预算应控制在已批准的设计总概算投资范围以内。

单项工程综合预算是反映施工图设计阶段一个单项工程（设计单元）造价的文件，是总预算的组成部分，由构成该单项工程的各个单位工程施工图预算组成。其编制的费用项目是各单项工程的建筑安装工程费和设备及工器具购置费总和。

单位工程预算是依据单位工程施工图设计文件、现行预算定额以及人工、材料和施工机械台班价格等，按照规定的计价方法编制的工程造价文件，包括单位建筑工程预算和单位设备及安装工程预算。单位建筑工程预算是建筑工程各专业单位工程施工图预算的总称，按其工程性质分为一般土建工程预算、给排水工程预算、采暖通风工程预算、煤气工程预算、电气照明工程预算、弱电工程预算、特殊构筑物（如烟窗、水塔等）工程预算以及工业管道工程预算等。单位设备及安装工程预算是安装工程各专业单位工程预算的总称，单位设备及安装工程预算按其工程性质分为机械设备安装工程预算、电气设备安装工程预算、工业管道工程预算和热力设备安装工程预算等。

5.3.3 施工图预算的编制依据及原则

1. 施工图预算的编制依据

施工图预算的编制必须遵循以下依据：

（1）国家、行业和地方有关规定；

（2）相应工程造价管理机构发布的预算定额；

（3）施工图设计文件及相关标准图集和规范；

（4）项目相关文件、合同、协议等；

（5）工程所在地的人工、材料、设备、施工机械预算价格；

（6）施工组织设计和施工方案；

（7）项目的管理模式、发包模式及施工条件；

（8）其他应提供的资料。

2. 施工图预算的编制原则

（1）严格执行国家的建设方针和经济政策的原则。施工图预算要严格按照党和国家的方针、政策编制，坚决执行勤俭节约的方针，严格执行规定的设计和建设标准。

（2）完整、准确地反映设计内容的原则。编制施工图预算时，要认真了解设计意图，根据设计文件、图纸准确计算工程量，避免重复和漏算。

（3）坚持结合拟建工程的实际，反映工程所在地当时价格水平的原则。编制施工图预算时，要求实事求是地对工程所在地的建设条件、可能影响造价的各种因素进行认真的调查研究。在此基础上，正确使用定额、费率和价格等各项编制依据，按照现行工程造价的构成，根据有关部门发布的价格信息及价格调整指数，考虑建设期的价格变化因素，使施工图概算尽可能地反映设计内容、施工条件和实际价格。

5.3.4　相关施工图预算的编制

5.3.4.1　单位工程施工图预算的编制

1. 建筑安装工程费计算

单位工程施工图预算包括建筑工程费、安装工程费和设备及工器具购置费。单位工程施工图预算中的建筑安装工程费预算应根据施工图设计文件、预算定额（或综合单价）以及人工、材料及施工机械台班等价格资料进行计算。由于施工图预算既可以是设计阶段的施工图预算书，也可以是招标或投标，甚至施工阶段依据施工图纸形成的计价文件，因而，它的编制方法较为多样。在设计阶段，主要采用的编制方法是单价法，招标及施工阶段主要的编制方法是基于工程量清单的综合单价法。在此主要介绍设计阶段的单价法，单价法又可分为工料单价法和全费用综合单价法。单位工程施工图预算中建筑安装工程费的计算程序如图5.3所示。

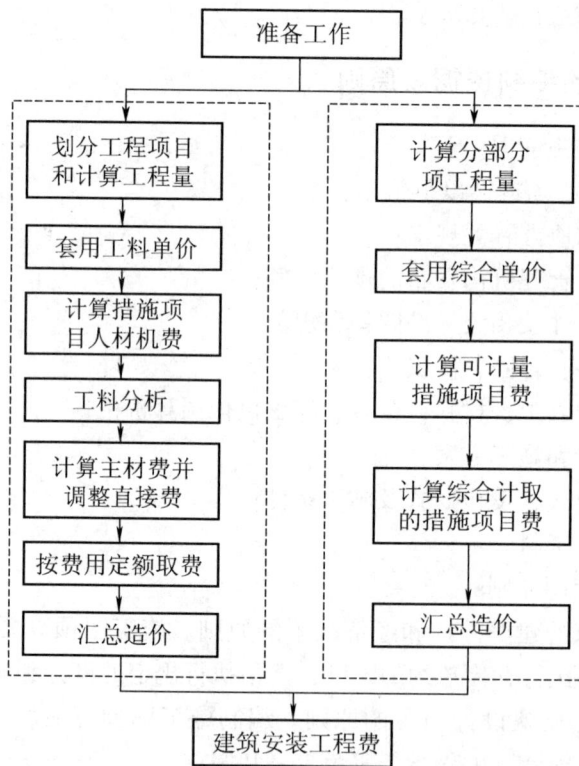

图5.3　单位工程施工图预算中建筑安装工程费的计算程序

（1）工料单价法。工料单价法是指分部分项工程及措施项目的单价为工料单价，将子项工程量乘以对应工料单价后的合计作为直接费，将直接费汇总后，再根据规定的计算方法计取企业管理费、利润、规费和税金，将上述费用汇总后得到该单位工程的施工图预算造价。工料单价法中的单价一般采用地区统一单位估价表中的各子目工料单价（定额基价）。工料单价法的计算公式如下：

建筑安装工程预算造价 = $\sum$（子目工程量×子目工料单价）+ 企业管理费 + 利润 + 规费 + 税金

　　① 准备工作。准备工作阶段应主要完成以下工作内容。

　　a. 收集编制施工图预算的编制依据。其中主要包括现行建筑安装定额、取费标准、工程量计算规则、地区材料预算价格以及市场材料价格等各种资料。工料单价法收集资料一览表见表5.6。

表 5.6　工料单价法收集资料一览表

序号	资料分类	资料内容
1	国家规范	国家或省级、行业建设主管部门颁发的计价依据和办法
2		预算定额
3	地方规范	××地区建筑工程消耗量标准
4		××地区建筑装饰工程消耗量标准
5		××地区安装工程消耗量标准
6	建设项目有关资料	建设工程设计文件及相关资料，包括施工图纸等
7		施工现场情况、工程特点及常规施工方案
8		经批准的初步设计概算或修正概算
9		工程所在地的劳资、材料、税务、交通等方面的资料
10	其他有关资料	

　　b. 熟悉施工图等基础资料。熟悉施工图纸、有关的通用标准图、图纸会审记录、设计变更通知等资料，并检查施工图纸是否安全、尺寸是否清楚，了解设计意图，掌握工程全貌。

　　c. 了解施工组织设计和施工现场情况。全面分析各分部分项工程，充分了解施工组织设计和施工方案，如工程进度、施工方法、人员使用、材料消耗、施工机械、技术措施等内容，注意影响费用的关键因素；核实施工现场情况，包括工程所在地地质、地形、地貌等情况，工程实地情况，当地气象资料，当地材料供应地点及运距等情况；了解工程布置、地形条件、施工条件、料场开采条件、场内外交通运输条件等。

　　② 列项并计算工程量。工程量计算一般按下列步骤进行：首先将单位工程划分为若干分项工程，划分的项目必须和定额规定的项目一致，这样才能正确地套用定额。不能重复列项计算，也不能漏项少算。工程量应严格按照图纸尺寸和现行定额规定的工程量计算规则进行计算，分项子目的工程量应遵循一定的顺序逐项计算，避免漏算和重算。

　　a. 根据工程内容和定额项目，列出需计算工程量的分部分项工程。

b. 根据一定的计算顺序和计算规则,列出分部分项工程量的计算式。

c. 根据施工图纸上的设计尺寸及有关数据,代入计算式进行数值计算。

d. 对计算结果的计量单位进行调整,使之与定额中相应的分部分项工程的计量单位保持一致。

③ 套用定额预算单价。核对工程量计算结果后,将定额子项中的基价填于预算表单价栏内,并将单价乘以工程量得出合价,将结果填入合价栏,汇总求出分部分项工程人材机费合计。计算分部分项工程人材机费时需要注意以下几个问题:

a. 分项工程的名称需要按实际使用材料价格换算,与预算价表中所列内容完全一致时,可以直接套用预算单价。

b. 分项工程的主要材料品种与预算单价或单位估价表中规定材料不一致时,不可以直接套用预算单价,需要按实际使用材料价格换算预算单价。

c. 分项工程施工工艺条件与预算单价或单位估价表不一致而造成人工、机具的数量增减时,一般调量不调价。

④ 计算直接费。直接费为分部分项工程人材机费与措施项目人材机费之和。措施项目人材机费应按下列规定计算。

a. 可以计量的措施项目人材机费与分部分项工程人材机费的计算方法相同;

b. 综合计取的措施项目人材机费应以该单位工程的分部分项工程人材机费和可以计量的措施项目人材机费之和为基数乘以相应费率计算。

⑤ 编制工料分析表。工料分析是指按照各分项工程或措施项目,依据定额或单位估价表,首先从定额项目表中分别将各子目消耗的每项材料和人工的定额消耗量查出,再分别乘以该工程项目的工程量,得到各分项工程或措施项目工料消耗量,最后将各类工料消耗量加以汇总,得出单位工程人工、材料的消耗数量,即

人工消耗量 = 某工种定额用工量 × 某分项工程或措施项目工程量

材料消耗量 = 某种材料定额用量 × 某分项工程或措施项目工程量

分部分项工程(含措施项目)工料分析表见表 5.7。

表 5.7 分部分项工程工料分析表

项目名称:　　　　　　　　编号:

序号	定额编号	分部(项)工程名称	单位	工程量	人工/工日	主要材料			其他材料费/元
						材料1	材料2	……	

编制人:　　　　　　审核人:

⑥ 计算主材费并调整直接费。许多定额项目基价为不完全价格,即主材费未包括在内。因此,还应单独计算出主材费,计算完成后将主材费的价差加入直接费。主材费计算的依据

是当时当地的市场价格。

⑦ 按计价程序计取其他费用，并汇总造价。根据规定的税率、费率和相应的计取基础，分别计算企业管理费、利润、规费和税金。将上述费用累计后与直接费进行汇总，求出建筑安装工程预算造价。与此同时，计算工程的技术经济指标，如单方造价等。

⑧ 复核。对项目填列、工程量计算公式、计算结果、套用单价、取费费率、数字计算结果、数据精确度等进行全面复核，及时发现差错并修改，以保证预算的准确性。

⑨ 填写封面、编制说明。封面应写明工程编号、工程名称、预算总造价和单方造价等，将封面、编制说明、预算费用汇总表、材料汇总表、工程预算分析表，按顺序编排并装订成册，便完成了单位施工图预算的编制工作。

（2）全费用综合单价法。采用全费用综合单价法编制建筑安装工程预算的程序与工料单价法大体相同，只是直接采用包含全部费用和税金等项在内的综合单价进行计算，过程更加简单，其目的是适应目前推行的全过程全费用单价计价的需要。

① 分部分项工程费的计算。建筑安装工程预算的分部分项工程费应由各子目的工程量乘以各子目的综合单价汇总而成。各子目的工程量应按预算定额的项目划分及其工程量计算规则计算。各子目的综合单价应包括人工费、材料费、施工机具使用费、管理费、利润、规费和税金。

② 综合单价的计算。各子目综合单价的计算可通过预算定额及其配套的费用定额确定。其中，人工费、材料费、施工机具使用费应根据相应的预算定额子目的人材机要素消耗量，以及报告编制期人材机的市场价格（不含增值税进项税额）等因素确定；管理费、利润、规费、税金等应依据预算定额配套的费用定额或取费标准，并依据报告编制期拟建项目的实际情况、市场水平等因素确定。编制建筑安装工程预算时应同时编制综合单价分析表，建筑安装工程施工图预算综合单价分析表见表5.8。

③ 措施项目费的计算。建筑安装工程预算的措施项目费应按下列规定计算。

a. 可以计量的措施项目费与分部分项工程费的计算方法相同；

b. 综合计取的措施项目费应以该单位工程的分部分项工程费和可以计量的措施项目费之和为基数乘以相应费率计算。

④ 分部分项工程费与措施项目费之和即建筑安装工程施工图预算费用。

2. 设备及工器具购置费计算

设备购置费由设备原价和设备运杂费构成；未达到固定资产标准的工器具购置费一般以设备购置费为计算基数，按照规定的费率计算。

3. 单位工程施工图预算书编制

单位工程施工图预算由建筑安装工程费和设备及工器具购置费组成，将计算好的建筑安装工程费和设备及工器具购置费相加，即得到单位工程施工图预算，即

单位工程施工图预算 = 建筑安装工程费预算 + 设备及工器具购置费

单位工程施工图预算书由单位建筑工程施工图预算表（见表5.9）和单位设备及安装工程施工图预算表（见表5.10）组成。

表 5.8　建筑安装工程施工图预算综合单价分析表

施工图预算编号：　　　　　　　　单项工程名称：　　　　　　　　共　页　第　页

项目编码		项目名称		计量单位		工程数量	

综合单价组成分析

定额编号	定额名称	定额单位	定额直接费单价/元			直接费合价/元		
			人工费	材料费	施工机具使用费	人工费	材料费	施工机具使用费

间接费及利润、税金计算	类别	取费基数描述	取费基数	费率	金额/元	备注
	管理费					
	利润					
	规费					
	税金					
	综合单价/元					

预算定额人材机消耗量和单价分析	人材机项目名称及规格、型号	单位	消耗量	单价/元	合价/元	备注

编制人：　　　　　　　　审核人：　　　　　　　　审定人：

注：1. 本表适用于采用分部分项工程项目，以及可以计量措施项目的综合单价分析；

2. 在进行预算定额消耗量和单价分析时，消耗量应采用预算定额消耗量，单价应为报告编制期的市场价。

表 5.9　单位建筑工程施工图预算表

施工图预算编号：　　　　　　　　单项工程项目名称：　　　　　　　　共　页　第　页

序号	项目编码	工程项目或费用名称	项目特征	单位	数量	综合单价/元	合价/元
一		分部分项工程					
（一）		土石方工程					
1	××	××××					
2	××	××××					

序号	项目编码	工程项目或费用名称	项目特征	单位	数量	综合单价/元	合价/元
（二）		砌筑工程					
1	××	×××××					
（三）		楼地面工程					
1	××	×××××					
（四）		××工程					
		分部分项工程费用小计					
二		可计量措施项目					
（一）		××工程					
1	××	×××××					
2	××	×××××					
（二）		××工程					
1	××	×××××					
		可计量措施项目费小计					
三		综合取定的措施项目费					
1		安全文明施工费					
2		夜间施工增加费					
3		二次搬运费					
4		冬雨季施工增加费					
	××	×××××					
		综合取定的措施项目费小计					
		合计					

编制人：　　　　　　　审核人：　　　　　　　审定人：

注：建筑工程施工图预算表应以单项工程为对象进行编制，表中综合单价应通过综合单价分析表计算获得。

表 5.10　单位设备及安装工程施工图预算表

施工图预算编号：　　　　　　　单项工程名称：　　　　　　　　共　页　第　页

序号	项目编码	工程项目或费用名称	项目特征	单位	数量	综合单价/元		合价/元	
						安装工程费	其中：设备费	安装工程费	其中：设备费
一		分部分项工程							
(一)		机械设备安装工程							
1	××	×××××							
(二)		电气工程							
1	××	×××××							
(三)		给排水工程							
1	××	×××××							
(四)		××工程							
		分部分项工程费用小计							
二		可计量措施项目							
(一)		××工程							
1	××	×××××							
2	××	×××××							
(二)		××工程							
1	××	×××××							
		可计量措施项目费小计							
三		综合取定的措施项目费							
1		安全文明施工费							
2		夜间施工增加费							
3		二次搬运费							
4		冬雨季施工增加费							
	××	×××××							

续表

序号	项目编码	工程项目或费用名称	项目特征	单位	综合单价/元		合价/元	
					数量	安装工程费	其中：设备费	安装工程费	其中：设备费
		综合取定的措施项目费小计							
		合计							

注：设备及安装工程预算表应以单项工程为对象进行编制，表中综合单价应通过综合单价分析表计算获得。

5.3.4.2 单项工程综合预算的编制

单项工程综合预算由组成该单项工程的各个单位工程预算汇总而成。计算公式如下：

单项工程综合预算 = ∑单位建筑工程费 + ∑单位设备及安装工程费

单项工程综合预算书主要由综合预算表构成，综合预算表见表 5.11。

表 5.11　综合预算表

综合预算编号：　　　　工程名称（单项工程）：　　　　单位：万元　　共　页　第　页

序号	预算编号	工程项目或费用名称	设计规模或主要工程量	建筑工程费	设备及工器具购置费	安装工程费	合计	其中：引进部分	
								美元	折合人民币
一		主要工程							
1		×××××							
2		×××××							
二		辅助工程							
1		×××××							
2		×××××							
三		配套工程							
1		×××××							
2		×××××							
		单项工程预算费用合计							

编制人：　　　　　　　　审核人：　　　　　　　　项目负责人：

5.3.4.3 建设项目总预算的编制

建设项目总预算由组成该建设项目的各个单项工程综合预算,以及经计算的工程建设其他费、预备费和建设期利息和铺底流动资金汇总而成。三级预算编制中,总预算由综合预算和工程建设其他费、预备费、建设期利息及铺底流动资金汇总而成,计算公式如下:

总预算 = ∑单项工程施工图预算 + 工程建设其他费 + 预备费 + 建设期利息 + 铺底流动资金

二级预算编制中,总预算由单位工程施工图预算和工程建设其他费、预备费、建设期贷款利息及铺底流动资金汇总而成,计算公式如下:

总预算 = ∑单位建筑工程费 + ∑单位设备及安装工程费 + 工程建设其他费 + 预备费 + 建设期利息 + 铺底流动资金

工程建设其他费、预备费、建设期利息及铺底流动资金的具体编制方法可参照第1章的相关内容。以建设项目施工图预算编制时为界限,若上述费用已经发生,按合理发生金额列计,如果还未发生,则按照原概算内容和本阶段的计费原则计算列入。

采用三级预算编制形式的工程预算文件,包括封面、签署页及目录、编制说明、总预算表、综合预算表、单位工程预算表、附件等内容。其中,总预算表见表5.12。

表 5.12 总预算表

序号	预算编号	工程项目或费用名称	建筑工程费	设备及工器具购置费	安装工程费	其他费用	合计	其中:引进部分		占总投资比例
								美元	折合人民币	
一		工程费用								
1		主要工程								
		×××××								
		×××××								
2		辅助工程								
		×××××								
3		配套工程								
		×××××								
二		其他费用								
1		×××××								
2		×××××								

序号	预算编号	工程项目或费用名称	建筑工程费	设备及工器具购置费	安装工程费	其他费用	合计	其中：引进部分		占总投资比例
								美元	折合人民币	
三		预备费								
四		专项费用								
1		×××××								
2		×××××								
		建设项目预算总投资								

5.4 招标控制价的编制

《中华人民共和国招标投标法实施条例》规定，招标人可以自行决定是否编制标底，一个招标项目只能有一个标底，标底必须保密。同时规定，招标人设有最高投标限价的，应当在招标文件中明确最高投标限价或者最高投标限价的计算方法，招标人不得规定最低投标限价。

5.4.1 招标控制价的编制规定与依据

招标控制价是指根据国家或省级建设行政主管部门颁发的有关计价依据和办法，依据拟订的招标文件和招标工程量清单，结合工程具体情况发布的招标工程的最高投标限价。根据中华人民共和国住房和城乡建设部颁布的《建筑工程施工发包与承包计价管理办法》（建设部令第16号）的规定，国有资金投资的建筑工程招标的，应当设有最高投标限价；非国有资金投资的建筑工程招标的，可以设有最高投标限价或者招标标底。

1. 招标控制价与标底的关系

招标控制价是推行工程量清单计价过程中对传统标底概念的性质进行界定后所设置的专业术语，它使招标时评标定价的管理方式发生了很大的变化。设标底招标、无标底招标以及招标控制价招标的利弊分析如下：

（1）设标底招标。

① 设标底时易发生泄露标底及暗箱操作的现象，失去招标的公平、公正性，容易诱发违法违规行为。

② 编制的标底价是预期价格，因较难考虑施工方案、技术措施对造价的影响，容易与市场造价水平脱节，不利于引导投标人理性竞争。

③ 标底在评标过程的特殊地位使标底价成为左右工程造价的杠杆，不合理的标底会使合理的投标报价在评标中显得不合理，有可能成为地方或行业保护的手段。

④ 将标底作为衡量投标人报价的基准，导致投标人尽力地去迎合标底，往往招标投标过程反映的不是投标人实力的竞争，而是投标人编制预算文件能力的竞争，或者各种合法或非法的"投标策略"的竞争。

（2）无标底招标。

① 容易出现围标串标现象，各投标人哄抬价格，给招标人带来投资失控的风险。

② 容易出现低价中标后偷工减料，以牺牲工程质量来降低工程成本，或产生先低价中标，后高额索赔等不良后果。

③ 评标时，招标人对投标人的报价没有参考依据和评判基准。

（3）招标控制价招标。

① 采用招标控制价招标的优点：

a. 可有效控制投资，防止恶性哄抬报价带来的投资风险；

b. 提高了透明度，避免了暗箱操作、寻租等违法活动的产生；

c. 可使各投标人自主报价、公平竞争，符合市场规律。投标人自主报价，不受标底的左右；

d. 既设置了控制上限又尽量地减少了业主依赖评标基准价的影响。

② 采用招标控制价招标也可能出现如下问题：

a. 若"最高限价"大大高于市场平均价，就预示中标后利润很丰厚，只要投标不超过公布的限额都是有效投标，从而可能诱导投标人围标串标。

b. 若公布的最高限价远远低于市场平均价，就会影响招标效率，即可能出现只有 1～2 人投标或出现无人投标情况，因为按此限额投标将无利可图，超出此限额投标又成为无效投标，结果使招标人不得不修改招标控制价进行二次招标。

2. 编制招标控制价的规定

（1）国有资金投资的工程建设项目应实行工程量清单招标，招标人应编制招标控制价，并应当拒绝高于招标控制价的投标报价，即投标人的投标报价若超过公布的招标控制价，则其投标应被否决。

（2）招标控制价应由具有编制能力的招标人或受其委托具有相应资质的工程造价咨询人编制。工程造价咨询人不得同时接受招标人和投标人对同一工程的招标控制价和投标报价的编制。

（3）招标控制价应当依据工程量清单、工程计价有关规定和市场价格信息等编制。招标控制价应在招标文件中公布，对所编制的招标控制价不得进行上浮或下调。招标人应当在招标时公布招标控制价的总价，以及各单位工程的分部分项工程费、措施项目费、其他项目费、规费和税金。

（4）招标控制价超过批准的概算时，招标人应将其报原概算审批部门审核。这是由于我国对国有资金投资项目的投资控制实行的是设计概算审批制度，国有资金投资的工程，原则上不能超过批准的设计概算。

（5）投标人经复核认为招标人公布的招标控制价未按照《建设工程工程量清单计价规范》（GB 50500—2013）的规定进行编制的，应在招标控制价公布后5天内向招标投标监督机构和工程造价管理机构投诉。工程造价管理机构受理投诉后，应立即对招标控制价进行复查，组织投诉人、被投诉人或其委托的招标控制价编制人等单位人员对投诉问题逐一核对。工程造价管理机构应当在受理投诉的10天内完成复查，特殊情况下可适当延长，并做出书面结论通知投诉人、被投诉人及负责该工程招投标监督的招投标管理机构。当招标控制价复查结论与原公布的招标控制价误差大于±3%时，应责成招标人改正。当重新公布招标控制价时，若自重新公布之日起至原投标截止期不足15天的，应延长投标截止期。

（6）招标人应将招标控制价及有关资料报送工程所在地或有该工程管辖权的行业管理部门工程造价管理机构备查。

3. 招标控制价的编制依据

招标控制价的编制依据是指在编制招标控制价时需要进行工程量计量、价格确认、工程计价的有关参数、率值的确定等工作时所需的基础性资料，主要包括：

（1）现行国家标准《建设工程工程量清单计价规范》（GB 50500—2013）与各专业工程计量规范。

（2）国家或省级、行业建设主管部门颁发的计价定额和计价办法。

（3）建设工程设计文件及相关资料。

（4）拟定的招标文件及招标工程量清单。

（5）与建设项目相关的标准、规范、技术资料。

（6）施工现场情况、工程特点及常规施工方案。

（7）工程造价管理机构发布的工程造价信息，但工程造价信息没有发布的，参照市场价。

（8）其他的相关资料。

5.4.2　招标控制价的编制内容

1. 招标控制价计价程序

建设工程的招标控制价反映的是单位工程费用，各单位工程费用是由分部分项工程费、措施项目费、其他项目费、规费和税金组成的。建设单位工程招标控制价计价程序（施工企业投标报价计价程序）表见表5.13。

由于投标人（施工企业）投标报价计价程序（见第2章）与招标人（建设单位）招标控制价计价程序具有相同的表格，为便于对比分析，此处将两种表格合并列出，其中表格栏目中斜线后带括号的内容用于投标报价，其余为通用栏目。

表 5.13　建设单位工程招标控制价计价程序（施工企业投标报价计价程序）表

工程名称：　　　　　　　　标段：　　　　　　　　　　　第　页　共　页

序号	汇总内容	计算方法	金额/元
1	分部分项工程	按计价规定计算/（自主报价）	
1.1			
1.2			
2	措施项目	按计价规定计算/（自主报价）	
2.1	其中：安全文明施工费	按规定标准估算/（按规定标准计算）	
3	其他项目		
3.1	其中：暂列金额	按计价规定估算/（按招标文件提供金额计列）	
3.2	其中：专业工程暂估价	按计价规定估算/（按招标文件提供金额计列）	
3.3	其中：计日工	按计价规定估算/（自主报价）	
3.4	其中：总承包服务费	按计价规定估算/（自主报价）	
4	规费	按规定标准计算	
5	税金	（人工费＋材料费＋施工机具使用费＋企业管理费＋利润＋规费）×规定税率	
	招标控制价/（投标报价）	合计＝1＋2＋3＋4＋5	

注：本表适用于单位工程招标控制价计算或投标报价计算，如无单位工程划分，单项工程也使用本表。

2. 分部分项工程费的编制

分部分项工程费应根据招标文件中的分部分项工程量清单及有关要求，按《建设工程工程量清单计价规范》（GB 50500—2013）有关规定确定综合单价计价。

（1）综合单价的组价过程。招标控制价的分部分项工程费应由各单位工程的招标工程量清单中给定的工程量乘以其相应综合单价汇总而成。综合单价应按照招标人发布的分部分项工程量清单的项目名称、工程量、项目特征描述，依据工程所在地区颁发的计价定额和人工、材料、机械台班价格信息等进行组价确定。首先，依据提供的工程量清单和施工图纸，按照工程所在地区颁发的计价定额的规定，确定所组价的定额项目名称，并计算出相应的工程量；其次，依据工程造价政策规定或工程造价信息确定其人工、材料、机械台班单价；再次，在考虑风险因素确定管理费率和利润率的基础上，按规定程序计算出所组价定额项目的合价；最后，将若干项所组价的定额项目合价相加除以工程量清单项目工程量，便得到工程量清单项目综合单价，对于未计价材料费（包括暂估单价的材料费）应计入综合单价。

定额项目合价＝定额项目工程量×[∑（定额人工消耗量×人工单价）＋∑（定额材料消耗量×材料单价）＋∑（定额机械台班消耗量×机械台班单价）＋价差（基价或人工、材料、施工机具使用费用）＋管理费和利润]

$$工程量清单综合单价 = \frac{\sum 定额项目合价 + 未计价材料}{工程量清单项目工程量}$$

（2）综合单价中的风险因素。为使招标控制价与投标报价所包含的内容一致，综合单价中应包括招标文件中要求投标人所承担的风险内容及其范围（幅度）产生的风险费用。

① 对于技术难度较大和管理复杂的项目，可考虑一定的风险费用，并纳入综合单价中。

② 对于工程设备、材料价格的市场风险，应依据招标文件的规定、工程所在地或行业工程造价管理机构的有关规定，以及市场价格趋势考虑一定率值的风险费用，纳入综合单价中。

③ 税金、规费等法律、法规、规章和政策变化的风险和人工单价等风险费用不应纳入综合单价。

3. 措施项目费的编制

（1）措施项目费中的安全文明施工费应当按照国家或省级、行业建设主管部门的规定标准计价，该部分不得作为竞争性费用。

（2）措施项目应按招标文件中提供的措施项目清单确定，措施项目分为以"量"计算和以"项"计算两种。对于可计量的措施项目，以"量"计算即按其工程量用与分部分项工程工程量清单单价相同的方式确定综合单价；对于不可计量的措施项目，则以"项"为单位，采用费率法按有关规定综合取定，采用费率法时需确定某项费用的计费基数及其费率，结果应是包括除规费、税金以外的全部费用，其计算公式为

以"项"计算的措施项目清单费 = 措施项目计费基数 × 费率

4. 其他项目费的编制

（1）暂列金额。暂列金额由招标人根据工程特点、工期长短，按有关计价规定进行估算，一般可以分部分项工程费的 10% ~ 15% 为参考。

（2）暂估价。暂估价中的材料单价应按照工程造价管理机构发布的工程造价信息中的材料单价计算，工程造价信息未发布的材料单价，其单价参考市场价格估算；暂估价中的专业工程暂估价应分不同专业，按有关计价规定估算。

（3）计日工。内容见第 4 章

（4）总承包服务费。内容见第 4 章

5. 规费和税金的编制

规费和税金必须按国家或省级、行业建设主管部门的规定计算，其中：

税金 =（人工费 + 材料费 + 施工机具使用费 + 企业管理费 + 利润 + 规费）× 综合税率

6. 编制招标控制价时应注意的问题

（1）采用的材料价格应是工程造价管理机构通过工程造价信息发布的材料价格，工程造价信息未发布单价的材料，其材料价格应通过市场调查确定。另外，未采用工程造价管理机构发布的工程造价信息时，需在招标文件或答疑补充文件中对招标控制价采用的与造价信息不一

致的市场价格予以说明，采用的市场价格则应通过调查、分析确定，有可靠的信息来源。

（2）施工机械设备的选型直接关系到综合单价水平，应根据工程项目特点和施工条件，本着经济实用、先进高效的原则确定。

（3）应该正确、全面地使用行业和地方的计价定额与相关文件。

（4）不可竞争的措施项目和规费、税金等费用的计算均属于强制性的条款，编制招标控制价时应按国家有关规定计算。

（5）不同工程项目、不同施工单位会有不同的施工组织方法，所发生的措施费也会有所不同，因此，对于竞争性的措施费用的确定，招标人应首先编制常规的施工组织设计或施工方案，然后经专家论证确认后再合理确定措施项目与费用。

5.5　工程投标报价的编制

投标报价是投标人响应招标文件要求所报出的，在已标价工程量清单中标明的总价，它是依据招标工程量清单所提供的工程数量，计算综合单价与合价后所形成的。为使投标报价更加合理并具有竞争性，通常投标报价的编制应遵循一定的程序，投标报价编制流程图如图5.4所示。

5.5.1　投标报价前期工作

1. 研究招标文件

投标人取得招标文件后，为保证工程量清单报价的合理性，应对投标人须知、合同条件、技术规范、图纸和工程量清单等重点内容进行分析，深刻而正确地理解招标文件和业主的意图。

（1）投标人须知。投标人须知反映了招标人对投标的要求，特别要注意项目的资金来源、投标书的编制和递交、投标保证金、更改或备选方案、评标方法等，重点在于防止投标被否决。

（2）合同分析。

① 合同背景分析。投标人有必要了解与自己承包的工程内容有关的合同背景，了解监理方式，了解合同的法律依据，为报价和合同实施及索赔提供依据。

② 合同形式分析，主要分析承包方式（如分项承包、施工承包、设计与施工总承包和管理承包等）、计价方式（如单价方式、总价方式、成本加酬金方式等）。

③ 合同条款分析，主要包括：

a. 承包商的任务、工作范围和责任。确定投标报价的程序。

b. 工程变更及相应的合同价款调整。

c. 付款方式、时间。应注意合同条款中关于工程预付款、材料预付款的规定。根据这些规定和预计的施工进度计划，计算出占用资金的数额和时间，从而计算出需要支付的利息

```
                    ┌─────────────────┐
                    │  取得招标信息     │
                    └────────┬────────┘
                             ↓
                    ┌─────────────────┐
                    │ 确定参加投标，准备资料│
                    └────────┬────────┘
                             ↓
                    ┌─────────────────┐
                    │通过资格预审，获取招标文件│
                    └────────┬────────┘
                             ↓
前期工作             ┌─────────────────┐
                    │  组建投标报价班子  │
                    └────────┬────────┘
         ┌──────────────┼──────────────┐
   ┌──────────┐  ┌──────────────┐  ┌──────────┐
   │研究招标文件│  │准备与投标有关的所有资料│  │工程现场调查│
   └──────────┘  └──────────────┘  └──────────┘

         ┌──────────────┼──────────────┐
   ┌──────────┐  ┌──────────┐  ┌──────────┐
   │收集投标信息│  │复核工程量│  │各种询价│
   └──────────┘  └─────┬────┘  └──────────┘
调查询价              ↓
                ┌──────────────┐
                │ 制定项目管理规划│
                └──────────────┘

      ┌──────────┬──────┬──────┬──────────┐
   ┌──────────┐┌──────┐┌──────┐┌──────────┐
   │分部分项工程项目││措施项目││其他项目││规费税金项目│
   └──────────┘└──────┘└──────┘└──────────┘
                ┌──────────────────┐
                │计算分部分项综合单价及措施费│
                └────────┬─────────┘
                         ↓
报价编制        ┌──────────────┐
                │  确定基础标价  │
                └──────┬───────┘
                       ↓
                ┌──────────────┐
                │选择报价策略调整标价│
                └──────┬───────┘
                       ↓
                ┌──────────────┐
                │ 最终确定投标报价│
                └──────┬───────┘
                       ↓
                ┌──────────────┐
                │  编制投标文件  │
                └──────────────┘
```

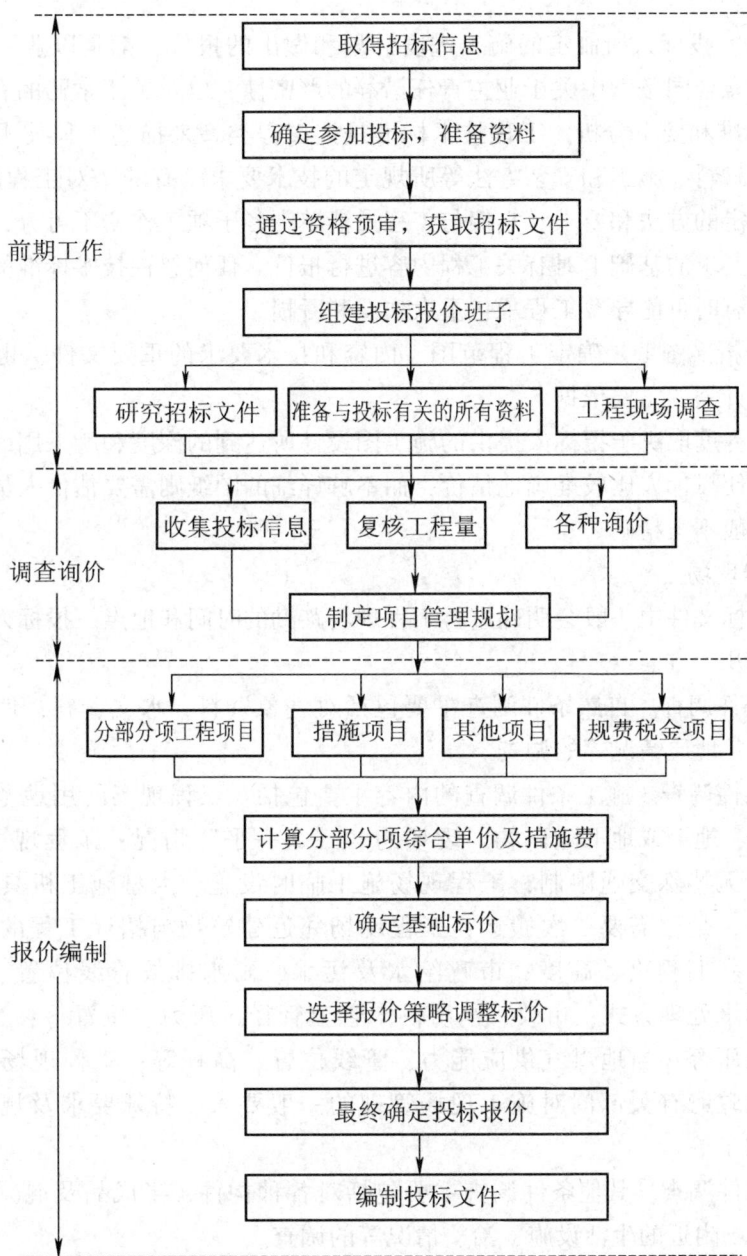

图 5.4 投标报价编制流程图

数额并计入投标报价。

d. 施工工期。合同条款中关于合同工期、竣工日期、部分工程分期交付工期等规定，这是投标人制订施工进度计划的依据，也是报价的重要依据。要注意合同条款中有无工期奖罚的规定，尽可能做到在工期符合要求的前提下报价有竞争力，或在报价合理的前提下工期有竞争力。

e. 业主责任。投标人所制定的施工进度计划和做出的报价，都是以业主履行责任为前提的，所以应注意合同条款中关于业主责任措辞的严密性，以及关于索赔的有关规定。

（3）技术标准和要求分析。工程技术标准是按工程类型来描述工程技术和工艺内容特点的，对设备、材料、施工和安装方法等所规定的技术要求，有的是对工程质量进行检验、试验和验收所规定的方法和要求。它们与工程量清单中各子项工作密不可分，报价人员应在准确理解招标人要求的基础上对有关工程内容进行报价。任何忽视技术标准的报价都是不完整、不可靠的，有时可能导致工程承包重大失误和亏损。

（4）图纸分析。图纸是确定工程范围、内容和技术要求的重要文件，也是投标者确定施工方法等施工计划的主要依据。

图纸的详细程度取决于招标人提供的施工图设计所达到的深度和所采用的合同形式。详细的设计图纸可使投标人比较准确地估价，而不够详细的图纸则需要估价人员采用综合估价方法，其结果一般不很精确。

2. 调查工程现场

招标人在招标文件中一般会明确进行工程现场踏勘的时间和地点。投标人对一般区域调查重点注意以下几个方面：

（1）自然条件调查。自然条件调查主要包括对气象资料，水文资料，地震、洪水及其他自然灾害情况，地质情况等的调查。

（2）施工条件调查。施工条件调查的内容主要包括：工程现场的用地范围、地形、地貌、地物、高程，地上或地下障碍物，现场的"三通一平"情况；工程现场周围的道路、进出场条件、有无特殊交通限制；工程现场施工临时设施、大型施工机具、材料堆放场地安排的可能性，是否需要二次搬运；工程现场邻近建筑物与招标工程的间距、结构形式、基础埋深、新旧程度、高度；市政给水及污水、雨水排放管线位置、高程、管径、压力、废水、污水处理方式，市政、消防供水管道管径、压力、位置等；当地供电方式、方位、距离、电压等；当地煤气供应能力，管线位置、高程等；工程现场通信线路的连接和铺设；当地政府有关部门对施工现场管理的一般要求、特殊要求及规定，是否允许节假日和夜间施工等。

（3）其他条件调查。其他条件调查主要包括对各种构件、半成品及混凝土的供应能力和价格，以及现场附近的生活设施、治安情况等的调查。

5.5.2 询价与工程量复核

1. 询价

询价是投标报价的一个非常重要的环节。工程投标活动中，施工单位不仅要考虑投标报价能否中标，还应考虑中标后所承担的风险。因此，在报价前必须通过各种渠道，采用各种方式对所需人工、材料、施工机械等要素进行系统的调查，掌握各要素的价格、质量、供应时间、供应数量等数据，这个过程称为询价。询价除需要了解生产要素价格外，还应了解影响价格的各种因素，这样才能够为报价提供可靠的依据。询价时要特别注意两个问题，一是产品质量必须可靠，并满足招标文件的有关规定；二是供货方式、时间、地点，有无附加条件和费用。

（1）询价的渠道。

① 直接与生产厂商联系。

② 了解生产厂商的代理人或从事该项业务的经纪人。

③ 了解经营该项产品的销售商。

④ 向咨询公司进行询价。从咨询公司得到的询价资料比较可靠，但需要支付一定的咨询费用，也可向同行了解。

⑤ 通过互联网查询。

⑥ 自行进行市场调查或信函询价。

（2）生产要素询价。

① 材料询价。材料询价的内容包括调查对比材料价格、供应数量、运输方式、保险和有效期、不同买卖条件下的支付方式等。询价人员在施工方案初步确定后，立即发出材料询价单，并催促材料供应商及时报价。收到询价单后，询价人员应将从各种渠道所询得的材料报价及其他有关资料汇总整理。对同种材料从不同经销部门所得到的所有资料进行比较分析，选择合适、可靠的材料供应商的报价，提供给工程报价人员使用。

② 施工机具询价。在外地施工需用的施工机具，有时在当地租赁或采购可能更为有利，因此，事前有必要进行施工机具的询价。

对于必须采购的施工机具，可向供应厂商询价。对于租赁的施工机具，可向专门从事租赁业务的机构询价，并应详细了解其计价方法。例如，各种施工机具每台班的租赁费、最低计费起点、施工机具停滞时租赁费及机械进出厂费的计算，燃料费及机上人员工资是否在台班租赁费之内，如需另行计算，这些费用项目的具体数额为多少等。

③ 劳务询价。如果承包商准备在工程所在地招募工人，则劳务询价是必不可少的。

劳务询价主要有两种情况：一是成建制的劳务公司，相当于劳务分包，一般费用较高，但素质较可靠，工效较高，承包商的管理工作较轻；另一种是劳务市场招募零散劳动力，根据需要进行选择，这种方式虽然劳务价格低廉，但有时素质达不到要求或工效降低，且承包商的管理工作较繁重。投标人应在对劳务市场充分了解的基础上决定采用哪种方式，并以此为依据进行投标报价。

（3）分包询价。总承包商在确定了分包工作内容后，就将拟分包的专业工程施工图纸和技术说明送交预先选定的分包单位，请他们在约定的时间内报价，以便进行比较，最终选择合适的分包人。对分包人询价应注意以下几点：分包标函是否完整，分包工程单价所包含的内容，分包人的工程质量、信誉及可信赖程度，质量保证措施，分包报价。

2. 复核工程量

工程量清单作为招标文件的组成部分，是由招标人提供的。工程量的大小是投标报价最直接的依据。复核工程量的准确程度，将影响承包商的经营行为：一是根据复核后的工程量与招标文件提供的工程量之间的差距考虑相应的投标策略，决定报价尺度；二是根据工程量的大小采取合适的施工方法，选择适用、经济的施工机具设备，投入相应的劳动力数量等。

复核工程量，要与招标文件中所给的工程量进行对比，注意以下几方面：

（1）投标人应认真根据招标说明、图纸、地质资料等招标文件资料，计算主要清单工程量，复核工程量清单。其中特别注意，要按一定顺序进行，避免漏算或重算；正确划分分部分项工程项目，与"清单计价规范"保持一致。

（2）复核工程量的目的不是修改工程量清单，即使有误，投标人也不能修改工程量清单中的工程量，因为修改了清单将导致在评标时认为投标文件未响应招标文件而被否决。

对工程量清单存在的错误，可以向招标人提出，由招标人统一修改并把修改情况通知所有投标人。

（3）针对工程量清单中工程量的遗漏或错误，是否向招标人提出修改意见取决于投标策略。投标人可以运用一些报价的技巧提高报价的质量，争取在中标后能获得更大的收益。

（4）通过工程量计算复核还能准确地确定订货及采购物资的数量，防止由于超量或少购等带来的浪费、积压或停工待料。

在核算完全部工程量清单中的细目后，投标人应按大项分类汇总主要工程总量，以便获得对整个工程施工规模的整体概念，并据此研究采用合适的施工方法，选择适用的施工设备等。同时，准确地确定订货及采购物资的数量，防止由于超量或少购等带来的浪费、积压或停工待料。

5.5.3 投标报价的编制原则与依据

投标报价是投标人希望达成工程承包交易的期望价格，它不能高于招标人设定的招标控制价。作为投标报价计算的必要条件，应预先确定施工方案和施工进度，此外，投标报价计算还必须与采用的合同形式相协调。

1. 投标报价的编制原则

报价是投标的关键性工作，报价是否合理不仅直接关系到投标的成败，还关系到中标后企业的盈亏。投标报价的编制原则如下：

（1）投标报价由投标人自主确定，但必须执行《建设工程工程量清单计价规范》（GB 50500—2013）的强制性规定。投标报价应由投标人或受其委托具有相应资质的工程造价咨询人员编制。

（2）投标人的投标报价不得低于工程成本。《中华人民共和国招标投标法》第四十一条规定：中标人的投标应当符合下列条件……能够满足招标文件的实质性要求，并且经评审的投标价格最低；但是投标价格低于成本的除外。《评标委员会和评标方法暂行规定》（七部委第 12 号令）第二十一条规定：在评标过程中，评标委员会发现投标人的报价明显低于其他投标报价或者在设有标底时明显低于标底的，使得其投标报价可能低于其个别成本的，应当要求该投标人做出书面说明并提供相关证明材料。投标人不能合理说明或者不能提供相关证明材料的，由评标委员会认定该投标人以低于成本报价竞标，应当否决该投标人的投标。根据上述法律、规章的规定，特别要求投标人的投标报价不得低于工程成本。

（3）投标报价要以招标文件中设定的发承包双方责任划分，作为考虑投标报价费用项目和费用计算的基础，发承包双方的责任划分不同，会导致合同风险不同的分摊，从而导致投标人选择不同的报价；根据工程发承包模式考虑投标报价的费用内容和计算深度。

（4）以施工方案、技术措施等作为投标报价计算的基本条件；以反映企业技术和管理水平的企业定额作为计算人工、材料和机械台班消耗量的基本依据；充分利用现场考察、调研成果、市场价格信息和行情资料，编制基础标价。

（5）报价计算方法要科学严谨，简明适用。

2. 投标报价的编制依据

《建设工程工程量清单计价规范》（GB 50500—2013）规定，投标报价应根据下列依据编制：

（1）《建设工程工程量清单计价规范》（GB 50500—2013）。

（2）国家或省级、行业建设主管部门颁发的计价办法。

（3）企业定额，国家或省级、行业建设主管部门颁发的计价定额。

（4）招标文件、工程量清单及其补充通知、答疑纪要。

（5）建设工程设计文件及相关资料。

（6）施工现场情况、工程特点及投标时拟定的施工组织设计或施工方案。

（7）与建设项目相关的标准、规范等技术资料。

（8）市场价格信息或工程造价管理机构发布的工程造价信息。

（9）其他的相关资料。

5.5.4 投标报价的编制

投标报价的编制，应首先根据招标人提供的工程量清单编制分部分项工程和措施项目清单与计价表，其他项目清单与计价表，规费、税金项目清单与计价表，计算完毕之后，汇总得到单位工程投标报价汇总表，再层层汇总，分别得出单项工程投标报价汇总表和工程项目投标报价汇总表，投标总价的组成如图 5.5 所示。在编制过程中，投标人应按招标人提供的工程量清单填报价格。填写的项目编码、项目名称、项目特征、计量单位、工程量必须与招标人提供的一致。

承包人投标报价中的分部分项工程费和以单价计算的措施项目费应按招标文件中分部分项工程和单价措施项目清单与计价表的特征描述确定综合单价。因此，确定综合单价是分部分项工程和单价措施项目清单与计价表编制过程中最主要的内容。综合单价包括完成一个规

工程造价基础

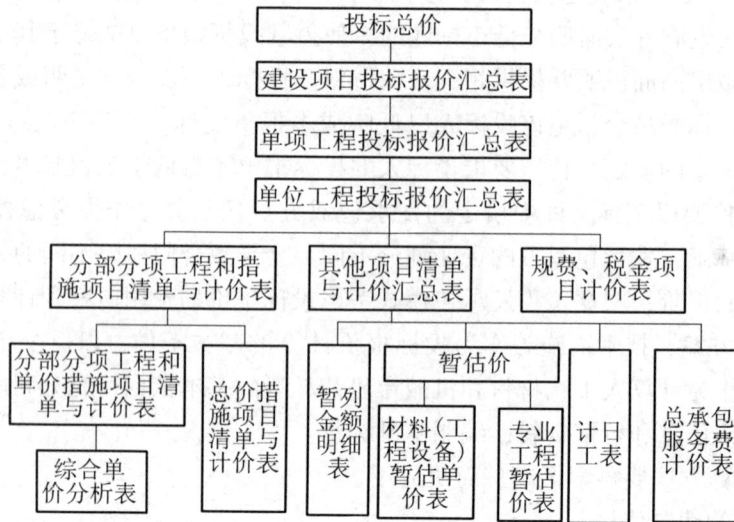

图 5.5　投标总价的组成

定清单项目所需的人工费、材料和工程设备费、施工机具使用费、企业管理费、利润，并考虑风险费用的分摊。

对于不能精确计量的措施项目，应编制总价措施项目清单与计价表。投标人对措施项目中的总价项目投标报价应遵循以下原则：

（1）措施项目的内容应依据招标人提供的措施项目清单和投标人投标时拟定的施工组织设计或施工方案确定。

（2）措施项目费由投标人自主确定，但其中安全文明施工费必须按照国家或省级、行业建设主管部门的规定计价，不得作为竞争性费用。招标人不得要求投标人对该项费用进行优惠，投标人也不得将该项费用参与市场竞争。

其他费用组成见招标控制价编制。

5.5.5　投标报价的策略

投标报价是承包商综合实力的体现，企业要想在投标竞争中求得生存和发展，除了要增强企业实力、提高企业信誉外，还必须认真研究投标策略。正确的投标策略一方面可以解决企业如何选择投标项目的问题；另一方面可以指导投标报价与作价技巧的采用，以做出正确的投标决策。

5.5.5.1　投标项目的选择

企业为了能够选择适当的投标项目，首先必须广泛了解和掌握招标项目的分布与动态，即通过各种渠道广泛收集和掌握招标项目的情报或信息，如项目名称、分布地区、建设规

178

摸、大致内容、资金来源、建设要求、招标时间等。企业掌握了这些情况，就可以对招标项目进行早期跟踪，主动选择对自己有利的招标项目，同时有目的地预先做好投标的各项准备工作。这对时间性很强的现代建设来说，是投标取胜的一项重要策略。

在了解了工程信息之后，企业就要从中正确地选择于己有利的投标项目。企业参与投标竞争，不仅是为了中标，更重要的是为了在工程建设中取得良好的经济效益。为此，企业必须从各方面对各项工程进行综合评价。在项目选择过程中主要考虑以下因素：

（1）工程的性质、特征；

（2）工程社会环境的特征，如与该工程直接有关的政策、法令和法规等；

（3）工程的自然环境；

（4）工程的经济环境；

（5）本企业对该工程的承担能力，如自身的技术水平、管理水平、施工经验、职工队伍素质和企业类别等能否与招标工程相适应；

（6）对后续工程的考虑，如果招标工程有后续项目，则可考虑低价中标，力争取得后续项目施工任务的有利地位；

（7）投资单位的信誉与竞争对手的情况。确定是否参与一项工程的投标取决于多种因素，企业需要从长期战略任务出发，综合考虑诸因素，以求战略目标的实现。

5.5.5.2 投标策略

当充分分析了主客观条件并选定投标项目后，还应确定一定的投标策略，以达到中标取胜并盈利的目的。常见的投标策略有以下几种：

（1）靠经营管理水平高取胜。这主要是靠做好施工组织设计，采取合理的施工技术和施工机械，精心采购材料、设备，选择可靠的分包单位，节省管理费等，有效降低工程成本从而获得利润。

（2）靠改进设计和缩短工期取胜。仔细研究原设计图纸，当发现有不够合理的设计时，提出能降低造价的修改设计建议，并据此做另一报价，以提高对招标单位的吸引力。

另外，如果招标文件的工期有可能缩短，即达到早投产、早收益，有时即使报价稍高，对招标单位也是有吸引力的。

（3）低利润策略。该策略主要适用于承包任务不足或竞争非常激烈时，以低利承包工程，以维持公司日常运转或击败竞争对手。此外，有的承包商为了进入一个新地区的承包市场，建立信誉，也往往采用这种策略。

（4）低标价、高索赔策略。企业通过严密的合同管理，设法从合同、设计图纸、标书等方面寻找索赔机会，减少损失，增加利润。

（5）从企业自身条件、兴趣、能力，及近期、长远目标出发进行投标决策。

在国际工程投标时，还可采用联合投标、串通投标、选择最有利的机会投出标书及在投标过程中的公共关系策略等。

　　以上各种投标策略并不互相排斥，企业可在详细调查的基础上，根据实际情况，灵活地加以应用。

5.5.5.3 投标报价分析决策

　　初步报价提出后，应当对这个报价进行多方面分析。分析的目的是探讨这个报价的合理性、竞争性、盈利及风险，从而做出最终报价的决策。分析的方法可以从静态分析和动态分析两方面进行。

　　1. 报价的静态分析

　　先假定初步报价是合理的，分析报价的各项组成及其合理性。分析步骤如下：

　　（1）分析组价计算书中的汇总数字，并计算其比例指标。

　　① 统计总建筑面积和各单项建筑面积。

　　② 统计材料费用及各主要材料数量和分类总价，计算单位面积的总材料费用指标、各主要材料消耗指标和费用指标，计算材料费占报价的比重。

　　③ 统计人工费总价及主要工人、辅助工人和管理人员的数量，按报价、工期、建筑面积及统计的工日总数算出单位面积的用工数、单位面积的人工费，并算出按规定工期完成工程时，生产工人和全员的平均人月产值和人年产值。计算人工费占总报价的比重。

　　④ 统计临时工程费用，机械设备使用费，模板、脚手架和工具等费用，计算它们占总报价的比重，以及分别占购置费的比重，即以摊销形式摊入本工程的费用和工程结束后的残值。

　　⑤ 统计各类管理费汇总数，计算它们占总报价的比重，计算利润、贷款利息的总数和所占比例。

　　⑥ 如果报价人有意地分别增加了某些风险系数，可以列为潜在利润或隐匿利润提出，以便研讨。

　　⑦ 统计分包工程的总价及各分包商的分包价，计算其占总报价和投标人自己施工的直接费用的比重，并计算各分包人分别占分包总价的比重，分析各分包价的直接费、间接费和利润。

　　（2）从宏观方面分析报价结构的合理性。例如，分析人工费、材料费、机械台班费的合计数与总管理费用的比例关系，人工费与材料费的比例关系，临时设施费及机械台班费与总人工费、材料费、机械台班费合计数的比例关系，利润与总报价的比例关系。判断报价的构成是否基本合理，如果发现有不合理的部分，应当初步探明原因。首先是研究本工程与其他类似工程是否存在某些不可比因素，如果扣掉不可比因素的影响后，仍然存在报价结构不合理的情况，就应当深入探索其原因，并考虑适当调整某些人工、材料、机械台班单价，定额含量及分摊系统。

　　（3）探讨工期与报价的关系。根据进度计划与报价，计算出月产值、年产值。如果从投标人的实践经验角度判断这一指标过高或者过低，就应当考虑工期的合理性。

　　（4）分析单位面积价格和用工量、用料量的合理性。参照实际施工同类工程的经验，如果本工程与同类工程有某些不可比因素，可以扣除不可比因素后进行分析比较。还可以收集当地类似工程的资料，排除某些不可比因素后进行分析对比，并探索本报价的合理性。

（5）对明显不合理的报价构成部分进行微观方面的分析检查。重点是从提高工效、改变施工方案、调整工期、压低供货人和分包人的价格、节约管理费用等方面提出可行措施，并修正初步报价，测算出另一个低报价方案。根据定量分析方法可以测算出基础最优报价。

（6）将原初步报价方案、低报价方案、基础最优报价方案整理成对比分析资料，提交给内部的报价决策人或决策小组研讨。

2. 报价的动态分析

通过假定某些因素的变化，测算报价的变化幅度，特别是这些变化对报价的影响。对工程中风险较大的工作内容，采用扩大单价、增加风险费用的方法来减少风险。很多种风险都可能导致工期延误，管理不善、材料设备交货延误、质量返工、监理工程师的刁难、其他投标人的干扰等而造成工期延误，不但不能索赔，还可能遭到罚款。工期延长可能使占用的流动资金及利息增加，管理费相应增大，工资开支也增多，机具设备使用费也相应增大。这些增加的开支部分只能通过降低利润来弥补，因此，我们通过多次测算就可以得知工期拖延多久利润将全部丧失。

3. 报价决策

报价决策就是依据工程造价计算书及上述对工程造价的分析，在投标策略的指导下，最终确定投标报价，采取不平衡报价法（不平衡报价主要是指在同一工程项目中，在总价不变的情况下，对分部分项报价做适当调整）以争取最多的盈利，具体做法如下：

（1）能够早收到钱款的项目，如开办费、土方、基础等，其单价可定得高一些，以有利于资金周转。后期的工程项目单价，如粉刷、油漆、电气等，可适当降低。

（2）估计今后会增加工程量的项目，单价可提高些；反之，估计工程量将会减少的项目，单价可降低些。

（3）图纸不明确或有错误，估计今后会有修改的，或工程内容说明不清楚的，价格可降低，待今后索赔时提高价格。

（4）计日工资和零星施工机械台班小时单价报价时，可稍高于工程单价中的相应单价。因为这些单价不包括在投标价格中，发生时按实计算，可多得利。

（5）无工程量而只报单价的项目，如土木工程中挖湿土或岩石等备用单价，单价宜高些。这样，既不影响投标总价，以后发生此种施工项目时也可多得利。

（6）暂定工程或暂定数额的估价，对于今后估计会发生的工程，价格可定得高一些，反之，价格可低一些。

当然，在采取不平衡报价法的策略时，一定要注意，不要畸高畸低，以免成为废标。

5.6 施工预算的编制

施工预算是施工企业内部编制的完成单位工程所需的工种工时、材料数量、机械台班消耗量和预算造价（以直接费用为主），用以指导施工的预算。它是编制施工作业计划、安排劳动力和组织施工、向班组签发施工任务单（计划任务单）和限额领料、考核工效等的依据，是施工企业内部经济核算和项目经理承包的依据。

目前，施工预算在全国范围内，编制还不够普遍，主要是施工预算定额各地大都未编，另外，编制的工作量也大，一般施工图预算或施工企业的投标报价，基本上也能代替其使用。

5.6.1　施工预算的编制依据

除定额应采用施工定额及应有详细的施工方案或施工组织设计外，其余基本上同施工图预算的编制依据。

5.6.2　施工预算的编制内容

以土建单位工程施工预算为例，除按定额的分部、分项进行计算外，还应按工程部位加以分层、分段汇总，以满足编制施工作业计划的需要。施工预算主要包括工程量、人工、材料、成品或半成品、施工机械等消耗量和造价（以直接费为主）以及编制说明等。各施工企业根据其特点和组织机构的不同，拟定不同的施工预算内容，一般包含以下表格：

① 钢筋混凝土预制构件加工表（含钢筋明细表及预埋件明细表）；
② 金属结构加工表（含材料明细表）；
③ 门窗加工表（含五金明细表）；
④ 工程量汇总表；
⑤ 分部、分项（分层、分段）工程人工、材料、机械分析表；
⑥ 木材加工明细表；
⑦ 周转材料（模板、脚手架）需用量表；
⑧ 施工机具需用量表；
⑨ 单位工程人工、材料、机械汇总表。

5.6.3　施工预算的编制步骤和方法

施工预算的编制步骤和方法，基本上与工料单价法编制施工图预算相同，特别是计算工程量时，凡是能利用施工图预算的工程量的，均可直接利用，但工程项目及计量单位一定要与施工定额一致，以便在下一步套用施工定额，进行工料等分析和汇总。此外，为了满足各种下料、加工的需要，还要编制如上所述的各种表格，这也是施工图预算中所没有的。

5.6.4　施工预算与施工图预算的对比

施工预算与施工图预算的对比就是通常所说的"两算对比"。施工图预算确定的是工程预算收入成本，而施工预算确定的是工程预计支出成本，它们是从不同的角度计算的两本经济账。"两算对比"是建筑企业进行经济分析的重要内容，是单位工程开工前，计划阶段的预测分析工作。通过对两者进行对比分析，预先找出节约或超支的原因，研究解决措施，防止或减少成本亏损。

对比的内容以施工预算所包括的为准，一般采用实物量对比法或实物金额对比法。

1. 实物量对比法

实物量对比法是将"两算"中相同项目所需的人工、材料和机械台班消耗量进行比较。分部工程或主要分项工程也可以进行对比。由于定额的项目划分和工程内容的划分不一致，一般是预算定额（基础定额）项目（子目）的综合性比施工定额大（如砖基础，前者不分墙厚综合成为一个子目，而后者则分为一砖基础和一砖半基础两个子目）。在对比时，应将施工预算的相应子目的实物量加以合并，与预算定额的子目口径相对应后，才能进行对比。

2. 实物金额对比法

以施工预算的人工、材料和机械台班数量进行套价，汇总成费用形式与施工图预算的相同内容进行比较，即实物金额对比法。一般以直接费为基本对比内容，其他费用内容都是按一定费率计取的，其出入的比例与直接费的出入是相一致的。

由于两者定额的编制时间不同，采用的人工费、材料费及机械台班费的选用价也不同，所以，对比时必须取得一致，才能反映真实的对比结果。一般是施工图预算编制在先，反映的是收入成本，因此，宜采用施工图预算的单价作为对比的同一单价，这样才是各种量差综合反映为货币金额的结果，可用以衡量预计支出成本的盈亏。

5.7　工程竣工结算的编制

工程竣工结算是指单项工程完成并达到验收标准，取得竣工验收合格签证后，施工企业与建设单位（业主）之间办理的工程财务结算。

单项工程竣工验收后，由施工企业及时整理交工技术资料。主要工程应绘制竣工图和编制竣工结算以及施工合同、补充协议、设计变更洽商等资料，送建设单位或业主审查，经承发包双方达成一致意见后办理结算。但对于属于中央和地方财政投资工程的结算，则需经财政主管部门委托的专业银行或中介机构审查，有的工程还需经过审计部门审计。

5.7.1　工程竣工结算的编制依据

工程竣工结算的编制是一项政策性较强，反映技术经济综合能力的工作，既要做到正确地反映建筑安装工人创造的工程价值，又要正确地贯彻执行国家有关部门的各项规定，因此，编制工程竣工结算必须提供如下依据：

（1）有关的法律、法规和规章制度。

（2）工程竣工报告及工程竣工验收单。

（3）招投标文件和施工图概（预）算以及经建设行政主管部门审查的建筑安装市政工

程施工合同书。

（4）设计变更通知单和施工现场工程变更洽商记录。

（5）按照有关部门规定及合同中有关条文规定持凭据进行结算的原始凭证。

（6）本地区现行的概（预）算定额，材料预算价格、费用定额及有关文件规定。

（7）其他有关技术资料。

5.7.2　工程竣工结算方式

1. 决标或议标后的合同价加签证结算方式

（1）合同价。合同价是指发包人和承包人在施工合同中约定的工程造价。

（2）变更增减账等。对合同中未包括的条款，在施工过程中发生的历次工程变更所增加的费用，经建设单位（业主）或监理工程师签证后，与原中标合同价一起结算。

2. 施工图概（预）算加签证结算方式

（1）施工图概（预）算。这种结算方式一般适用于小型工程，其施工图概（预）算经业主审定后作为工程竣工结算的依据。

（2）变更增减账等。凡施工图概（预）算未包括的，在施工过程中发生的历次工程变更所增减的费用，各种材料（构配件）预算价格与指导价（中准价）的差价等，经建设单位（业主）或监理工程师签证后，与审定的施工图预算一起在竣工结算中进行调整。

（3）预算包干结算方式。预算包干结算，也称为施工图预算加系数包干结算。

$$结算工程造价 = 经业主审定后的施工图预算造价 \times (1 + 包干系数)$$

在签订合同条款时，预算外包干系数要明确包干内容及范围。包干费通常不包括下列费用：

① 在原施工图基础上增加的建筑面积。

② 工程结构设计变更、标准提高、非施工原因造成的工艺流程的改变等。

③ 隐蔽性工程的基础加固处理。

④ 非人为因素所造成的损失。

（4）平方米造价包干的结算方式。该方式是指双方根据一定的工程资料，事先协商好每平方米单方造价指标后，乘以建筑面积。

$$结算工程造价 = 每平方米单方造价 \times 建筑面积$$

5.7.3　工程竣工结算的编制方法

工程竣工结算的编制，因承包方式的不同而有所差异，其结算方法均应根据各省市建设工程造价（定额）管理部门和施工合同管理部门的有关规定办理工程竣工结算，下面介绍几种不同承包方式在办理工程竣工结算中一般发生的内容（主要以北京市为例）。

1. 采用招标方式承包工程的结算

这种工程结算原则上应以中标价（议标价）为基础进行，由于我国社会主义市场经济体制未完全形成，正在由计划经济体制向市场经济体制过渡，所以，工程中诸多因素不能反映在中标价格中。这些因素均应在合同条款中明确。如工程有较大设计变更、材料价格的调整等，一般在合同条款规定中均允许调整。当合同条文规定不允许调整，但非建筑企业原因发生中标价格以外的费用时，承发包双方应签订补充合同或协议，承包方可以向发包方提出工程索赔，作为结算调整的依据。施工企业在编制竣工结算时，应按本地区主管部门的规定，在中标价格基础上进行调整。

采用招标（或议标）方式承包工程的结算方法是常用的方法。

2. 采用施工图概（预）算加增减账方式

以原施工图概（预）算为基础，对施工中发生的设计变更、原概（预）算书与实际不相符、经济政策的变化等，编制变更增减账，即在施工图概（预）算的基础上做增减调整。

编制竣工结算的具体增减内容，有以下几个方面。

（1）工程量量差。工程量量差是指施工图概（预）算所列分项工程量与实际完成的分项工程量不相符而需要增加或减少的工程量。一般包括：

① 设计变更。

a. 工程开工后，建设单位提出要求改变某些施工的做法。例如，原设计为水泥地面改为现制水磨石地面，增减某些具体工程项目。

b. 设计单位对原施工图的完善。例如，有些部位相互衔接而发生量的变化。

施工单位在施工过程中遇到一些原设计中未预料的具体情况，需要进行处理。例如，挖基础时遇到古墓、废井、废弃人防通道，必须采取换土、局部增加垫层厚度或增设混凝土地梁等。

对于设计变更，经设计单位、建设（或监理）单位、施工企业三方研究、签证后填写设计变更洽商记录，作为结算增减工程量的依据。

② 工程施工中由于特殊原因与正常施工不同。如基础埋置深度超过一定深度时，必须进行护坡桩施工；对特殊做法，施工企业编报施工组织设计，经建设（或监理）单位同意、签证后，作为工程结算的依据。

③ 施工图概（预）算中分项工程量不准确。在编制工程竣工结算前，应结合工程竣工验收，核对实际完成的分项工程量。如发现与施工图概（预）算书所列分项工程量不符时，应进行调整。

（2）各种人工、材料、机械价格的调整。在工程竣工结算中，人工、材料、机械价格的调整办法及范围，应按当地主管部门的规定办理。

① 人工单价调整。在施工过程中，国家对工人工资政策性调整或劳务工资单价变化，一般按文件公布执行之日起的未完施工部分的定额工日数计算，用三种方法进行调整。

a. 按概（预）算定额分析的人工工日乘以人工单价的差价。

b. 按概（预）算定额分析的人工费乘以系数。

c. 按概（预）算定额编制的直接费为基数乘以主管部门公布的季度或年度的综合系数一次调整。

② 材料价格的调整。概（预）算定额中材料的基价表示一定时限的价格（静态价），在施工过程中，价格在不断地变化，对市场不同施工期的材料价格与定额基价的差价与其相应的材料量进行调整。调整的方法有两种：

a. 对于主要材料，分规格、品种以定额的分析量为准，定额量乘以材料单价差即主要材料的差价。

市场价格以当地主管部门公布的指导价或中准价为准。

对于辅助（次要）材料，以概（预）算定额编制的直接费乘以当地主管部门公布的调价系数。

b. 造价管理部门根据市场价格变化情况，将单位工程的工期与价格调整结合起来，测定综合系数，并以直接费为基数乘以综合系数。该系数一个单位工程只能使用一次。

（3）机械价格的调整。

① 采用机械增减幅度系数。一般机械价格的调整是按概（预）算定额编制的直接费乘以规定的机械调整综合系数，或以概（预）算定额编制的分部工程直接费乘以相应规定的机械调整系数。

② 采用综合调整系数。根据机械费增减总价，由主管部门测算，按季度或年度公布综合调整系数，一次进行调整。

（4）各项费用的调整。间接费、利润及税金是以直接费（或定额人工费总额）为基数计取的。随着人工费、材料费和机械费的调整，间接费、利润及税金也同样在变化，除了间接费的内容发生较大变化外，一般间接费的费率不做变动。

各种人工费、材料费、机械费调整后，在计取间接费、利润和税金方面有两种方法：

① 各种人工费、材料费等差价，不计算间接费和利润，但允许计取税金。

② 将人工费、材料费、机械费的差价列入工程成本计取间接费、利润及税金。

3. 采用施工图概（预）算加包干系数或平方米造价包干的方式

采用施工图概（预）算加包干系数或平方米造价包干方式的工程竣工结算，一般在承包合同中已分清了承发包单位之间的义务和经济责任，不再办理施工过程中所承包范围内的经济洽商，在工程结算时不再办理增减调整。工程竣工后，仍以原概（预）算加系数或平方米造价包干进行结算。

对于上述的承包方式，必须对工程施工期内各种价格变化进行预测，获得一个综合系数，即风险系数。这种做法对承包或发包方均具有很大的风险，一般只适用于建筑面积小、工作量不大、工期短的工程。对工期较长、结构类型复杂、材料品种多的工程不宜采用这种方法承包。

目前，工程竣工结算书国家没有统一规定的格式，各地区可结合当地的情况和需要自行设计计算表格，供结算使用。

5.7.4 工程索赔

所谓工程索赔，对承包者而言，索赔是指由于建设单位或业主的直接或间接原因，承包者在完成工程过程中增加了额外的费用，承包者通过合法的途径和程序要求建设单位或业主偿还其在施工中所遭受的损失。工程索赔的内容主要包括：

（1）工程变更而引起的索赔。如地质条件变化、工程施工中发现地下构筑物或文物、增加或删减工程量等。

（2）工程质量要求的变更而引起的索赔。如工程承包合同中的技术规范与业主要求不符。

（3）工程款结算中建设单位或业主不合理扣款而引起费用损失的索赔。

（4）拖欠工程进度款，利息的索赔。

（5）工程暂停、中止合同的索赔。

（6）因非承包者的原因造成的工期延误损失的索赔。

索赔是国际工程承包中经常发生并且随处可见的正常现象。在承包合同中都有索赔的条款。在我国，索赔刚刚起步，还需要在实践中加以总结，使承包者能够利用工程索赔手段来保护自身的利益。

5.8 工程竣工决算的编制

5.8.1 建设项目的竣工决算

建设项目竣工决算是反映竣工项目建设成果和财务状况的总结性文件，是办理交付使用财产价值的依据，也是建设项目进行经济评估的依据。

建设项目竣工决算是竣工验收报告的重要组成部分，由建设单位组织有关人员进行编报、设计、施工、物资供应，使用单位应密切配合并负责提供有关资料，确保建设项目竣工决算编制及时，数字真实，内容完整、清楚。

5.8.2 竣工决算编制的基础与准备工作

1. 竣工决算编制的基础工作

竣工决算编制的基础工作主要包括：

（1）根据会计制度和竣工决算的编制办法，结合考核概算，设置建筑安装工程投资、设备投资、待摊投资和其他投资等会计科目完整的核算体系、完备的数据和资料传递程序。

（2）正确地编报年度财务决算。

（3）做好日常资料积累和整理保管工作，主要包括以下几项：

① 项目的可行性研究报告、投资估算及批准文件；

② 设计总说明、初步设计概算、修正概算及批准文件；

③ 土地使用数量、附着物处理及赔偿资料；

④ 各年度投资额和工程量完成资料；

⑤ 建筑安装工程、设备购置（含引进）结算资料，不需安装的设备、工（器）具、家具到货移交资料；

⑥ 工程开、竣工情况和工程发包合同执行及工程款拨付情况；

⑦ 工程质量鉴定情况和报废工程原因及价值的资料；

⑧ 其他工程建设费用支付情况；

⑨ 工程验收情况；

⑩主要建筑材料和劳动力消耗资料及其他有关资料。

（4）以建设项目和单项工程为对象，统计积累概算在执行过程中的动态变化资料（材料价差、设备价差、人工价差、费率价差）、设计方案变化和对工程造价有重大影响的设计变更资料、变化原因，以考核概算执行情况。

2. 竣工决算编制的准备工作

竣工决算编制的准备工作主要包括：

（1）清理合同及预、结算资料，与施工单位办理工程结算。

（2）清点未完工程尚需投资及报废工程损失；

（3）清点材料、设备，编造报表；

（4）清理债权、债务，核对拨、借款数据；

（5）办理各项财产移交财务手续；

（6）核算投资包干结余；

（7）整理和核对账目；

（8）编制报表，撰写说明。

5.8.3　竣工决算的编制依据

竣工决算的编制依据如下：

（1）批准的初步设计，工程项目一览表，概算，修正概算，设计变更文件；

（2）批准的开工报告；

（3）建设项目（或单项工程）竣工平面图；

（4）建设期内历年投资计划，借款及完成情况；·

（5）建设期内历年批复的财务决算；

（6）投资包干协议（或合同）；

（7）施工合同（或协议）；

（8）监理合同（或协议）；

（9）工程质量鉴定及检验的有关资料；

（10）历年财务会计核算资料；

（11）历年有关物资统计、劳动、环保等有关资料；

（12）负荷试车、试生产产品收入和其他基建副产品收入资料；

（13）引进技术或成套设备的合同和有关资料；

（14）单项工程交接证明；

（15）报废工程、设备价值鉴定及残值有关资料；

（16）未完工程（或购置）项目及所需费用一览表（未完工程可根据合同或实际测算确定，但不得大于总概算的5%，并限期完成）；

（17）其他有关资料。

5.8.4　竣工决算的内容及编报要求

1. 建设项目竣工决算的内容

建设项目竣工决算的内容由四部分组成，如下：

（1）竣工决算报告说明书。其主要内容应包括建设项目概况、项目建设和项目管理工作中的重大事件、工程造价管理采取的措施和效果、财务管理工作的基本情况、工程建设的经验教训、建设项目遗留的问题和处理意见。

（2）建设工程竣工图。

（3）竣工财务决算报表。

（4）建设项目竣工决算与批准的概算或修正概算比较分析（工程造价比较分析）。

2. 建设项目竣工财务决算报表

建设项目竣工财务决算报表应按大中型和小型建设项目分别制定。大中型建设项目竣工决算报表的格式及内容，由国家主管部门规定。大中型建设项目竣工决算报表包括：建设项目竣工财务决算审批表、大中型建设项目概况表、大中型建设项目竣工财务决算表、大中型建设项目交付使用资产总表。

上述各报表的格式见表5.14～表5.17。

表5.14　建设项目竣工财务决算审批表

建设项目法人（建设单位）		建设性质	
建设项目名称		主管部门	

开户银行意见：

（盖章）

年　月　日

专员办审批意见：

（盖章）

年　月　日

主管部门或地方财政部门审批意见：

（盖章）

年　月　日

表 5.15 大中型建设项目概况表

建设项目（单项工程）名称			建设地址			基本建设投资	项　目	概算/元	实际/元	备注
主要设计单位			主要施工企业				建筑安装工程投资			
占地面积	设计	实际	总投资/万元	设计	实际		设备、工具、器具			
							待摊费用			
							其中：建设单位管理费			
新增生产能力	能力（效益）名称			设计	实际		其他投资			
							待核销基建支出			
建设起止时间	设计		从　年　月开工 至　年　月竣工				非经营项目转出投资			
	实际		从　年　月开工 至　年　月竣工				合计			
设计概算批准文号										
完成主要工程量	建设规模				设备（台、套、吨）					
	设计		实际		设计		实际			
收尾工程	工程项目、内容		已完成投资额		尚需投资额		完成时间			

表 5.16 大中型建设项目竣工财务决算表

资 金 来 源	金额/元	资 金 占 用	金额/元
一、基建拨款		一、基本建设支出	
1. 预算拨款		1. 交付使用资产	
2. 基建资金拨款		2. 在建工程	
其中：国债专项资金拨款		3. 待核销基建支出	
3. 专项建设资金拨款		4. 非经营性项目转出投资	
4. 进口设备转账拨款		二、应收生产单位投资借款	
5. 器材转账拨款		三、拨付所属投资借款	
6. 煤代油专用资金拨款		四、器材	
7. 自筹资金拨款		其中：待处理器材损失	
8. 其他拨款		五、货币资金	

资 金 来 源	金额/元	资 金 占 用	金额/元
二、项目资产		六、预付及应收款	
1. 国家资本		七、有价证券	
2. 法人资本		八、固定资产	
3. 个人资本		固定资产原价	
4. 外商资本		减：累计折旧	
三、项目资本公积		固定资产净值	
四、基建借款		固定资产清理	
其中：国债转贷		待处理固定资产损失	
五、上级拨入投资借款			
六、企业债券资金			
七、待冲基建支出			
八、应付款			
九、未交款			
1. 未交税金			
2. 其他未交款			
十、上级拨入资金			
十一、留成收入			
合计		合计	

表 5.17 大中型建设项目交付使用资产总表

序号	单项工程项目名称	总计	固 定 资 产				流动资产	无形资产	其他资产
			合计	建安工程	设备	其他			

3. 建设项目竣工决算的编报要求

建设项目按批准的设计文件所规定的建设内容全部建成验收后编制竣工决算。但对工期长、单项工程多的大型或特大型建设项目，可分期分批地对具有独立生产能力的单项工程办理单项工程竣工决算并向使用单位移交。单项工程竣工决算是建设项目竣工决算的组成部分，在建设项目全部竣工验收后汇总编制建设项目竣工决算。建设项目竣工后90天内建设单位应将审查通过的竣工决算按项目投资隶属关系上报主管部门。

4. 建设项目投资支出各项费用的归类

建设项目投资支出各项费用经归类后分别计入各报表内。

（1）计入固定资产价值内的费用。

① 建筑工程费；

② 安装工程费；

③ 设备及工（器）具购置费（单位价值在规定标准以上，使用期超过 1 年的）；

④ 待摊投资包括土地征用及迁移补偿费（以划拨方式）、建设单位管理费、建设单位临时设施费、工程监理费、研究试验费、勘察设计费、工程保险费、供电贴费、引进技术和进口设备费用（引进专有技术、专利使用费及可以单独列出的出国培训费除外）、施工机构迁移费、负荷联合试运转费、国外借款手续费及承诺费、包干节余、借款利息、坏账损失、企业债券利益、土地使用税、报废工程损失、耕地占用费、土地复垦及补偿费、固定资产损失、器材处理亏损、设备盘亏及毁损、调整器材调拨价格折旧、企业债券发行费、设备检验费、延期付款利息及其他待摊投资、固定资产投资方向调节税。

（2）计入无形资产的费用。

① 土地征用及迁移补偿费（以出让方式）；

② 国内外的专有技术和专利及商标使用费等；

③ 技术保密费。

（3）计入递延资产的费用。

① 样品、样机购置费；

② 生产职工培训费；

③ 农垦开荒费；

④ 非常损失。

5.9 新增资产的确定

5.9.1 资产的分类

（1）固定资产：指使用期限超过一年，单位价值在规定标准以上，且在使用过程中保持原有物质形态的资产。

不同时具备以上两个条件的资产为低值易耗品，应列入流动资产范围。

（2）流动资产：指可以在一年内或超过一年的一个营业期内变现或耗用的资产，包括现金及各种存货、银行贷款、短期投资、应收及预付款项等。

（3）无形资产：主要包括专利权、商誉等；

（4）其他资产。

5.9.2 新增资产价值的确定

1. 新增固定资产价值的确定——计算以独立发挥生产能力的单项工程为对象

一次交付生产或使用的工程,应一次计算新增固定资产价值;分期分批交付生产或使用的工程,应分期分批计算新增固定资产价值。

(1) 对于为了提高产品质量、改善劳动条件、节约材料消耗、保护环境而建设的附属辅助工程,只要全部建成,正式验收交付使用后就要计入新增固定资产价值。

(2) 对于单项工程不构成生产系统,但能独立发挥效益的非生产性项目(如住宅)在建成交付使用后,也要计算新增固定资产价值。

(3) 凡购量达到固定资产标准不需安装的设备、工器具,应在交付使用后计入新增固定资产价值。

(4) 属于新增固定资产价值的其他投资,应随同受益工程交付使用的同时一并计入。

(5) 交付使用财产的成本,应按下列内容计算:

① 房屋、建筑物、管道、线路等固定资产的成本包括建筑工程成果和应分摊的待摊投资;

② 动力设备和生产设备等固定资产的成本包括:需安装设备的采购成本、安装工程成本、设备基础支柱等建筑工程成本或砌筑锅炉及各种特殊的建筑工程成本,应分摊的待摊投资等;

③ 运输设备及其他不需安装的设备、工具、器具、家具等固定资产,一般仅计算采购成本、不计分摊的待摊投资等。

(6) 共同费用的分摊方法:一般情况下,建设单位管理费按建筑工程、安装工程、需安装设备价值总额做比例分摊,而土地征用费、勘察设计费等费用则按建筑工程造价分摊。

2. 新增流动资产价值的确定

(1) 货币性资金:指现金、各种银行存款及其他货币资金。

(2) 应收及预付款项:包括应收票据、应收款项、其他应收款、预付货款和待摊费用。按实际成本金额入账核算。

① 应收款项:指企业因销售商品、提供劳务等应向购货单位或受益单位收取的款项;

② 预付款项:指企业按照购货合同预付给供货单位的购货定金或部分货款。

(3) 短期投资:包括股票、债券、基金,股票和债券根据是否可以上市流通分别采用市场法和收益法确定其价值。

(4) 存货:指企业的库存材料、在产品、产成品等,各种存货应按取得时的实际成本计价。

3. 新增无形资产价值的确定

(1) 无形资产的计价原则:

① 投资者按无形资产作为资本金或合作条件按投入时,按评估确认或合同协议约定的金额计价;

② 购入的无形资产，按照实际支付的价款计价；

③ 企业自创并依法申请取得的无形资产，按开发过程中的实际支出计价；

④ 企业接受捐赠的无形资产，按发票账单所载金额或同类无形资产市场价作价；

⑤ 无形资产计价入账后，应在其有效使用期内分期摊销，即企业为无形资产支出的费用应在无形资产有效期内得到及时补偿。

（2）无形资产的计价方法：

① 专利权的计价：分为自制和外购两类。前者价值包括直接成本和间接成本，后者价值按其所能带来的超额收益计价。

② 非专利技术的计价：自制的一般不作为资产入账，自创过程中发生的费用，按当期费用处理；对于外购非专利技术，应由法定评估机构确认后再估价，其方法往往通过能产生的收益采用收益法估价。

③ 商标权计价：一般根据被许可方新增的收益确定。

④ 土地使用权计价：根据取得土地使用权的方式计价。

4. 其他资产计价

其他资产包括特准储备物资等，主要以实际入账价值核算。

5.10 建设工程质量保证（保修）金的处理

5.10.1 建设工程质量保证（保修）金

（1）缺陷责任期及其计算：从工程通过竣（交）工验收之日起计算。

① 因承包人原因导致工程无法按规定期限竣工验收的，缺陷责任期从实际通过竣（交）工验收之日起计算；

② 因发包人原因导致工程无法按规定期限竣工验收的，在承包人提交竣（交）工验收报告 90 天后，工程自动进入缺陷责任期。

（2）保证金预留比例及管理。

① 保证金预留比例：全部或部分使用政府投资的项目，按工程价款结算总额5%左右的比例预留保证金；社会投资项目采用预留保证金形式的，参照执行。

② 保证金预留：建设工程竣工结算后，发包人按合同约定及时向承包人支付工程结算价款并预留保证金。

③ 保证金管理：

a. 实行国库集中支付的政府投资项目，应按国库集中支付的有关规定管理。

b. 其他政府投资项目，预留在财政部门或发包方；责任期内，若发包方被撤销，保证金随资产一并移交使用单位。

c. 社会投资项目采用预留保证金方式的，可双方约定将保证金交由金融机构托管；采用工程质量保证担保、工程质量保险等其他方式的，发包人不得再预留保证金。

5.10.2 缺陷责任期

在正常使用条件下，最低保修期限如下：

（1）家畜设施工程、房屋建筑的地基基础工程和主体结构工程，为设计文件规定的合理使用年限。

（2）屋面防水工程、有防水要求的卫生间、房间和外墙面的防渗漏，为5年。

（3）供热和供冷系统，为2个采暖期、供冷期。

（4）电气管线、给排水管道、设备安装和装修工程，为2年。

（5）其他项目的保修期限由发包方与承包方约定。保修金额为建安工程造价或承包合同价款的5%或等额保函。

修理项目经检查鉴定属于建筑施工单位和建设单位（或其他责任方）双方（或多方）共同造成的，双方（或多方）应实事求是地共同商定各自应承担的维修费用。修理项目经检查鉴定属于非建筑施工单位造成的，首先应由建设单位负担支付全部的保修费用，而后建设单位再向造成保修问题的实际责任方追索经济损失。如果是不可抗力造成的，只能由建设单位自己负责处理。

因使用单位使用不当或自行装饰装修、改动结构、擅自添置设施或设备而造成建筑功能不良或损坏者，以及因自然灾害等不可抗力造成的质量损害，不属于保修范围。

5.10.3 缺陷责任期内的维修及费用承担

（1）保修责任：缺陷责任期内，属于保修范围、内容的项目，承包人应在接到保修通知之日起7天内派人维修。维修完成后，由发包人组织验收。

（2）费用承担。

① 缺陷责任期内，由承包人原因造成的缺陷：承包人应负责维修，并承担鉴定及维修费用，同时不免除其工程一般损失赔偿责任。如承包人不维修或不承担费用，发包人可按合同约定扣除保证金，并由承保人承担违约责任。

② 由他人及不可抗力原因造成的缺陷：发包人负责维修，承包人不承担责任，且发包人不得从保证金中扣除费用。如发包人委托承包人维修，发包人应支付相应的维修费用。

③ 承、发包双方就缺陷责任有争议时，可请有资质的单位进行鉴定，责任方承担鉴定费用和维修费用。

5.10.4 保证金返还

（1）缺陷责任期内，承包人认真履行合同约定的责任，到期后，承包人向发包人申请返还保证金；

（2）发包人在收到承包人返还保证金申请后，应于14天内会同承包人按合同约定的内容进行核实。如无异议，发包人应在核实后 14 天内将保证金返还承包人。逾期支付的，从逾期之日起按同期银行贷款利率计付利息，并承担违约责任。发包人在接到承包人返还保证金申请后 14 天内不予答复，经催告后 14 天内仍不予答复的，视同认可承包人的返还保证金申请。

（3）如承包人没有认真履行合同约定的保修责任，则发包人可按合同约定扣除保证金，并要求承包人赔偿相应损失。

复习思考题

一、选择题

1. 全部或部分使用政府投资的项目，按工程价款结算总额（　　）左右的比例预留保证金；社会投资项目采用预留保证金形式的，参照执行。

A. 3%　　　　　　　B. 5%　　　　　　　C. 8%　　　　　　　D. 10%

2. 发包人在收到承包人返还保证金申请后，会同承包人按合同约定的内容进行核实。如无异议，发包人应在核实后（　　）天内将保证金返还承包人。逾期支付的，从逾期之日起按同期银行贷款利率计付利息，并承担违约责任。

A. 5 天　　　　　　B. 7 天　　　　　　C. 10 天　　　　　　D. 14 天

3. 下列项目中，属于新增资产中的其他资产的是（　　）。

A. 低值易耗品　　B. 专利权　　　　C. 开办费　　　　　D. 银行冻结存款

4. 竣工结算在（　　）之后进行。

A. 施工全部完毕　B. 保修期满　　　C. 试车合格　　　　D. 竣工验收报告批准

5. （　　）是反映建设项目实际造价和投资效果的文件，它由（　　）编制。

A. 竣工结算 建设单位　　　　　　　　B. 竣工结算 施工单位

C. 竣工决算 建设单位　　　　　　　　D. 竣工决算 施工单位

6. 根据《建设工程质量管理条例》规定，在正常使用条件下，基础设施工程、房屋建筑的地基基础工程和主体结构工程，最低保修期限为（　　）。

A. 设计文件规定的该工程合理使用年限　B. 由承发包双方在合同中约定

C. 5 年　　　　　　　　　　　　　　　D. 3 年

7. 保修费用一般按照建筑安装工程竣工结算的一定比例提取，该提取比例是（　　）。

A. 10%　　　　　　B. 5%　　　　　　　C. 15%　　　　　　D. 20%

二、简答题

1. 建设工程概算的编制方法有哪些？

2. 简述施工图预算中建筑安装工程费的计算程序。

3. 编制标底时，综合单价如何计算？

4. 简述工程投标报价的程序。

5. 什么是"两算对比"？

6. 简述投标报价策略。

7. 简述工程竣工结算与竣工决算的区别。

8. 在建设项目竣工决算财务报表中，能够计入固定资产的费用有哪些？

9. 新增无形资产专利权和非专利技术如何计价？

10. 缺陷责任期内的维修费用由谁承担？

6　工程造价审计与工程造价信息管理

6.1　工程造价审计概述

在我国，审计是指由专职机构和人员对被审计单位的财政、财务收支及其他经济活动的真实性、合法性和效益性进行审查和评价的独立性经济活动。

工程造价的审计是指对建设项目工程造价形成过程中的经济资料和经济活动，根据国家的有关法规，运用专门的方法，进行审查、复核等的一种独立的经济监督活动。

1. 工程造价审计的主体

工程造价审计的主体由政府审计机关、社会审计组织和内部审计机构三大部分构成。

政府审计机关包括国务院审计署及派出机构和地方各级人民政府审计厅（局），政府审计机关重点审计以国家投资或融资为主的基础性项目和公益性项目。

社会审计组织是指经政府有关部门批准和注册的社会中介组织，如会计师事务所、造价咨询机构。它们以接受被审单位或审计机关委托的方式对委托审计的项目实施审计。

内部审计机构是指部门或单位内设的审计机构。内部审计机构重点审计在本单位或本系统内投资建设的所有建设项目。

2. 工程造价审计的客体

工程造价审计的客体是指项目造价形成过程中的经济活动及相关资料，包括投资估算、设计概算、施工图预算和竣工决算中的所有工作以及涉及的资料。外延上，在建设项目造价审计中，被审计单位主要是指项目的建设单位、设计单位、施工单位、金融机构、监理单位以及参与项目建设与管理的所有部门或单位。

3. 工程造价审计的目标

工程造价审计属于一门专项审计，其目标是确定建设项目造价确定过程中的各项经济活动及经济资料的合法性、公允性、合理性、效益性。

（1）合法性：是指建设项目造价确定过程中的各项经济活动是否遵循法律、法规及有关部门规章制度的规定。在工程造价审计中，主要审计编制依据的合法性，审查采用的编制依据是否是经过国家或授权机关批准的，编制程序是否符合国家的编制规定；还要审查编制依据的适应范围，如主管部门规定的各种专业定额及取费标准只能用于该部门的专业工程，各地区规定的各种定额及取费标准只适用于该地区。

（2）公允性：是指建设项目的造价材料是否真实反映了造价的真实情况，是否有多列、虚列和漏列的项目；工程量计算是否符合规定，计算规则是否准确；工程取费是否执行相应计算基数和费率标准；设备、材料用量是否与定额含量或设计含量一致；设备、材料是否按国家定价或市场计价；利润和税金的计算基数、利润率、税率是否符合有关规定；预算项目是否与图纸相同。

（3）合理性：是指造价的组成是否必要，取费标准是否合理，有无不当之处，有无高估冒算、弄虚作假、多列费用加大开支等问题。

（4）效益性：是指建设投资是否花费最小，在各预定建设方案中以及建成投产后是否效益最大。

4. 工程造价审计的依据

工程造价审计的依据由以下三个层次组成：

（1）法律、法规。这是建设项目工程造价审计时必须严格遵照执行的硬性依据，主要包括《中华人民共和国审计法》《中华人民共和国预算法》《中华人民共和国建筑法》《中华人民共和国价格法》《中华人民共和国税法》《中华人民共和国土地法》，以及国家、地方和各行业定期或不定期颁发的相关文件规定及强制性的标准等。

（2）资料文件。这主要有设计施工图纸、合同、可行性研究报告，以及概预算文件等。

（3）相关的技术经济指标。这具体是指造价审计中所依循的概算定额、概算指标、预算定额、费用定额，以及有关技术经济分析参数指标等。

工程造价审计的依据不是一成不变的，审计人员在使用这些依据时，必须要注意依据的时效性、地区性。

6.2　建设项目工程造价审计的作用及组成

建设项目工程造价的编制与执行反映在建设项目工程的各个阶段，项目工程造价管理在项目管理中发挥了不可低估的作用，要进行项目造价管理，必须首先控制造价，这是节约投资、科学决策的最有效途径。鉴于此，对建设项目进行工程造价审计显得格外重要。建设项目工程造价审计的作用主要体现在以下两方面：

（1）制约作用。建设项目工程造价审计的制约作用是指审计单位对被审计单位在造价形成的经济活动和经济资料中的错误和弊端进行揭示、披露及处罚等手段，从而预防和制止其中的消极因素的作用。建设项目工程造价审计可以控制建设项目的投资规模，提高投资效益。

（2）促进作用。审计单位通过对被审计单位的有关造价形成的经济活动和经济资料的合理性进行有效的审查，找出被审计单位经济活动中的问题，了解其经济活动中的薄弱环节，进一步提出改进意见和建议。例如，在初步设计阶段引入概算审计，审计单位对初步设计方案进行详细审查，审计设计概算的真实性和准确性，并及时反映设计方案中的问题，从而保证设计方案经济、适用。

根据建设项目阶段不同，建设项目工程造价审计分为建设项目投资估算审计、建设项目设计概算审计、建设项目施工图预算审计和建设项目竣工决算审计。

6.2.1 建设项目投资估算审计

投资估算是项目决策的重要依据之一，是国家审批项目建议书和项目设计任务书的重要依据，也是项目决策的一项重要经济性指标。投资估算审计主要是审计估算材料的科学性及合理性，保证项目科学决策、减少投资损失、提高投资效益。投资估算的审计工作在项目主管部门或国家及地方的有关单位审批项目建议书、设计任务书和可行性研究报告文件时一次完成，从而进一步保证投资决策的科学性。

1. 投资估算审计的依据

投资估算审计的依据包括：《中华人民共和国审计法》和其他的相关法律、法规；投资估算表；可行性研究报告，项目建议书；设计方案、图纸、主要设备、材料表；投资估算指标，概预算定额，设备单价及各种取费标准等。

2. 投资估算审计的方法

投资估算审计的目的是指导项目决策，因此要正确选择审计的时间，变被动为主动，最好是选用跟踪审计，即审计与决策同步进行，内部审计与外部审计适当结合，充分发挥内部审计的作用。

3. 投资估算审计的内容

（1）审查投资估算的编制依据。主要审查投资估算中采取的资料、数据和估算方法。对于资料和数据的审计，主要审查它们的时效性、适用性及准确性。如使用不同时期的基础资料，则需要特别注意时效性。而对于估算方法，由于不同的估算方法有不同的适用范围，在进行投资估算审计时，要重点审查投资估算采用的估算方法是否能准确反映估算的实际情况，应该尽量把误差控制在合理的范围内。

（2）审查投资估算内容。审查投资估算内容就是要审查估算是否合理，是否有多项、重项和漏项，重要内容不能缺，如三废处理所需投资就必须重点考虑。对于有疑问的地方要逐项列出，并要求投资估算人员予以补充说明。

（3）审查投资估算的各项费用。首先看投资估算的费用划分是否合理，是否考虑了物价的变化、费率的变动，当建设项目采用了新材料、新技术、新方法时，是否考虑了价格的变化，所取的基本预备费及涨价预备费是否合理等。

6.2.2 建设项目设计概算审计

建设项目设计概算是国家对基本建设实现科学管理和科学监督的重要措施。建设项目设计概算审计就是对概算编制过程和执行过程的监督检查，有利于投资资金的合理分配，加强投资的计划管理，减少投资缺口。设计概算在投资决策完成之后、项目正式开工之前编制，但对设计概算的审计工作反映在项目建设的全过程之中。按审计要求，审计部门应在建设项目概算编制完成之后，立即进行审计，这属于开工前的审计内容之一。

1. 设计概算审计的依据

设计概算审计的依据包括：《中华人民共和国预算法》和相关的法律、法规；批准的设计概算和修编概算书；有关部门颁布的现行概算定额、概算指标、费用定额、建筑项目设计概算编制办法等；有关部门发布的人工、设备和材料的价格、造价指数等。

2. 设计概算审计的方法

设计概算审计一般采用会审的方法，可以先由会审单位分头审查，然后集中讨论，研究定案；也可以按专业分成不同的专业班组，分专业审查，然后集中定案；还可以根据以往经验，参考类似工程，选择重点项目重点审查。

3. 设计概算审计的内容

（1）审计设计概算编制的前提条件。主要审计建设项目是否具备了已批准的项目建议书、项目可行性报告；初步设计是否完备；是否具备了明确的建设地点；是否具备了足够的建设资金；建设规模是否符合投资估算的要求等。

（2）审计设计概算编制的依据。主要审计编制依据的合法性、时效性和适用性。编制依据必须经过国家或国家授权机关批准，未经批准的依据不能采用；编制依据都有一定的适用时间，要注意编制设计概算的时间是否符合编制依据的适用时间；另外，主管部门规定的各种专业定额及取费标准只能用于该部门的专业工程，各地区规定的各种定额及取费标准只适用于该地区。

（3）审计设计概算内容。首先，审计建设项目总概算及单项工程综合概算，审查综合概算中各项费用是否齐全，是否有多项、重项或漏项，概算所反映的建设规模、建筑面积、生产能力、建筑结构等是否符合设计文件和设计任务书的要求，审查建筑材料及设备的规模型号是否与设计图纸上标示的一致。其次，审计单位工程概算，主要从量、费、利、税四个方面有重点地进行审计。对于量的审计，主要看工程量的计算方法、计算规则是否符合规定，计算结果是否准确；对于费的审计，主要是看费用的划分是否合理，费用项目是否齐全，是否有多项、重项、漏项情况，套用定额是否正确，费率的选定是否符合工程的实际情况；对利润和税金的审计，主要审计其计算基数及利润率、税率；对于工程其他费和预备费、建设期利息、固定资产投资方向调节税的审计，则主要看所列项目是否与实际相符，是否必要，是否符合有关政策规定，计算方法、计算结果是否正确。

6.2.3 建设项目施工图预算审计

施工图预算是在施工图确定后，根据批准的施工图设计、预算定额和单位估价表、施工组织设计文件以及各种费用定额等有关资料进行计算和编制的单位工程预算造价文件。施工图预算是确定招标标底、投标报价以及签订施工承发包合同的依据。在开工前或建设过程中，审计人员应进行施工图预算审计。相对而言，施工图预算审计比概算审计更为具体，更为细致，审计工作量大，审计方法灵活，主要为控制工程造价、保证工程质量服务。

1. 施工图预算审计的依据

施工图预算审计的依据包括：施工图纸；预算定额；材料的价格信息；有关的取费文件；施工组织设计方案；建筑工程施工合同。

2. 施工图预算审计的方法

在一定程度上，施工图预算审计与施工图预算编制在工作过程、工作要求与工作内容上基本是一致的，只不过审计人员与编制人员所处位置不同而导致工作角度不同。

3. 施工图预算审计的内容

（1）审计施工图纸及设计方案。审计施工图纸所涉及项目的适用性、经济性和美观性，审计设计方案确定过程的合理性与合规性。

（2）审计施工图预算中单位建筑工程造价指标。根据类似工程造价指标，初步估测其中不真实费用所占的比重，明确审计重点。

（3）审计工程量。一方面，审查与设计图纸所示的尺寸数量、规格是否相符；另一方面，审查计算方法和所包括的工作内容是否与工程量计算规则一致。

（4）审查套用的取费标准是否合理。措施费以及间接费等的划分是否符合当地的规定，是否符合施工现场实际，所取费率是否与工程类别以及企业资质等级一致。对利润与税金的审计，主要审计其计算基数与利润率及税率指标。对设备及工器具购置费、工程建设其他费的审计，应注意所列项目既要与实际项目相符，又要看是否必要，是否符合有关政策规定，还要看计算方法是否得当。

（5）审计施工组织设计方案与施工进度计划的可操作性。施工组织设计方案是由施工单位编制的，反映施工现场安排、施工技术方案选用及施工作业程序等多方面内容，它直接影响工程量的计算和定额的使用。施工进度计划影响施工过程中人工安排、材料供给及工程进度款的支付等有关内容。在预算的编制与审计过程中，要注重确定和使用与施工进度相吻合的有关取费文件与标准。

（6）审计施工合同。施工图预算是工程施工合同签订的主要依据，反过来，施工合同的签订又影响了施工图预算的编制与审计。合同条款将改变施工图预算的费用范围，如包干费、不可预见费等是否进入预算，以何种形式进入预算等方面的问题，往往通过施工合同表现出来。

6.2.4　建设项目竣工决算审计

按审计机关的审计要求，所有的建设项目竣工之后，应立即组织工程验收，验收通过后，即着手编制竣工决算，一旦决算完成，则尽快实行审计。竣工决算审计是一种事后行为，直接关系到甲乙双方的经济利益。审计竣工决算，一要注重工程施工过程与竣工决算反映内容的一致性；二要看施工图预算与竣工决算的前后呼应性；三要看竣工决算本身的合理性与准确性。竣工决算审计的完成，标志着对一个建设项目投资建设阶段的监督告一段落，也标志着对项目建设造价体系审核的结束。只有具备了有关部门（政府审计、社会审计或内部审计）审核后签字认可的竣工决算，才可以进行甲乙方的工程款结算。竣工决算审计的实际意义就表现在这里。

竣工决算审计是建设工程项目审计的重要环节，对于提高竣工决算本身质量，考核投资及概预算执行情况，正确评价投资效益，总结经验教训，改善和加强对建设项目的管理具有重要意义。

1. 竣工决算审计的依据

竣工决算审计的依据包括：竣工验收报告，工程施工合同，施工图及设计变更或竣工图，图纸会审纪要，隐蔽工程检查验收单，现场签证，经批准的施工图预算以及有关定额、费用调整的补充项目，材料、设备及其他各项费用的调整文件，中华人民共和国审计署颁发的《审计机关对国家建设项目竣工决算审计实施办法》也是竣工决算审计工作必须遵循的依据。

2. 竣工决算审计的方法

建设项目在竣工初验结束后，应及时通知审计机关并提交必要的文件、资料，如可行性研究报告，修正总概算及审批文件，工程承包合同、标书、结算资料，投资计划，财务决算报表及批复文件，项目点交，物资、财产移交和盘点清单，银行往来及债权债务对账签证资料，全套决算报表及文字报告。

审计机关在得到通知后，根据年度竣工决算审计计划及有关法规和财经制度，按审计程序就地开展审计工作。审计机关应按有关规定，根据项目投资额大小所规定的时限要求提出书面意见。

3. 竣工决算审计的内容

（1）审计竣工决算编制依据。编制依据是否符合国家有关规定，资料是否齐全，手续是否完备，对遗留问题的处理是否符合规定。

（2）审计项目建设及概算执行情况。审查项目建设是否按批准的初步设计进行，各单位工程建设是否严格按批准的概算内容执行，有无概算外项目和提高建设标准、扩大建设规模的问题，有无重大质量事故和经济损失。

（3）审计交付使用财产和在建工程。审查交付使用财产是否真实、完整，是否符合交付条件，移交手续是否齐全、符合规定；成本核算是否正确，有无挤占成本、提高造价、转移投资的问题；核实在建工程投资完成额，查明未能全部建成、及时交付使用的原因。

（4）审计转出投资、应核销其他投资及应核销其他支出。审查其列支依据是否充分，手续是否完备，内容是否真实，核销是否符合规定，有无虚列投资的问题。

（5）审计尾留工程。根据修正总概算和工程形象进度，核实尾留工程的未完工量，留足投资。防止将新增项目列作尾留项目、增加新的工程内容和自行消化投资包干结余。

（6）审计结余资金。核实结余资金重点是核实库存物资，防止隐瞒、转移、挪用或压低库存物资单价，虚列往来欠款，隐匿结余资金的现象发生。查明器材积压、债权债务未能及时清理的原因，揭示建设管理中存在的问题。

（7）审计项目建设收入。审查项目建设收入的核算是否真实、完整，有无隐瞒、转移收入的问题；是否按国家规定计算分成、足额上交或归还贷款；留成是否按规定交纳"两金"，分配和使用是否符合规定。

（8）审计投资包干结余。根据项目总承包合同核实包干指标，落实包干结余，防止将未完工程的投资作为包干结余参与分配；审查包干结余分配是否符合规定。

（9）审计竣工决算报表。审查报表的真实性、完整性、规范性。

（10）进行投资效益评价。从物资使用、工期、工程质量、新增生产能力、预测投资回收期等方面评价投资效益。

6.3 工程造价信息

信息是对数据的解释，它反映事物的客观状态和规律。这里的数据是广义上的数据，包括文字、数值、图表、图像等表达形式。数据有原始数据和加工整理以后的数据之分。无论原始数据还是加工整理以后的数据，经人的解释即赋予其一定的意义后，才能成为信息。

工程造价信息是一切有关工程造价的特征、状态及其变动的消息的组合。工程造价的信息资料通常包括在建和已经建成使用的建设项目的投资估算、设计概算、施工图预算、施工预算、竣工结算、竣工决算及单位工程施工成本等信息，还包括在建项目中使用的新材料、新工艺、新技术、新设备等成本价格分析，以及建设项目、单项工程、单位工程、分部分项工程的价格成本分析等。在工程承发包市场和工程建设过程中，工程造价总是在不停地运动着、变化着，并呈现出种种不同特征。人们对工程承发包市场和工程建设过程中工程造价的变化，是通过工程造价信息来认识和掌握的。

在工程承发包市场和工程建设中，工程造价是最灵敏的调节器和指示器，无论工程造价主管部门还是工程承发包者，都要通过接收工程造价信息来了解工程建设市场动态，预测工程造价发展，决定工程造价的政策和工程承发包的价格。因此，工程造价主管部门和工程承发包者都要接收、加工、传递和利用工程造价信息。

工程造价信息作为一种社会资源，在工程建设中的地位日趋明显，特别是随着我国逐步开始实行工程量清单计价制度，建设项目的工程价格正从政府的指令性价格向市场定价转化。而在市场定价的过程中，信息起着举足轻重的作用，因此，工程造价信息资源开发的意义将显得更为重要。

6.3.1 工程造价信息的内容

工程造价信息是指所有对工程造价的确定和控制过程起作用的资料和消息，如各种定额资料、标准规范、政策文件等。最能体现信息动态变化特征，并且在工程价格的市场机制中起重要作用的工程造价信息主要包括以下三类：

（1）价格信息：包括各种建筑材料、装修材料、安装材料、人工工资和施工机械等的最新市场价格。这些信息是比较初级的，一般没有经过系统的加工处理，也可以称为数据。

（2）工程造价指数：主要是指将有代表性的原始价格信息进行加工整理得到的各种造价数据之间的关系，如各种材料价格指数、机械台班价格指数、建设项目或单项工程造价指数等。

（3）已完工程信息：已建成使用的建设项目工程的各种造价信息。这种信息可以为拟建工程或在建工程的造价提供依据，也称为工程造价资料。

6.3.2 工程造价信息的特点

工程造价信息除了具备一般信息的基本特征之外，还因建设工程的特殊性而具有其他特点，具体表现在如下方面：

（1）区域性。建设项目中使用量大的建筑材料，通常有砖、石材、黄沙、石子等，这些建筑材料本身的价值或生产价格往往并不很高，但所需要的运输费用很高，这在客观上要求尽可能就近使用建筑材料。因此，这类工程造价信息的交换和流通往往限制在一定的区域内。

（2）多样性。我国社会主义市场经济体制正处在探索发展阶段，各种市场均未达到规范化要求，要使工程造价管理的信息资料满足这一发展阶段的需求，就要求信息的内容和形式具有多样化的特点。

（3）专业性。工程造价信息的专业性集中反映在建设工程的专业化上。例如，水利、电力、交通、铁道、邮电、房屋建筑安装工程等，所需的信息有它的专业特殊性。

（4）系统性。工程造价信息是若干具有特定内容和同类性质的，在一定时间和空间内形成的一连串信息。一切工程造价的管理活动和变化总是在一定条件下受各种因素的制约和影响。工程造价管理工作也同样是多种因素相互作用的结果，并且从多方面被反映出来。因此，从工程造价信息源发出来的信息都不是孤立、紊乱的，而是大量的、有系统性的。

（5）动态性。工程造价信息也和其他信息一样要保持新鲜度。为此，需要经常不断地收集和补充新的工程造价信息，进行信息更新，以真实地反映工程造价的动态变化和季节特征。由于建筑生产受自然条件影响大，施工内容的安排必须充分考虑季节因素，所以工程造价信息也必然受到季节性的影响。

6.3.3 工程造价信息的分类

为便于对信息进行管理，有必要将各种信息按一定的原则和方法进行区分和归类，并建立起一定的分类系统和排列顺序。因此，在工程造价管理领域，也应对信息进行分类。

1. 工程造价信息分类的原则

（1）稳定性。信息分类应选择分类对象最稳定的本质属性或特征作为信息分类的基础和标准。信息分类体系应建立在对基本概念和划分对象透彻理解的基础上。

（2）兼容性。信息分类体系必须考虑到项目各参与方所应用的编码体系的情况，项目信息的分类体系应能满足不同项目参与方高效信息交换的需要。同时，还应考虑与有关国际、国内标准的一致性。

（3）可扩展性信息的分类体系应具备较强的灵活性，可以在使用过程中进行方便的扩展，以保证增加新的信息类型时，不至于打乱已建立的分类体系。同时，一个通用的信息分类体系还应为具体环境中信息分类体系的拓展和细化创造条件。

（4）综合实用性。信息分类应从系统工程的角度出发，在具体的应用环境中进行整体考虑。这体现在信息分类的标准与方法的选择上，应综合考虑项目的实施环境和信息技术工具。

2. 工程造价信息的具体分类

（1）从管理组织的角度来划分：可以分为系统化工程造价信息和非系统化工程造价信息。

（2）从形式上来划分：可以分为文件式工程造价信息和非文件式工程造价信息。

（3）按传递方向来划分：可以分为横向传递的工程造价信息和纵向传递的工程造价信息。

（4）按反映面来划分：可以分为宏观工程造价信息和微观工程造价信息。

（5）从时态上来划分：可以分为过去的工程造价信息、现在的工程造价信息和未来的工程造价信息。

（6）按稳定程度来划分：可以分为固定工程造价信息和动态工程造价信息。

6.4　工程造价资料

6.4.1　工程造价资料的积累

1. 工程造价资料积累的意义

建设工程造价积累是工程造价管理的一项重要的基础工作。经过认真挑选、整理、分析的工程造价资料是各类建设项目技术经济特点的反映，也是对不同时期项目建设工作各个环节（设计、施工、管理等）技术、经济、管理水平和建设经验教训的综合反映。建设主管部门、建设单位、设计单位、咨询单位、施工单位和造价管理部门，都可以充分利用这些资料，使自己的工作达到更高的水平。

2. 工程造价资料积累的范围和内容

工程造价资料积累的目的是使不同的用户都可以使用这些资料，以完成各自与控制工程造价有关的任务。工程造价资料积累的范围包括：

（1）工程建设各阶段的造价资料和反映建设工程全过程的造价资料。其范围一般包括建设项目可行性研究、投资估算、初步设计概算、施工图预算、合同价、结算价和竣工决算的造价资料。

（2）要体现建设项目组成的特点，应包括建设项目、单项工程、单位工程的造价资料，还应包括有关新材料、新工艺、新设备、新技术的分部分项工程造价资料。

（3）工程造价资料积累的内容，不仅要有价，而且要有量，如主要工程量、材料量和设备量等；还应包括对造价确定有重要影响的技术经济条件，如建设规模、建设地点、结构特征等，以利于不同使用者对造价的合理利用和调整。

工程造价资料积累的具体内容一般应包括：

（1）不同类型工程的组成结构。对于不同类型的工程（如工业厂房、矿山、码头、铁路、市政等），应分别列出它们所包含的单项工程和单位工程。每个建设项目可以分为若干个单项工程，每个单项工程又可再划分为若干个单位工程。这样划分好之后，工程的造价资料才便于组织和管理，也便于查找和套用。这是积累造价资料的基础工作，必须花较大力气来整理和设计，并在搜集和使用造价资料的过程中逐步扩充和完善。

（2）各项工程的基本情况。基本情况的内容可分为两部分。一部分是工程名称、地点、类型、建设单位、设计单位、主要施工单位、开竣工日期、占地面积、建筑面积和资金来源等。这些内容是各类工程所共有的，都必须全面登录。另一部分内容则应按不同类型的工程，以参数形式进行存储。例如，对于有色金属冶炼厂工程项目应填写主要产品、生产能力、设备类型及重量、装机容量、总用水量、厂区铁路、厂区道路、厂区供排水管网和厂区热力管网等参数。而对其他的建设项目应填写另外的参数。

（3）各项工程的组成结构及所属单项、单位工程的主要参数。这些参数对于选择合适的类比工程并进行替换和取舍是十分重要的。不同的单项、单位工程显然有不同的参数要求，这些参数要求应在第一类数据（不同工程的组成结构）中予以标明，并应按照标明的参数要求，填入每个工程的组成结构及相应的各项参数。

（4）各项工程造价情况。这里所说的"工程造价"，既包括整个建设工程的造价，也包括各个单项工程和单位工程的造价。前者主要包括估算、概算、建筑费用、安装费用、设备费用、工具费用、其他费用以及每种费用的具体组成；后者主要包括施工图预算及其具体组成、结算和决算数据及其具体组成。对于发生"三超"（竣工决算超施工图预算、施工图预算超设计概算和设计概算超投资估算）现象的内容，必须特别注明其原因，以便估计其他类似工程时参考。

（5）主要设备和主要材料的用量及价格。设备和材料的支出在整个工程造价中占很大的比例，因此必须存储它们的用量及价格。特别是用量，它和价格相比有相对的稳定性。只要掌握了设备和材料的用量，就可随时套用最新价格，从而得到对设备和材料支出的最新估计。这一估计与在原价格体系下做出的估计相比较，还可以看出设备和材料支出的变化情况。当然，不可能也没必要把所有设备和材料都存储起来，这就要选择出主要设备和主要材料。至于什么是主要设备和主要材料，不同类型的工程是不同的，应该具体工程具体分析，只要保持同类工程的主要设备和主要材料选取的一致性就可以。至于主要设备和主要材料之外的设备和材料，可以用百分率的方式存储和使用。

（6）各单位工程中主要分项工程的工程量。与设备和材料消耗量类似，工程量相对于价格来说比较稳定。因此，存储单位工程的分项工程量比存储造价本身更利于替换和调整使用。这些数据也可以作为定额管理部门比较不同工程、不同地区技术水平的依据。

（7）建设阶段的投资分配曲线。建设阶段的投资分配曲线主要供建设项目主管部门对建设项目做经济评价时参考，也可供制定宏观规划时使用。

（8）造价调整情况。造价调整主要是指设计变更所引起的造价变化，施工过程中出现问题所引起的造价变化，材料供应变化所引起的造价变化和国家政治经济政策所引起的造价变化等。存储这些变化资料，有助于在计划其他项目时借鉴和参考，也有助于在建工程本身的造价管理和成本核算。

工程造价资料虽不具有法定性，但要真正实现它的使用价值，也必须讲究质量。资料积累工作不仅仅是指原始资料的收集，还必须经过加工、整理，以使资料具有真实性、合理性。为保证资料的真实性，资料的收集就不能仅停留在设计概算和施工图预算上，而必须立足于竣工决算资料；为保证其合理性，就必须将竣工决算资料与概预算资料进行分析对比，去粗取精，去伪存真。尤其重要的是，资料的收集必须符合国家的产业政策和行业发展方向，具有重复使用的价值。

6.4.2 工程造价指数

1. 工程造价指数的概念

随着我国经济体制改革，特别是价格体制改革的不断深化，设备、材料价格和人工费的变化对工程造价的影响日益增大。在建筑市场供求和价格水平发生经常性波动的情况下，建设工程造价及其各组成部分也处于不断变化之中，这不仅使不同时期的工程在"量"与"价"两方面都失去了可比性，也给合理确定和有效控制造价造成了困难。根据工程建设的特点，编制工程造价指数是解决这些问题的最佳途径。以合理方法编制的工程造价指数，不仅能够较好地反映工程造价的变动趋势和变化幅度，而且可用以剔除价格水平变化对造价的影响，正确反映建筑市场的供求关系和生产力发展水平。

工程造价指数是反映一定时期价格变化对工程造价影响程度的一种指标，它是调整工程造价价差以及工程承发包双方进行工程估价和结算的重要依据。工程造价指数反映了报告期与基期相比的价格变动趋势，利用它分析价格变动趋势及其原因和估计工程造价变化对宏观经济的影响有重要的意义。

2. 工程造价指数包括的内容

（1）各种单项价格指数。各种单项价格指数包括了反映各类工程的人工费、材料费、施工机械使用费报告期价格对基期价格的变化程度的指标，可利用它研究主要单项价格变化的情况及其发展变化的趋势。其计算过程可以简单表示为报告期价格与基期价格之比。以此类推，可以把各种费率指数也归于其中，如其他直接费指数、间接费指数、现场经费指数，甚至工程建设其他费用指数等。这些费率指数的编制可以直接用报告期费率与基期费率之比求得。很明显，这些单项价格指数都属于个体指数，其编制过程相对比较简单。

（2）设备、工器具价格指数。设备、工器具的种类、品种和规格很多。设备、工器具费用的变动通常是由两个因素引起的，即设备、工器具单件采购价格的变化和采购数量的变化。由于工程所采购的设备、工器具是由不同规格、不同品种组成的，所以设备、工器具价格指数属于总指数。采购价格与采购数量的数据无论是基期还是报告期都比较容易获得，因此，设备、工器具价格指数可以用综合指数的形式来表示。

（3）建筑安装工程造价指数。建筑安装工程造价指数也是一种综合指数，其中包括了人工费指数、材料费指数、施工机械使用费指数，以及其他直接费、现场经费、间接费等各项个体指数的综合影响。由于建筑安装工程造价指数相对比较复杂，涉及的方面较广，利用综合指数来进行计算分析难度较大，因此，可以通过对各项个体指数的加权平均，用平均数指数的形式来表示。

（4）建设项目或单项工程造价指数。建设项目或单项工程造价指数是由设备、工器具价格指数，建筑安装工程造价指数，工程建设其他费用指数综合得到的。它也属于总指数，并且与建筑安装工程造价指数类似，一般也用平均数指数的形式来表示。

6.4.3　工程造价信息管理的原则

工程造价信息管理是对信息的收集、加工整理、储存、传递与应用等一系列工作的总称。其目的就是通过有组织的信息流通，使决策者能及时、准确地获得相应的信息。为了达到工程造价信息管理的目的，在工程造价信息管理中应遵循以下基本原则：

（1）标准化原则。要求在项目的实施过程中对有关信息的分类进行统一，对信息流程进行规范，力求做到格式化和标准化，从组织上保证信息生产过程的效率。

（2）有效性原则。工程造价信息应针对不同层次管理者的要求进行适当加工，针对不同管理层提供不同要求和浓缩程度的信息。

（3）定量化原则。工程造价信息不应只是项目实施过程中对产生数据的简单记录，而应该是经过信息处理人员的比较与分析得到的数据。采用定量工具对有关数据进行分析和比较是十分必要的。

（4）时效性原则。考虑到工程造价计价与控制过程的时效性，工程造价信息也应具有相应的时效性，以保证信息产品能够及时服务于决策。

（5）高效处理原则。采用高性能的信息处理工具（如工程造价信息管理系统），尽量缩短信息在处理过程中的延迟。

复习思考题

一、选择题

1. 工程造价信息的特点不包括（　　）。

A. 区域性　　　　B. 多样性　　　　C. 稳定性　　　　D. 专业性

2. 从信息管理组织角度，可以将工程造价信息分为（　　）。

A. 文件式信息和非文件式信息

B. 系统化信息和非系统化信息

C. 宏观信息和微观信息

D. 固定信息和流动信息

3. 竣工决算审计的内容不包括（　　）。

A. 工程量

B. 编制依据

C. 建设及概算执行情况

D. 投资效益评价

二、简答题

1. 建设项目工程造价审计的主体和客体分别包括哪些内容？

2. 建设项目工程造价审计包括哪些内容？

3. 工程造价资料的积累包括哪些具体内容？

4. 工程造价指数包括哪些内容？

参 考 文 献

[1] 袁建新. 工程造价概论. 北京：中国建筑工业出版社，2011.

[2] 周序洋，等. 工程造价基础. 北京：中央广播电视大学出版社，2007.

[3] 全国造价工程师执业资格考试培训教材编审委员会. 建设工程计价：2013 年版. 北京：中国计划出版社，2013.

[4] 全国造价工程师执业资格考试培训教材编审委员会. 建设工程造价管理：2013 年版. 北京：中国计划出版社，2013.

参考文献

[1] ...
[2] ...
[3] ...
[4] ...
[5] ...

工程造价基础

形成性考核册

理工教学部 编

学校名称：＿＿＿＿＿＿＿＿

学生姓名：＿＿＿＿＿＿＿＿

学生学号：＿＿＿＿＿＿＿＿

班　　级：＿＿＿＿＿＿＿＿

形成性考核是学习测量和评价的重要组成部分。在教学过程中，对学生的学习行为和成果进行考核是教与学测评改革的重要举措。

《形成性考核册》是根据课程教学大纲和考核说明的要求，结合学生的学习进度而设计的测评任务与要求的汇集。

为了便于学生使用，现将《形成性考核册》作为主教材的附赠资源提供给学生，采用纸质形考的学生可将各次作业按需撕下，完成后自行装订交给老师。若采用**网上形考**或有其他疑问请咨询课程教师。

姓　　名：＿＿＿＿＿＿

学　　号：＿＿＿＿＿＿

得　　分：＿＿＿＿＿＿

教师签名：＿＿＿＿＿＿

工程造价基础
形考作业 1

注：本次形成性考核针对的是第 1 章的教学内容。

一、单项选择题（每小题 2 分，计 40 分。每题 4 个选项，其中只有一个是正确答案，答对得 2 分，答错得 0 分）

1. 工程造价的第一种含义是从（　　）角度定义的。

　　A. 建筑安装工程承包商　　　　　　　B. 建筑安装工程发包商

　　C. 设备材料供应商　　　　　　　　　D. 建设项目投资者

2. 按照工程造价的第一种含义，工程造价是指（　　）。

　　A. 建设项目总投资　　　　　　　　　B. 建设项目固定资产投资

　　C. 建设工程投资　　　　　　　　　　D. 建筑安装工程投资

3. 建设方案在用途、结构、造型、位置等方面都不尽相同，体现了工程造价的（　　）特点。

　　A. 个别性和差异性　　　　　　　　　B. 阶段性和控制性

　　C. 长期性和动态性　　　　　　　　　D. 广泛性和复杂性

4. 建设工程项目的实际造价是在（　　）阶段形成的。

　　A. 招标投标　　　　　　　　　　　　B. 合同签订

　　C. 竣工验收　　　　　　　　　　　　D. 施工图设计

5. 按照《建设工程工程量清单计价规范》（GB 50500—2013）的规定，在工程量清单计价过程中，技术措施项目综合单价不包括（　　）。

　　A. 利润　　　　　　　　　　　　　　B. 风险的费用

　　C. 规费　　　　　　　　　　　　　　D. 企业管理费

6. 采用工程量清单计价方式的，竣工结算的工程量应按（　　）的工程量确定。

　　A. 实际完成　　　　　　　　　　　　B. 发承包双方在合同中约定

　　C. 招标文件中所列　　　　　　　　　D. 承包人实际完成且应予计量

7. 在一个建设方案中，具有独立的设计档、可独立承包、竣工后可以独立发挥生产能力和效益的工程，称为（　　）。

　　A. 单项工程　　　　　　　　　　　　B. 单位工程

　　C. 分部工程　　　　　　　　　　　　D. 分项工程

8. 建设工程项目的建设程序中的各个阶段（　　　）。

    A. 无严格的先后次序

    B. 不能任意颠倒

    C. 不能相互制约

    D. 可以边设计边施工

9. 建设工程（　　　）是指建设工程初始建造成本和建成后的日常使用成本之和，它包括建设前期、建设期、使用期及拆除期各个阶段的成本。

    A. 全寿命期造价

    B. 全过程造价

    C. 全要素造价

    D. 全方位造价

10. 建设工程造价有两种含义，从投资者和承包商的角度可以分别理解为（　　　）。

    A. 建设工程固定资产投资和建设工程的承发包价格

    B. 建设工程的总投资和建设工程的承发包价格

    C. 建设工程的总投资和建设工程固定资产投资

    D. 建设工程动态投资和建设工程静态投资

11. 工程造价一方面可以对投资进行控制，另一方面可以对以承包商为代表的商品和劳务供应企业的成本进行控制，这体现了工程造价的（　　　）。

    A. 预测职能

    B. 评价职能

    C. 控制职能

    D. 调控职能

12. 根据《注册造价工程师管理办法》的规定，下列工作中，属于造价工程师执业范围的是（　　　）。

    A. 工程经济纠纷的调解与仲裁

    B. 工程造价计价依据的编制与审核

    C. 工程投资估算的审核与批准

    D. 工程概算的编制与审核

13. 根据《注册造价工程师管理办法》的规定，造价工程师注册有效期为（　　　）年。有效期满前 30 天，持证者应当到原注册机构重新办理注册手续，再次注册者应经单位考核合格并有继续教育、参加业务培训的证明。

    A. 2   B. 3   C. 5   D. 10

14. 工程造价具有复杂性的特点是因为（　　　）。

    A. 计价依据多

    B. 政策缺乏连贯性

    C. 影响造价的因素多

    D. 没有与国际接轨

15. 对于一个建设方案，工程造价的编制工作是从（　　　）开始的。

    A. 单项工程

    B. 单位工程

    C. 分部工程

    D. 分项工程

16. 建设项目的（　　　）和建设方案的工程造价在量上是相等的。

    A. 固定资产投资

    B. 流动资产投资

    C. 无形资产投资

    D. 其他资产投资

17. 工程造价通常是指工程的建造价格，其含义有多种，其中（　　　）是工程造价中最重要，也是最典型的价格形式。

A. 建设项目固定资产投资　　　　　B. 工程承发包价格

C. 工程招标控制价　　　　　　　　D. 工程竣工结算价

18. 工程造价控制的关键在于（　　　）。

A. 前期决策和设计阶段　　　　　　B. 建设期和使用期

C. 使用期和拆除期　　　　　　　　D. 设计阶段和建设期

19. 工程造价的合理确定过程中，按照有关规定编制的（　　　），经有关部门批准，即可作为拟建项目工程造价的最高限额。

A. 初步投资估算　　　　　　　　　B. 施工图预算

C. 初步设计总概算　　　　　　　　D. 合同价

20. 覆盖建设工程决策及实施的各个阶段的造价管理称为（　　　）。

A. 全要素造价管理　　　　　　　　B. 全寿命期造价管理

C. 全方位造价管理　　　　　　　　D. 全过程工程造价管理

二、多项选择题（每小题 3 分，计 60 分。每题 5 个选项，其中至少有两个为正确答案，答对得 3 分，答错得 0 分）

1. 按建设项目投资用途划分，建设项目可以分为（　　　）。

A. 生产性建设项目　　　　　　　　B. 非生产性建设项目

C. 新建的建设项目　　　　　　　　D. 改建的建设项目

E. 扩建的建设项目

2. 新建和扩建的建设方案不以（　　　）为主要目的。

A. 改进技术　　　　　　　　　　　B. 改变产品方向

C. 扩大生产能力　　　　　　　　　D. 治理"三废"

E. 节约资源

3. 建设方案的建设程序通常分为（　　　）等阶段。

A. 投资决策阶段　　　　　　　　　B. 抗震加固阶段

C. 交付使用阶段　　　　　　　　　D. 工程保修阶段

E. 专案实施阶段

4. 建设项目是由（　　　）组成的。

A. 单项工程　　　　　　　　　　　B. 单位工程

C. 分项工程　　　　　　　　　　　D. 分部工程

E. 竣工工程

5. 从承包商的角度来看，工程造价是指在建筑市场等交易活动中所形成的（　　　）。

A. 建设工程总价格　　　　　　　　B. 设备采购价格

C. 建筑安装价格　　　　　　　　　D. 分部工程价格

E. 勘察设计价格

6. 工程造价除具有一般商品的价格职能外，还具有（　　　）。

A. 预测职能　　　　　　　　　　　B. 管理职能

C. 控制职能　　　　　　　　　　　D. 评价职能

E. 调控职能

7. 关于工程造价的评价职能，下列说法中正确的有（　　）。

A. 工程造价是评价土地价格和建筑安装工程产品价格合理性的主要依据

B. 工程造价是评价偿还贷款能力、获利能力和宏观效益的重要依据

C. 工程造价是评价投资合理性和投资效益的主要依据

D. 工程造价是评价承包商管理水准和经营成果的依据

E. 工程造价是评价建筑设备价格合理性的主要依据

8. 工程建设的特点决定工程造价的特点有（　　）。

A. 大额性　　　　　　　　　　　　B. 普遍性

C. 动态性　　　　　　　　　　　　D. 排他性

E. 阶段性

9. 建设方案是由一个或几个单项工程组成的，单项工程造价主要包括（　　）。

A. 建筑工程费　　　　　　　　　　B. 安装工程费

C. 设备、工器具购置费　　　　　　D. 工程建设其他费用

E. 建设期贷款利息

10. 根据《注册造价工程师管理办法》的规定，下列工作中，属于造价工程师执业范围的是（　　）。

A. 工程经济纠纷的调解与仲裁

B. 工程结算的编制与审核

C. 工程索赔费用的计算

D. 工程概算的审核与批准

E. 工程经济纠纷的鉴定

11. 根据我国现行的建设方案投资构成，建设方案投资由（　　）两部分组成。

A. 无形资产投资　　　　　　　　　B. 固定资产投资

C. 流动资产投资　　　　　　　　　D. 其他资产投资

E. 递延资产投资

12. 国产标准设备原价一般是指（　　）。

A. 设备制造厂的交货价　　　　　　B. 建设项目的工地交货价

C. 设备预算价　　　　　　　　　　D. 设备成套公司的订货合同价

E. 设备成本价

13. 国产非标准设备原价的估价方法包括（　　）。

A. 成本计算估价法　　　　　　　　B. 系列设备插入估价法

C. 分部组合估价法　　　　　　　　D. 定额估价法

E. 实物估价法

14. 下列费用属于建筑安装工程措施费的是（　　）。

A. 大型机械设备进出场及安拆费

B. 构成工程实体的材料费   C. 二次搬运费

D. 施工排水降水费   E. 环境保护费

15. 下列选项中, ( ) 应列入建筑安装工程费中的人工费。

    A. 生产工人劳动保护费   B. 生产工人探亲假期的工资

    C. 生产工人的退休工资   D. 生产工人福利费

    E. 生产职工教育经费

16. 关于单位工程造价, 下列说法正确的有 ( )。

    A. 一般以单位工程为物件编制建设方案总概算

    B. 单位工程竣工验收后编制总决算

    C. 单位工程的造价可以通过编制单位工程概预算确定

    D. 单位工程的造价可以通过清单计价档来确定

    E. 单位工程造价包含措施费、规费和税金

17. 根据《建筑安装工程费用专案组成》的规定, 规费包括 ( )。

    A. 文明施工费   B. 工程定额测定费

    C. 住房公积金   D. 工程排污费

    E. 社会保障费

18. 下列费用中, 可计入国产非标准设备原价的是 ( )。

    A. 材料费   B. 非标准设备设计费

    C. 设备运杂费   D. 利润、税金

    E. 废品损失费

19. 下列费用中, 属于企业管理费的是 ( )。

    A. 管理人员工资   B. 办公费

    C. 工会经费   D. 住房公积金

    E. 勘察设计费

20. 建设方案竣工验收前应进行联合试运转, 下列费用中, 应计入联合试运转费用的有 ( )。

    A. 单台设备试车的费用   B. 所需的原料、燃料和动力费用

    C. 机械使用费用   D. 低值易耗品及其他物品的购置费用

    E. 施工单位参加联合试运转人员的工资

| 姓　　名: _____ |
| 学　　号: _____ |
| 得　　分: _____ |
| 教师签名: _____ |

工程造价基础
形考作业 2

注: 本次形成性考核针对的是第 2 ~ 第 3 章的教学内容。

一、单项选择题（每小题 2 分，计 40 分。每题 4 个选项，其中只有一个是正确答案，答对得 2 分，答错得 0 分）

1. 在进口设备交货类别中，买方承担风险最大的交货方式是（　　）。
   A. 在进口国目的港码头交货
   B. 在出口国的装运港口交货
   C. 在进口国的内陆指定地点交货
   D. 在出口国的内陆指定地点交货

2. 进口设备运杂费中，运输费的运输区间是指（　　）。
   A. 出口国的边境港口或车站至工地仓库
   B. 进口国的边境港口或车站至工地仓库
   C. 出口国的边境港口或车站至进口国的边境港口或车站
   D. 出口国的供货地至进口国的边境港口或车站

3. 设备购置费的组成为（　　）。
   A. 设备原价 + 采购与保管费　　　　B. 设备原价 + 运费 + 装卸费
   C. 设备原价 + 运费 + 采购与保管费　D. 设备原价 + 运杂费

4. 按照成本计算估算法，下列选项中不属于国产非标准设备原价组成的是（　　）。
   A. 外购配套件费　　　　　　　　　B. 组装费
   C. 包装费　　　　　　　　　　　　D. 增值税

5. 进口设备的关税完税价格是指（　　）。
   A. 运费保险费在内价　　　　　　　B. 运费在内价
   C. 装运港船上交货价　　　　　　　D. 目的港船上交货价

6. 土地使用权出让金是指建设项目通过（　　）支付的费用。
   A. 划拨方式取得无限期的土地使用权
   B. 土地使用权出让方式取得无限期的土地使用权
   C. 划拨方式取得有限期的土地使用权
   D. 土地使用权出让方式取得有限期的土地使用权

7. 建筑安装工程费由（　　）组成。

    A. 分部分项工程费、措施项目费、其他项目费

    B. 分部分项工程费、措施项目费、其他项目费、规费和税金

    C. 分部分项工程费、措施项目费、利润、规费和税金

    D. 分部分项工程费、措施项目费、规费和税金

8. 大型施工机械进出场及安拆费属于（　　）。

    A. 施工机械使用费　　　　　　　　　B. 措施费

    C. 企业管理费　　　　　　　　　　　D. 规费

9. 环境保护费属于（　　）。

    A. 企业管理费　　　　　　　　　　　B. 安全文明施工费

    C. 临时设施费　　　　　　　　　　　D. 规费

10. 建筑安装工程中的税金是指（　　）。

    A. 营业税、增值税和教育费附加

    B. 营业税、固定资产投资方向调节税和教育费附加

    C. 营业税、城乡维护建设税和教育费附加

    D. 营业税、城乡维护建设税、教育费附加和地方教育附加

11. 工程建设定额按生产要素分类可以分为（　　）。

    A. 施工定额、预算定额和概算定额

    B. 建筑工程定额、安装工程定额和其他专业定额

    C. 劳动消耗定额、机械消耗定额和材料消耗定额

    D. 投资估算指标、概算指标和预算定额

12. 建设工程定额和社会发展水平相适应，反映工程建设中生产消费的客观规律，这体现了建设工程定额的（　　）特点。

    A. 科学性　　　　　　　　　　　　　B. 系统性

    C. 统一性　　　　　　　　　　　　　D. 指导性

13. 下列工人工作时间，属于必需消耗时间的是（　　）。

    A. 施工本身造成停工时间、多余工作时间、有效工作时间

    B. 多余工作时间、偶然工作时间、准备与结束工作时间

    C. 偶然工作时间、必需休息时间、非施工造成的停工时间

    D. 有效工作时间、必需休息时间、不可避免的中断时间

14. 研究工作时间消耗的计时观察法中，最主要的三种方法是（　　）。

    A. 测时法、写实记录法、混合法

    B. 工作日写实法、写实记录法、混合法

    C. 测时法、工作日写实法、写实记录法

    D. 图示法、工作日写实法、写实记录法

15. 根据计时观察法测得某工序工人工作时间：基本工作时间48分钟，辅助工作时间5分钟，准备与结束工作时间4分钟，休息时间3分钟，则定额时间为（　　）分钟。

A. 56　　　　　　　B. 60　　　　　　　C. 61.06　　　　　　D. 64

16. 已知某挖土机的一次正常循环工作时间是 2 分钟，每循环工作一次挖土 0.5 m³，工作班的延续时间为 8 小时，机械正常利用系数为 0.8，则其产量定额为（　　　）m³/台班。

A. 72　　　　　　　B. 96　　　　　　　C. 120　　　　　　D. 150

17. 在确定材料消耗量时，利用实验室试验法，主要是为了编制（　　　）。

A. 材料损耗定额　　　　　　　　　　B. 材料净用量定额

C. 材料消耗定额　　　　　　　　　　D. 人工消耗量定额

18. 周转性材料在消耗定额中往往以（　　　）两个指标来表示。

A. 多次使用量和摊销量　　　　　　　B. 一次使用量和摊销量

C. 一次使用量和损失量　　　　　　　D. 多次使用量和损失量

19. 人工定额的表达方式有两种：时间定额和产量定额，它们之间为（　　　）关系。

A. 互成比例　　　　　　　　　　　　B. 互为倒数

C. 互为等比　　　　　　　　　　　　D. 互为等差

20. 已知某工程项目，水泥消耗量为 41 200 t，损耗率为 3%，则水泥的净耗量为（　　　）t。

A. 39 964　　　　　　　　　　　　　B. 42 436

C. 4 000　　　　　　　　　　　　　　D. 42 474

二、多项选择题（每小题 3 分，计 60 分。每题 5 个选项，其中至少有两个为正确答案，答对得 3 分，答错得 0 分）

1. 定额工期是由国家建设行政主管部门编制的项目建设所需要的时间标准，定额工期体现的是在（　　　）下的合理工期。

A. 先进建设管理水平　　　　　　　　B. 平均建设管理水平

C. 先进施工装备水平　　　　　　　　D. 平均施工装备水平

E. 正常施工条件

2. 确定实体材料净用量定额和材料损耗定额的数据是通过（　　　）获得的。

A. 现场技术测定法　　　　　　　　　B. 实验室试验法

C. 现场统计法　　　　　　　　　　　D. 理论计算法

E. 现场测时法

3. 工程建设定额的特点包括（　　　）。

A. 科学性　　　　　　　　　　　　　B. 系统性

C. 指导性　　　　　　　　　　　　　D. 永久性

E. 统一性

4. 政府颁布的统一定额可以分为（　　　）。

A. 企业定额　　　　　　　　　　　　B. 全国统一定额

C. 地区统一定额　　　　　　　　　　D. 行业统一定额

E. 补充定额

5. 关于企业定额,下列说法正确的有 (   )。

    A. 企业定额在企业内部使用

    B. 企业定额可以用于企业投标报价

    C. 企业定额应该低于国家现行定额

    D. 企业定额是企业素质的标志

    E. 企业定额应该高于国家现行定额

6. 定额计价是我国长期传统的计价模式,它的特点包括 (   )。

    A. 工、料、机消耗量是根据"社会平均水平"综合测定的

    B. 工、料、机消耗量是根据"企业管理水平"综合测定的

    C. 取费标准是根据不同地区平均水平测算的

    D. 企业自主报价的空间很小

    E. 企业可以自主报价,有利于招标投标

7. 预算定额中,通过机械台班产量加机械幅度差计算机械台班消耗量时,机械台班幅度差应包括 (   ) 等影响工时利用的时间。

    A. 不可避免的机械空转   B. 供水供电故障而发生的中断

    C. 人工进行准备和结束工作   D. 机械相互配合而对效率的降低

    E. 工种交叉造成的间歇

8. 影响建筑安装工人人工单价的因素主要有 (   )。

    A. 社会平均工资水平   B. 生活消费指数

    C. 劳动力市场供需变化   D. 社会保障和福利政策

    E. 人工消耗水平

9. 在下列费用中,列入建筑安装工程费中人工日工资综合单价的有 (   )。

    A. 生产工人劳动保护费   B. 生产工人辅助工资

    C. 生产工人退休工资   D. 生产工人福利费

    E. 生产职工教育经费

10. 建筑工程概算指标包括 (   )。

    A. 一般土建工程概算指标   B. 给水排水工程概算指标

    C. 采暖工程概算指标   D. 通信工程概算指标

    E. 电气照明工程概算指标

11. 建设项目总概算是确定整个建设项目从筹建到竣工结束交付使用所预计花费的全部费用的文件,建设项目总概算文件应该包括封面、编制说明、(   ) 等。

    A. 总概算表   B. 工程建设其他费用概算表

    C. 单项工程综合概算表   D. 建筑安装单位工程概算表

    E. 工程量计算表和工料数量汇总表

12. 机械台班单价的组成内容包括 (   )。

    A. 机械折旧费用   B. 大修理费用

    C. 经常修理费用   D. 燃料动力费用

E. 机械操作人员工资

13. 单位估价表的内容由（　　）两部分组成。

    A. 施工定额规定的工、料、机数量   B. 预算定额规定的工、料、机数量

    C. 工程量计算规则   D. 当时当地的单价

    E. 地区预算价格

14. 编制预算时，建筑材料基价是（　　）的合计费用。

    A. 材料原价   B. 材料运杂费

    C. 材料包装费用   D. 运输损耗费

    E. 采购及保管费用

15. 投资估算指标的内容因行业不同而异，一般可分为（　　）三个层次。

    A. 建设项目综合指标   B. 单项工程指标

    C. 单位工程指标   D. 分部工程指标

    E. 分项工程指标

16. 分部分项工程量清单应该包括（　　）。

    A. 项目编码   B. 项目名称

    C. 计量单位   D. 项目特征

    E. 工程数量

17. 我国目前的工程量清单计价中，分部分项工程的综合单价由完成规定计量单位工程量清单项目所需的（　　）等组成。

    A. 人工费、材料费、机械使用费   B. 管理费

    C. 临时设施费   D. 利润

    E. 税金

18. 招标单位编制的工程量清单是用统一的（　　）。

    A. 工程内容   B. 项目名称

    C. 计量单位   D. 项目编码

    E. 工程量计算规则

19. 关于工程量清单计价和定额计价，正确的说法有（　　）。

    A. 定额计价的主要依据是国家、行业和地方有关部门制定的定额

    B. 定额计价中的工程量是由招标人提供的

    C. 工程量清单计价中的项目措施费是可竞争费用

    D. 工程量清单计价中的工程量是由招标人提供的

    E. 工程量清单中的工程量以实际施工工程量为准

20. 工程量清单应该包括（　　）三个方面的基本内容。

    A. 明确的项目设置   B. 统一的取费标准

    C. 统一的工程数量   D. 确定的利润系数

    E. 基本的表格格式

姓　　名：＿＿＿＿＿

学　　号：＿＿＿＿＿

得　　分：＿＿＿＿＿

教师签名：＿＿＿＿＿

工程造价基础形考作业 3

注：本次形成性考核针对的是第 4 ~ 第 5 章的教学内容。

一、单项选择题（每小题 2 分，计 40 分。每题 4 个选项，其中只有一个是正确答案，答对得 2 分，答错得 0 分）

1. 定额计价是造价人员采用国家、部门或地区统一规定的（　　　）来确定工程造价的。
   A. 工程量清单、消耗定额和单价
   B. 消耗定额、单价和取费标准
   C. 工程量清单、单价和取费标准
   D. 工程量清单、消耗定额和取费标准

2. 在预算定额人工工日消耗量时，已知完成单位合格产品的基本用工为 20 工日，超运距用工为 3 工日，辅助用工为 1.5 工日，如果幅度差系数是 10%，则预算定额中的人工工日消耗量为（　　　）工日。
   A. 20　　　　　B. 22　　　　　C. 24.5　　　　　D. 26.95

3. 已知某装饰公司采购 1 000 m² 的花岗岩，运至施工现场，已知花岗岩的出厂价格为 1 000 元/m²，运杂费为 30 元/m²，采购保管费率为 1.0%，运输损耗率为 1.0%。试验检验费为 3 元/m²，则这批花岗岩的材料费用为（　　　）万元。
   A. 103.00　　　　B. 152.25　　　　C. 105.37　　　　D. 102.54

4. 单位工程概算是根据初步设计图纸或者扩大初步设计图纸和（　　　）概算定额以及市场价格信息等资料编制而成的。
   A. 概算指标
   B. 预算定额
   C. 单位工程估价表
   D. 企业定额

5. 下列各项指标中，不属于投资估算指标内容的是（　　　）。
   A. 建设项目综合指标
   B. 单项工程指标
   C. 单位工程指标
   D. 分部分项工程指标

6. 关于生产能力指数法，以下叙述正确的是（　　　）。
   A. 这种方法是指标估算法
   B. 这种方法也称为因子估算法
   C. 这种方法在于将生产能力与造价的关系考虑为一种非线性的指数关系
   D. 这种方法把项目的投资与生产能力考虑为简单的直线关系

7. 在投资估算中用郎格系数法推算项目建设费用的基数是拟建项目的（　　　）。

←每次作业做完后，由此剪下，请自行装订。

    A. 直接费　　　　　　　　　　　　　B. 建筑工程费

    C. 安装工程费　　　　　　　　　　　D. 主要设备费

  8. 某地拟于 2005 年建一座工厂，年生产某种产品 50 万 t。已知 2002 年另一地区已建类似工厂，年生产同类产品 30 万 t，投资 5.43 亿元。若综合调整系数为 1.5，用单位生产能力估算法计算拟建项目投资额，应为（　　）亿元。

    A. 6.03　　　　　　B. 9.05　　　　　　C. 13.58　　　　　　D. 18.10

  9. 综合单价又称全费用单价，综合单价中不包含（　　）。

    A. 人工、材料、机械台班费　　　　B. 措施费和间接费

    C. 利润和税金　　　　　　　　　　D. 个别单价

  10. 建筑材料的预算价格是指材料从来源地到达（　　）的价格。

    A. 建设项目所在地的港口或车站　　B. 施工操作地点

    C. 建设单位仓库　　　　　　　　　D. 施工工地仓库后出库

  11. 工程量清单表中项目编码的第四级为（　　）。

    A. 分类码　　　　　　　　　　　　B. 清单项目顺序码

    C. 分项工程项目顺序码　　　　　　D. 专业顺序码

  12. 工程量清单是招标文件的组成部分，是投标活动的依据，其组成不包括（　　）。

    A. 分部分项工程量清单　　　　　　B. 措施项目清单

    C. 其他项目清单　　　　　　　　　D. 直接工程费用清单

  13. 我国目前的工程量清单计价中，措施项目费的综合单价已经考虑了风险因素并包括（　　）。

    A. 人工费、材料费、机械使用费

    B. 人工费、材料费、机械使用费和管理费

    C. 人工费、材料费、机械使用费、管理费和利润

    D. 人工费、材料费、机械使用费、管理费、利润和税金

  14. 根据工程量清单计价规范的规定，其他项目费用包括（　　）。

    A. 预留金和材料购置费　　　　　　B. 预留金和总承包服务费

    C. 预留金和零星工作项目费　　　　D. 总承包费用和零星工作项目费

  15. （　　）是指为完成工程项目施工，发生于该工程施工前和施工过程中的技术、生活、文明、安全等方面的非工程实体项目清单。

    A. 分部分项工程量清单　　　　　　B. 措施项目清单

    C. 其他项目清单　　　　　　　　　D. 单位工程项目清单

  16. 下列关于工程量清单中工程数量的计算说法不正确的是（　　）。

    A. 工程量应该以实体工程量为准

    B. 工程量应以净值计算

    C. 工程量应该以实际施工工程量为准

    D. 应在单价中考虑施工中的各种损耗和需要增加的工程量

  17. 下列计量单位中，（　　）不是工程量清单计量的基本单位。

A. t 或 kg　　　　B. 组　　　　C. m² 　　　　D. 千牛顿

18. 工程量清单计价模式更多地反映了以（　　）为主的价格机制。

　　A. 国家定价　　　　　　　　B. 业主定价

　　C. 政府统一价　　　　　　　D. 企业自主定价

19. 根据《建设工程工程量清单计价规范》（GB 50500—2013）的规定，项目编码以五级编码设置，第一级为 03 的表示（　　）。

　　A. 建筑工程　　　　　　　　B. 安装工程

　　C. 装饰装修工程　　　　　　D. 园林绿化工程

20. 工程量清单描述内容的主要表现形式是（　　）。

　　A. 文字　　　　　　　　　　B. 示意图

　　C. 表格　　　　　　　　　　D. 影像

二、多项选择题（每小题 3 分，计 60 分。每题 5 个选项，其中至少有两个为正确答案，答对得 3 分，答错得 0 分）

1. 工程量清单计价，通常由（　　）组成。

　　A. 分部分项工程费　　　　　B. 措施项目费

　　C. 项目开办费　　　　　　　D. 其他项目费

　　E. 规费和税金

2. 工程量清单计价的分部分项工程费包括（　　）。

　　A. 人工费、材料费　　　　　B. 机械使用费

　　C. 管理费　　　　　　　　　D. 规费和税金

　　E. 利润和风险费

3. 规费是指按照政府和有关主管部门规定必须交纳的费用，包括（　　）等。

　　A. 工程排污费　　　　　　　B. 安全生产监督费

　　C. 工程定额测定费　　　　　D. 社会保障费

　　E. 环境保护费

4. 措施项目费的计算方法有（　　）等。

　　A. 业主定价法　　　　　　　B. 参数计价法

　　C. 实物量计价法　　　　　　D. 分包计价法

　　E. 综合计价法

5. 在随招标文件下发的分部分项工程量清单中，（　　）是由招标人填写的。

　　A. 项目编号　　　　　　　　B. 项目名称

　　C. 计量单位　　　　　　　　D. 单价和金额

　　E. 工程数量

6. 工程造价审查的方法有（　　）。

　　A. 全面审查法　　　　　　　B. 重点抽查法

　　C. 分解对比审查　　　　　　D. 经验审查

E. 统筹审查和筛选法

7. 项目决策阶段工程造价控制的主要内容包括（　　）。

A. 选择科学合理的投资估算方法

B. 选择国际先进水平的设备和材料

C. 选择项目建设的相关工程技术方案

D. 选择建设项目的生产工艺和设备方案

E. 选择建设工程项目的建设要素：建设规模、标准地点等

8. 项目决策阶段审查投资估算编制依据的可信性，应该主要审查（　　）。

A. 投资估算方法的科学性

B. 投资估算数据资料的时效性

C. 投资估算的内容与规划要求的一致性

D. 投资估算方法的适用性

E. 投资估算数据资料的准确性

9. 工程变更的内容包括（　　）。

A. 设计变更 　　　　　　　　　　B. 施工条件变更

C. 进度计划变更 　　　　　　　　D. 新增（减）工程项目内容

E. 施工人员变更

10. 对设计概算编制依据的审查，应该审查编制依据的（　　）。

A. 完整性 　　　　　　　　　　　B. 合法性

C. 可调性 　　　　　　　　　　　D. 时效性

E. 适用范围

11. 根据财政部制定的《企业会计准则——建造合同》中的解释，下列属于合同收入的有（　　）。

A. 合同中规定的初始收入 　　　　B. 合同变更形成的收入

C. 工程提前交工获得的销售收入 　D. 工程索赔形成的收入

E. 获得省优质工程的奖励

12. 下列属于建设项目造价审计主体的是（　　）。

A. 政府审计机关 　　　　　　　　B. 建设单位主管部门

C. 社会审计组织 　　　　　　　　D. 建设单位内部审计结构

E. 建设监理单位

13. 在投资决策阶段，生产型建设项目选择项目规模时主要应该考虑（　　）。

A. 市场因素 　　　　　　　　　　B. 施工因素

C. 环境因素 　　　　　　　　　　D. 管理因素

E. 技术因素

14. 在居住建筑设计中，影响工程造价的主要因素有（　　）。

A. 小区规划设计 　　　　　　　　B. 住宅平面布置

C. 绿化环境 　　　　　　　　　　D. 结构类型

E. 层高和层数

15. 在项目设计阶段，设计方案的技术经济评价的方法包括（　　）。

    A. 多指标对比法　　　　　　B. 多指标综合评分法

    C. 投资回收期法　　　　　　D. 年计算费用法

    E. 总计算费用法

16. 工程造价管理和控制的原则包括（　　）。

    A. 以设计阶段为重点的全过程控制原则

    B. 技术和经济相结合的原则

    C. 强制约束原则

    D. 被动控制原则

    E. 动态控制原则

17. 竣工结算审查的内容包括（　　）。

    A. 合同条款　　　　　　　　B. 检查隐蔽验收记录

    C. 落实设计变更签证　　　　D. 核实单价

    E. 按图核实工程量

18. 建设项目竣工决算报表情况说明书的主要内容包括（　　）。

    A. 建设项目概况　　　　　　B. 资金来源及运用财务分析

    C. 各项经济技术指标分析　　D. 决算与概算的差异及原因分析

    E. 基本建设收入、投资包干结余、竣工结余资金的上交分配情况

19. 工程索赔按索赔的目的可以分为（　　）。

    A. 工程变更索赔　　　　　　B. 工期索赔

    C. 工程加速索赔　　　　　　D. 费用索赔

    E. 承包商与业主之间的索赔

20. 控制工程变更，应该从（　　）几方面进行。

    A. 不提高建设标准　　　　　B. 不影响建设工期

    C. 不扩大变更范围　　　　　D. 建立工程变更的相关制度

    E. 变更要有严格的程序

工程造价基础
形考作业 4

姓　　名：＿＿＿＿＿

学　　号：＿＿＿＿＿

得　　分：＿＿＿＿＿

教师签名：＿＿＿＿＿

注：本次形成性考核针对的是第 6 章的教学内容。

一、单项选择题（每小题 3 分，计 75 分。每题 4 个选项，其中只有一个是正确答案，答对得 3 分，答错得 0 分）

1. 下列对工程建设项目投资管理的描述，正确的是（　　）。
　A. 属于价格管理的范畴
　B. 在工程施工阶段实施
　C. 使得工程价格能够反映价值与供求规律
　D. 贯穿于项目建设的全过程

2. 工程造价贯穿于项目建设的全过程，其中工程结算价是在（　　）阶段确定的。
　A. 项目建议书　　　　　　　　B. 可行性研究
　C. 初步设计　　　　　　　　　D. 工程实施

3. 工程造价管理的内容是对工程造价的合理准确计价和有效控制，工程造价管理应体现（　　）原则。
　A. 直接组织控制，以达到令人满意的结果
　B. 人才与经济相结合
　C. 以设计阶段为重点的建设全过程造价控制
　D. 知识与信息相结合

4. 项目决策阶段影响工程造价的主要因素有项目合理规模、建设标准水平、建设地区和地点、工程技术方案等，下列表述正确的是（　　）。
　A. 项目规模的合理性决定工程造价的合理性
　B. 大多数工业交通项目应该采用国际先进水平
　C. 工业项目建设地区的选择应该遵循高度集中原则
　D. 生产工艺方案的确定标准是中等适用和经济节约

5. 在项目建设过程中，如果决策正确，（　　）是工程造价控制的关键环节。
　A. 设计阶段　　　　　　　　　B. 招标投标阶段
　C. 施工阶段　　　　　　　　　D. 竣工验收阶段

6. 我国目前建设工程施工招标标底的编制，主要采用（　　）。

A. 单位估价法和实物量法　　　　　　B. 定额计价和工程量清单计价

C. 预算定额法和投标平均法　　　　　D. 单位估价法和综合单价法

7. 在一个工程项目的总报价基本确定后，通过调整内部各个项目的报价，在不提高总报价、不影响中标的同时，又能在结算时得到更理想的经济效益的报价方法是（　　）。

A. 多方案报价法　　　　　　　　　　B. 增加建议法

C. 不平衡报价法　　　　　　　　　　D. 无利润算标法

8. 采用固定合同单价的工程项目，应该根据（　　）办理中间结算。

A. 工程量清单中的工程量　　　　　　B. 实际完成的工程量

C. 合同中规定的工程量　　　　　　　D. 承包商报送的工程量

9. 按照《建设工程施工合同（示范文本）》的规定，工程变更不包括（　　）。

A. 施工条件变更　　　　　　　　　　B. 增减合同中约定的工程量

C. 施工时间和顺序的改变　　　　　　D. 工程师指令的工程整改和返修

10. 在下列事项中，对于施工方要求费用索赔的原因，（　　）是不成立的。

A. 建设单位未及时提供施工图纸　　　B. 业主原因要求暂停施工

C. 施工单位机械损坏暂停施工　　　　D. 设计变更导致工程内容增加

11. 根据有关规定，发包人应按规定时限（从接到竣工决算报告和完整的竣工决算资料之日起）核对（审查）承包人递交的竣工结算报告，并提出审查意见。其中对 500 万 ~ 2 000 万元工程的审查时限为（　　）天。

A. 20　　　　　　　　　　　　　　　B. 30

C. 45　　　　　　　　　　　　　　　D. 60

12. 在建设项目竣工验收交付使用阶段，按照国家有关规定，对新建、改建和扩建的工程建设项目，从筹建到竣工投产或使用全过程编制的全部实际支出费用的报告是（　　）。

A. 施工单位编制的竣工结算报告　　　B. 建设单位编制的竣工决算报告

C. 监理单位编制的投资控制报告　　　D. 设计单位编制的设计概算报告

13. 以下关于保修责任的承担问题，说法不正确的是（　　）。

A. 由于设计造成的质量缺陷由设计单位承担经济责任

B. 由于建筑材料等造成的缺陷由承包单位承担经济责任

C. 因使用不当造成损坏的，由使用单位负责

D. 因不可抗力造成损失的，由建设单位负责

14. 标底是招标人对建筑安装工程制定的（　　）。

A. 合同价格　　　　　　　　　　　　B. 实际价格

C. 结算价格　　　　　　　　　　　　D. 预期价格

15. 在工程项目建设过程中，侧重在（　　）运用价值工程控制工程造价。

A. 招投标阶段　　　　　　　　　　　B. 施工阶段

C. 设计阶段　　　　　　　　　　　　D. 竣工验收阶段

16. 建设项目决策阶段是工程造价控制的关键阶段，这一阶段影响工程造价的程度达（　　）。

A. 50% ~ 60%　　　　　　　　　　B. 60% ~ 70%

C. 70% ~ 80%　　　　　　　　　　D. 80% ~ 90%

17. 建设项目生产工艺方案的选择应考虑 （　　） 的总原则。

A. 合理、可行　　　　　　　　　　B. 先进适用、经济合理

C. 简单、方便　　　　　　　　　　D. 连续、贯通

18. 在限额设计的横向控制中，经济责任的核心是正确处理 （　　） 之间的有机关系。

A. 责、权、利　　　　　　　　　　B. 工、料、机

C. 量、价、费　　　　　　　　　　D. 国家、集体、个人

19. 下列不能构成索赔原因的是 （　　）。

A. 当事人违约　　　　　　　　　　B. 承包商提出经工程师批准的工程变更

C. 合同缺陷　　　　　　　　　　　D. 合同变更

20. 建设项目竣工验收后，因地震、洪水等造成的工程质量问题，应该由 （　　） 承担经济责任。

A. 建设单位　　　　　　　　　　　B. 设计单位

C. 施工单位　　　　　　　　　　　D. 监理单位

21. 工程造价管理部门负责收集和存储造价资料，是造价信息的直接使用者，（　　） 是工程造价管理部门使用工程造价信息的具体方式。

A. 用作编制投资估算的重要依据

B. 用以审查施工图预算的可靠性

C. 用于计算建设成本

D. 用作编制各类定额的基础资料

22. 工程造价信息是由若干具有特定内容和同类性质的、在一定时间和空间内形成的一连串信息。这体现了工程造价信息的 （　　） 特点。

A. 区域性　　　　　　　　　　　　B. 多样性

C. 系统性　　　　　　　　　　　　D. 专业性

23. 从 （　　） 划分，可以将工程造价信息分为宏观工程造价信息和微观工程造价信息。

A. 管理组织的角度上　　　　　　　B. 形式上

C. 反映面上　　　　　　　　　　　D. 传递方向上

24. 最能体现信息动态变化特征，并在工程价格市场机制中起重要作用的工程造价信息主要包括 （　　） 三类。

A. 价格信息、工程造价指数和已完工程信息

B. 投资估算、设计概算和施工图预算

C. 标底、投标报价和承包合同价

D. 施工预算、工程结算和竣工决算

25. 工程造价指数是反映一定时期 （　　） 的一种指标。

A. 价格变化对建筑市场影响程度

B. 价格变化对工程造价影响程度

C. 价格变化对建筑安装工程影响程度

D. 价格变化对建设项目影响程度

二、多项选择题（每小题 5 分，计 25 分。每题 5 个选项，其中至少有两个为正确答案，答对得 5 分，答错得 0 分）

1. 在工程价格的市场机制中，起着重要作用的工程造价信息主要包括（　　）。

   A. 人工工资的市场价格信息　　B. 材料和施工机械的市场价格信息

   C. 工程造价指数　　D. 房地产市场的供求信息

   E. 已完工程的信息

2. 建立工程造价数据库的主要作用包括（　　）。

   A. 为编制概算指标、投资估算指标、预算定额、概算定额提供基础资料

   B. 为编制投资估算、设计概算的类似工程提供设计资料

   C. 为审查施工图预算提供基础资料

   D. 为编制固定资产投资计划、编制标底和投标报价提供参考

   E. 作为研究分析工程造价变化规律的基础资料

3. 设计、施工和咨询单位是造价资料的最主要的用户，工程造价信息资料的使用方式为（　　）。

   A. 用作编制投资估算的重要依据　　B. 用作编制初步设计概算的重要依据

   C. 用以审查施工图预算的可靠性　　D. 用作确定标底和投标报价的参考资料

   E. 用作结算和决算的基础资料

4. 工程造价指数包括的内容有（　　）。

   A. 各种单项价格指数　　B. 设备、工器具价格指数

   C. 建筑安装工程造价指数　　D. 投标报价指数

   E. 建设项目或单项工程造价指数

5. 工程造价信息管理的原则有（　　）。

   A. 标准化原则　　B. 有效性原则

   C. 定量化原则　　D. 时效性原则

   E. 高效处理原则